极限速度揭秘

[美]罗斯·本特利（Ross Bentley） 著
王波 译

机械工业出版社

《极限速度揭秘》中的部分内容着重强调如何进行赛车极限驾驶，也就是无论面前是什么样的路面或赛道布局，都要发挥出最高速度。另一部分则强调如何赢得比赛。无论你有多快，比赛过程中都会出现近距离角逐或驾驶技术占主导的情况。开得快是一回事，超越对手又是另外一回事。有人需要通过专业赛车谋生，或至少要找别人来抵消自己的开支，因此书中谈及了成为专业赛车手所需的技能——从职业技能到寻找赞助商。

Ultimate Speed Secrets: The Complete Guide to High-Performance and Race Driving/By Ross Bentley/ISBN: 9780760340509

Copyright © 2011 Quarto Publishing Group USA Inc.

Text © 2011 Ross Bentley

This title is published in China by China Machine Press with license from Quarto Publishing Group USA Inc. This edition is authorized for sale in the Chinese mainland (excluding Hong Kong SAR, Macao SAR and Taiwan). Unauthorized export of this edition is a violation of the Copyright Act. Violation of this Law is subject to Civil and Criminal Penalties.

本书由Quarto Publishing Group USA Inc. 授权机械工业出版社在中国大陆地区（不包括香港、澳门特别行政区及台湾地区）出版与发行。未经许可之出口，视为违反著作权法，将受法律之制裁。

北京市版权局著作权合同登记　图字：01-2016-4309号。

图书在版编目（CIP）数据

极限速度揭秘：赛车和高性能汽车驾驶完全指南 /（美）罗斯·本特利（Ross Bentley）著；王波译 . —北京：机械工业出版社，2017.7（2025.8重印）

书名原文：Ultimate Speed Secrets: The Complete Guide to High-Performance and Race Driving

ISBN 978-7-111-57441-5

Ⅰ.①极…　Ⅱ.①罗…②王…　Ⅲ.①赛车—驾驶术　Ⅳ.①U471.1

中国版本图书馆 CIP 数据核字（2017）第 167688 号

机械工业出版社（北京市百万庄大街22号　邮政编码100037）
策划编辑：连景岩　杜凡如　责任编辑：连景岩　杜凡如　於　薇
责任校对：蔺庆翠　　　　　　　封面设计：鞠　杨
责任印制：常天培
河北虎彩印刷有限公司印刷
2025年8月第1版第11次印刷
169mm×239mm · 18.75 印张 · 2 插页 · 393 千字
标准书号：ISBN 978-7-111-57441-5
定价：89.00元

电话服务　　　　　　　　　　网络服务
客服电话：010-88361066　　　机　工　官　网：www.cmpbook.com
　　　　　010-88379833　　　机　工　官　博：weibo.com/cmp1952
　　　　　010-68326294　　　金　书　网：www.golden-book.com
封底无防伪标均为盗版　　　　机工教育服务网：www.cmpedu.com

前　言

赛车驾驶技术并非通过看书就能掌握，通常需要在实际操作中学习。然而，通过阅读和研习相关书籍能学到很多基础知识。事实上，看书能够让你在实际驾驶中学习得更快。如果能掌握理论知识，并且驾驶之前在头脑中有了清晰的印象，那么你就会更加敏锐并且能够将理论联系到实际，这意味着你将更快地学会驾驶。通过阅读和理解本书，读者可以在学习过程中避免很多错误并缩短尝试过程，从而节省几年的时间。

我希望本书能成为初学者的长期参考书籍。因为有些内容最初看起来似乎讲不通，但是当你掌握了基础并进入驾驶技术的雕琢阶段后，就会理解其中的含义。我希望读者能借助本书入门，并在以后再次参考本书。

对于经验丰富的车手，书中的很多内容可能都已经掌握了。您可能正在使用其中的一些信息，但却不理解为什么要使用它们。我建议您阅读一遍本书，真正将问题理解清楚。有时候您会意外地发现新方法非常有效，能够显著提高速度。

《极限速度揭秘》既是写给新赛手的，又是写给经验丰富的车手的。对于那些滞留于平台期或者感觉无法再提高速度的车手，本书尤其适合。我希望本书不仅仅教会读者快速跑完赛道所需的基础知识，还能为读者提供工具和背景，让读者不断分析如何能够开得更快。而且，不仅仅是如何快速驾驶，更重要的是如何在各种类型和级别的比赛中获胜，拥有成功的事业并享受其中。

《极限速度揭秘》中的部分内容着重强调如何进行赛车极限驾驶，也就是无论面前是什么样的路面或赛道布局，都要发挥出最高速度。另一部分则强调如何赢得比赛。无论你有多快，比赛过程中都会出现近距离角逐或驾驶技术占主导的情况。开得快是一回事，超越对手又是另外一回事。有人需要通过专业赛车谋生，或至少要找别人来抵消自己的开支，因此书中谈及了成为专业赛车手所需的技能——从职业技能到寻找赞助商。

经常有人争论驾驶活动中脑力占多少、体力占多少，我也不止一次挑起过这样的争论。其实，这个争论很愚蠢，因为没有大脑的指挥，身体什么也做不了。因此，我认为驾驶 100% 是脑力活动，同时在体力方面也很有挑战性。这就是为什么我要在《极限速度揭秘》中介绍脑力和体力这两类技能。这也是编写这类书籍的难度所在。本书涉及驾驶、竞赛、脑力技能、体力技能、技术和学习，但这并不是按顺序发生的，不是一个接一个地发生的。想要学会相对高级的题目，首先需要掌握基础知识，然后学习与此题目毫不相关的其他基础知识，最后才能再次回到这个题目上。因此，我会徘徊于多个题目之间，经常回过头来重复和强化书中之前写过的内容。

我有幸求教于很多非常聪明而且有才华的人士，他们专注、有知识、经验丰富而且有趣。我不能说书中的内容面面俱到，但是在过去40年里，我从很多方面学习了驾驶，包括驾驶席、与世界上最好车手的角逐、工程角度、无数赛道、副驾驶席、视频、数据收集和电视。另外，我从每个角度研究教练技术，例如人类学习方式、运动心理学、运动机能学、行为表现、车辆动力学和工程学，以及我认为可能对驾驶和竞赛有利的其他角度。我希望通过本书与您分享我的所学所得。

多年来，数百位或许是数千位车手都告诉我，他们会把本书随身带到赛道上，以便回顾里面的内容。这就是为什么我把重点内容总结成"速度揭秘"并放在整本书中。这样一来，读者就可以快速找到最有用的信息。有一件事我可以确定，那就是如果你不使用本书的内容，那么它根本无法帮到你。读书是一回事，把读到的付诸实践则是另外一回事。对于本书，不要在读一遍之后就将其束之高阁。我希望读者能经常读一读本书，把它放在身边、放在家里，并带到赛道上。

我会倾尽所学地使书中的内容准确无误，然而有些主题，例如车辆动力学和底盘结构等，可能与工程师的解释方法略有不同。我并非工程师，因此使用的技术语言可能与工程师不同。我需要使用读者能够理解的语言，以便让读者在驾驶过程中用到书中的知识。我的目标是让书中的所有内容都能够为读者所用。

在我的部分职业赛车生涯中（希望永远不结束），由于资金不足，我的赛车性能往往不及其他赛车。而现在回过头来看，这其实是最大的一笔财富。正因为如此，我才需要更加努力地找到不花钱就能胜过竞争对手的方法。如果没有这种经历，我怀疑我能否学到足够的知识来写这本书。

我很荣幸地指导过数千位车手，他们中有很多人已经达到了非常高的职业赛车手水平。我从培训年龄较大的业余赛道车手中学到的东西，与培训NASCAR车手或印地车手中学到的东西一样多。我教授和培训过全世界十多个国家的摩托车手、拉力赛车手、消防员、警察和军队驾驶员、青少年，以及你能想到的任何类型的驾驶员，我从中获得了各种知识和经验，并将在本书中与读者分享。

每当我觉得我已经完全明白了驾驶究竟是什么时，我都会意识到事实并非如此。这很像我妻子有天对我说过的关于为人父母的一句话，"学到得越多，明白得越少。"我想，这就是我爱上这行的原因。

我不断听到有人这样说："我只需要用更多时间来驾驶就能开得很快。我只需要更多的时间来建立极限速度下驾驶的感觉和技术。"诚然，这些话有一定的道理。但是，单纯坐在驾驶室里等着车感和技术的形成是一种时间上的浪费。你可以说我没有耐心，但我的确不喜欢等着事情发生，我喜欢让事情发生，也包括练就技术。我更愿意通过策略来快速掌握技术。

或许，我作为赛车教练更加成功的原因之一在于我的方法。很多教练会告诉车手弯道顶点在哪、直线在哪，或者建议在哪里制动和在哪里加速，以及如何操控车辆。我的方法则是加入驾驶心理战术以及最为重要的实践策略。这也是本书所包含的内容。

很多车手相信,在学会了基础技术之后,他们与世界冠军的差距就只剩下更多练习了,当然还有最好的赛车。然而,我在本书中经常传达的一个信息是:反复练习同样的事并不能确保成功。正如爱因斯坦所说:"疯狂的表现就是一遍又一遍地做同样的事,并希望事情能够改变。"但是,这就是车手一直在做的。他们一圈又一圈地驾车,不
断练习,并期望得到提高。有时他们的确提高了,但这只是因为幸运,仅此而已。这也就是为什么很多车手的提高程度没有达到预期,有时候甚至还变差了。事实上,练习错误的事情只会让你更擅长错误的事。就像真实比赛一样反复在赛道上开车,并不是有效的练习策略。

如果足球队和篮球队像赛车手一样训练,那么他们每次来到场地上打一场比赛就行了。但是,他们并没有这样做。相反,足球或篮球教练会把训练内容分成多个练习项目,再时不时地打一场实战对抗赛。本书就是要帮助读者在驾驶方面做同样的事情,把驾车技术分解成多个练习项目,然后当你在比赛或赛道环节中将这些练习项目综合在一起时,就会表现得更好。

我在书中尽量多地使用真实的赛车比赛实例,挑选一些世界上最好的车手以及不那么好的车手的驾驶风格和技术,以展示哪些对提高驾驶速度和赢得比赛有用,哪些没有用。时间永不停止,我所引用的一些车手可能不再成功了,或者在你读到本书的时候已经退役了,但这没有关系,我们仍可以从他们身上学到一些东西,即使他们已经老去。

如果你是一位初学者,阅读和使用本书中的信息会帮助你掌握基本技术,而且不会形成坏习惯。这能够为你带来优势,因为你的竞争对手经常要花更多时间来改掉坏习惯,而不是改进技术。

举个有趣的例子。我教过好几名公路赛车手,但他们都成了非常好的椭圆赛道车手。为什么?不是自吹自擂,原因就在于我。实话实说,任何一位好教练都有可能办到。我教过的很多车手都有一些公路赛道经验,但是椭圆赛道经验就很少或者没有。因此,我要花很多时间来纠正不好的公路赛道习惯。但当他们第一次在椭圆赛道驾驶时,我可以帮他们学习基本技术并养成正确习惯。由于他们几乎没有坏习惯,因此能够快速成为很好的椭圆赛道车手。这就是本书的作用:它可以帮助你提高技术,而且不会形成坏习惯。

我的主要目标是帮助读者在更短的时间内学习更多的内容。如果全靠自学,也可以获得经验和提高能力。而我希望本书能够加快这个过程,让读者在一个赛季里学会需要自己花费四或五个赛季才能学会的内容。

令我感到沮丧的是，有的车手宁愿花数千美元让赛车跑得更快，也不愿意将钱花在自己身上来提高驾驶技术。每当我看到车手花 2000 美元更换轮胎，将最快单圈成绩提高 0.5s 时，我就会不由自主地摇头，因为他们原本可以花一半的钱来提高自己的技术，从而将单圈用时减少 1s。轮胎的寿命是有限的，但是车手自身的提高却可以受用一辈子。

我猜我正在给已经改变观念的人讲大道理，因为如果你不认为从提高驾驶技术中能够获得更大的收获，就不会阅读本书。为此，我要祝贺你，并强烈建议你永远不要改变这种心态，即总有更多内容可以学习，驾驶方面总有更多需要改进的地方，以及总可以获得更快的速度和更大的乐趣。

我对读者的祝愿是：获得快速的乐趣！

目 录

前言

1 驾驶 ········· 1
2 控制装置 ········· 5
3 换档 ········· 10
4 底盘和悬架基础 ········· 15
5 赛车动力学 ········· 21
6 极限驾驶 ········· 37
7 脚部动作 ········· 46
8 过弯技术 ········· 58
9 线路 ········· 65
10 弯道优先级 ········· 70
11 不同弯道，不同线路 ········· 75
12 学习赛道 ········· 78
13 出弯道 ········· 84
14 入弯道 ········· 87
15 弯道中 ········· 96
16 眼力 ········· 100
17 雨天比赛 ········· 103
18 竞赛技能 ········· 107
19 不同的赛车，不同的技术 ········· 111
20 车手的心理和头脑 ········· 113
21 大脑整合 ········· 117
22 感官输入 ········· 121
23 头脑的编程 ········· 132
24 心理状态 ········· 147
25 决策制定 ········· 149
26 注意力 ········· 150
27 行为特性 ········· 153
28 信念系统 ········· 156
29 竞赛的心理策略 ········· 162
30 管理错误 ········· 177
31 习惯于不舒适 ········· 183
32 发挥优势 ········· 185
33 学习 ········· 187
34 适应能力 ········· 199
35 椭圆赛道 ········· 208
36 陌生弯道 ········· 211
37 赛车控制 ········· 214
38 极限 ········· 215
39 开得更快 ········· 219
40 练习与测试赛 ········· 224
41 排位赛 ········· 230
42 正赛 ········· 234
43 全面的赛车手 ········· 239
44 工程反馈 ········· 244
45 团队动力 ········· 248
46 数据采集 ········· 256
47 通信和记录 ········· 261
48 安全 ········· 264
49 车手是运动员 ········· 269
50 旗帜和裁判 ········· 272
51 赛车生意 ········· 274
52 完美的车手 ········· 280
53 真正的胜者 ········· 284
附录A 资源 ········· 287
附录B 自我教学问题 ········· 289
作者简介 ········· 291

1 驾 驶

在车里坐得舒服与否是非常重要的。如果感到不舒服，驾驶时就要耗费更多体力，并影响心情。身体疼痛会降低精力集中程度。

如果想开好赛车，无论是参加印地赛、一级方程式比赛或 NASCAR 大赛，还是参加业余比赛享受赛车乐趣，都需要在赛车中坐得舒适，否则就很容易过度劳累，而且精神难以集中。很多情况下，比赛失利就是座椅不舒服导致车手精神无法集中所致。

印地赛车、一级方程式、跑车、NASCAR 大赛的顶级车手会花数十小时来让座椅合身，然后再长年进行细致调整。在我最开始参加比赛的时候，有人告诉我，合适的座椅可以使单圈速度提高 0.5s。我无法确切地告诉你，这些年来我有多少次都证明了这个说法完全正确。我记得在我的职业生涯中有两场比赛我处于落后位置，正是因为座椅让我痛苦不堪，以至于无法有效驾驶。第一场比赛是在美国俄勒冈州波特兰举办的 Trans-Am 大赛，比赛中我的座椅支架坏了，造成座椅弯曲和移动。我不得不花费很大力气让身体保持稳定，以至于无法专注于比赛。第二次是在 1993 年在加州长滩举办的印地汽车赛。当时，我们没能制作出能够为我的腰部和臀部提供足够支撑的座椅，因此在比赛进入 30 圈后，我臀部的一根神经开始疼痛，导致右腿完全麻木。

赛车座椅以及车手在座椅里的姿态非常重要，其重要性往往超出大部分车手的预期，对于刚刚开始赛车生涯的车手来说更是如此。很多车手过于专注如何准备前几场比赛，以及如何将赛车调整得更快，因此会忽视座椅是否合适。

车手需要通过座椅获取来自汽车的大量反馈。当你在稳固的座椅中坐得很舒适时，才会对各种振动和重力更加敏感，这样才能更好地解读赛车状态。想一想，你的身体与赛车只有三个接触点：座椅、方向盘和踏板。

所采用的坐姿应该让身体尽量多地与赛车接触。你需要坐在座椅里，而不是坐在座椅上。横向支撑越多越好，只要能自由移动手臂就可以。

身体应该尽量坐直,肩膀向后收(而不是向前耸肩),下巴上抬。当然,在车里坐得越低越好。这是最有效的赛车驾驶方式,因为这样驾驶员坐得最稳固,对车辆最敏感,也最安全。

在这样的坐姿下,车手可以不受任何干扰地将方向盘旋转180°,而且手不需要在方向盘上移动或离开方向盘。为此,你应该将手放在方向盘顶部(12点位置),肩膀不需要离开座椅靠背就可以让肘部保持一定弯曲。检查坐姿时需要把安全带系紧。很多车手距离方向盘太远,使得手臂需要完全伸直,这样无法提供正确转动方向盘所需的支撑,而且这样开车会很累。

坐好后,应检查是否能舒服地握住变速杆;如果不能,就需要改装或调整变速杆。

此外,车手应该能够完全踩下踏板,同时让腿部保持轻微弯曲。这样不仅最轻松,还可以最理想地调节踏板,因为车手在踩踏板时只需要转动脚踝让脚部运动即可,而无须移动整条腿(图1-1)。

图1-1　赛车手的舒适坐姿

如果有可能，我建议做一个定制座椅。最好的办法是请专业人员来制作。经过简单的设计和准备后，你可以使用发泡胶自己制做座椅的模子。制作过程比较简单，但能显著提高驾驶表现。使用分成两块的泡沫，形成像固体发泡聚苯乙烯类的材料，然后将材料倒入身体与座椅壳或座椅架之间的塑料袋中。在倾倒前，应让塑料袋覆盖所有位置，因为泡沫附着在物体上之后几乎无法去除。取下塑料袋后，剪掉多余的部分，用胶带（最好是阻燃材料）缠绕，然后就可作为制作碳纤维或玻璃纤维座椅的模具了。

在赛车店里制作、改造或调整座椅或座椅位置时，必须意识到，只有在赛道上才能确切知道这个座椅的乘坐效果到底如何。每次我在店里获得非常完美的座椅时，在经过赛道驾驶之后都需要进行修改。因此在花费大量时间和金钱给座椅封外罩之前必须考虑到这个问题，最好等到座椅经过赛道检验之后再封。

说到座椅外罩，你根本不需要加装很厚的软垫，因为软垫在身体重力作用下会被挤压和变形，导致座椅松垮。此外，车手还需要感受车辆的振动和力，而厚坐垫会降低车手的敏感度。如果你确实需要安装坐垫，那么只能使用薄的高密度泡沫橡胶层。

座椅的部分功能是提供支撑，以便脚部能够准确、从容地踩踏板。而脚部在踏板上的移动，能够让你在极限速度下操控赛车。

应用前脚掌踩踏板，因为这里是脚部最强壮的部分，也是感觉最灵敏的部位。当不使用离合踏板时，左脚应放在离合踏板左侧的休息踏板上，而不要停留在离合踏板上方，这样有助于在紧急制动和承受转弯力的情况下对身体进行支撑。不过，有些单座椅赛车的踏板区域很窄，几乎无法安装休息踏板。即便如此，也要尽量安装一个很小的休息踏板。如果还不行，那么安装一个合适的座椅就更加必要，以便在臀部前方提供良好的支撑，以防紧急制动时身体向前滑动。

在进入赛车和驶向赛道之前，应确保踏板和鞋底干燥、干净，在上车之前让一名车队成员用干净抹布把鞋擦干净。很多车手撞车，就是因为入弯时脚从制动踏板上滑落了。

我第一次观看一级方程式大奖赛是在加拿大蒙特利尔，那个周末的雨水很多。我记得最清楚的是看到车手坐在推车上被送到赛车旁边，然后直接从推车上被抬入赛车驾驶室内，这样鞋就不会湿了。我还看到有些其他车手在鞋子外面套上塑料袋。

赛车里的安全带不仅在撞车时有用，还有助于支撑车手的身体。必须使用最好的安全带，而且要好好保养，保持安全带清洁，并经常检查有无磨损和损坏。还要对安全带进行调整，以便可以牢固、舒适地固定你的身体。要记住，安全带在比赛过程中会伸展和松弛，尤其是肩部安全带，因此要确保在驾驶过程中可以摸到和紧固它们。另外，务必在头盔后面安装头枕。

撞车时，车手可能接触到的防滚架或驾驶室的任何部分都要用高密度泡沫橡胶进行覆盖。很多车手会因为撞到防滚架而严重受伤。即使绑紧安全带，撞车时车手在驾驶室内的移动幅度也会让人感到吃惊，有些车手的头部还会与方向盘接触（图1-2）。

图1-2 赛车防滚架

图片来源：Shutterstock 商业图库

最后，要尽一切可能让驾驶室保持凉爽。要使通气管道能够将空气导向车手。赛车的驾驶室可以变得很热，对车手的耐力产生不利影响，从而影响成绩。

2 控制装置

赛车驾驶员可以通过多种操控装置——方向盘、变速杆、仪表、离合器踏板、制动踏板、加速踏板和后视镜——达到极限驾驶目标。然而,在操作这些控制装置时,要做到平顺、柔和及有技巧。

我经常在业余赛中看到,有些车手在处于落后的位置时,试图开得更快,他们挥舞手臂,用力拨动变速杆,转弯时急拉方向盘同时脚下猛踩踏板,经常使赛车在过弯时出现明显的侧滑。这样感觉上很快,看上去也很快,但我可以肯定地说,事实并非如此。实际上,这样会使赛车失去平衡,丢失牵引力,并减慢速度。如果车手将动作慢下来,赛车会跑得更快。这让我想起了一句话:"别错把忙碌当作成效。"

转向、换档和踩踏板时要平顺,是有技巧的,而非盲目加速和使用蛮力。

速度揭秘

控制装置使用得越少,出错的概率越小。

仪表

如果想在极限条件下可靠驾驶,就需要注意赛车上常见的四个最重要的仪表,即转速表、机油压力表、机油温度表和冷却液温度表。转速表能帮助你快速驾驶;其他三个表则能确保赛车保持运行。你可能还需要用到其他几个仪表,例如燃油压力表、安培表、涡轮增压压力表、排气温度表等。

仪表的安装位置要合理,应确保很容易就能看到且一眼就能读到仪表,这点很重要。一般来说,你只需要快速瞄一眼仪表,并检查指针的位置变化而非其所指的具体数字(图2-1)。

通常，在安装转速表和其他仪表时，最好让必看范围处在最佳位置，红线或理想表针位置应该处在12点方位。这样，只需快速一瞥，就能知道什么时候该换档或者温度和压力是否正常。此外，还要保证仪表不会将阳光反射到眼睛里或者因太刺眼而无法读数。

开出弯道时，我喜欢用转速表来判断我在这个弯道上的表现，它相当

图2-1　赛车上的各种仪表
图片来源：Shutterstock 商业图库

于我的"成绩单"。我选择赛道上一个点并检查此时发动机的转速，如果比上一圈的转速多50转，那么说明我在这圈所做的调整起作用了。此外，每圈我都尽量在直道上至少看一次仪表。否则，我就只能依靠报警灯来告诉我是否有问题出现。

报警灯非常有用。如果发动机的某项关键的功能达到了令人无法接受的水平，报警灯就会亮起，例如当机油压力降到 40 psi（1 lbf/in^2=6.895kPa）以下，或者冷却液温度达到240℃时。有了这些报警灯，车手就只需要在方便的时候（例如直道时）查看仪表。报警灯只在出现严重问题时才会提醒车手。

简单的仪表板布局是最好的，也就是包含尽量少的仪表。现在，越来越多的赛车使用连接数据采集系统的计算机化仪表板。这种仪表板很有用，它能告诉你单圈用时、赛道上不同位置点的最低或最高速度以及其他信息，这些信息有助于车手找出在哪些方面可以进行改进。但在驾驶时不要花太多精力阅读这些信息，避免因此而分心。

制动踏板

我们可以将制动想象成向下"挤压"制动踏板，并缓和释放。制动时的动作越平顺，汽车的平衡性越好，这样能使车手在极速下安全驾驶。三次进入 F1 世界车手冠军列表的杰基·斯图沃特（Jackie Stewart）说，他赢得这么多次大奖赛是因为他在松开制动踏板时比任何竞争对手都更加平顺。很难想象这会对比赛结果有如此大的影响吧？由于这样操作能使赛车更加平衡，因此斯图沃特入弯时的速度能提高几分之一英里⊖。显然，做挤压和缓放制动踏板的动作时必须要快，这通过练习能够非常快速地完成。不过，始终要重点强调平顺性。

你可以安全、简单地每天在街道上练习这个技术。脚每次踩到制动踏板时，就想

⊖　1mile = 1.609344km。

象"挤压"这个词，然后在释放制动踏板时就想象"缓和"这个词。反复练习，直到快速挤压和缓放操作变成本能或习惯。

由于制动的使用方法非常重要，因此你会发现，我在整本书中多次反复介绍制动技术。我是否提到了制动踏板的使用方式是作为成功赛车手的关键？

加速踏板

应该始终轻柔地使用加速踏板。与"挤压"制动踏板一样，在加速过程中也应逐渐"挤压"加速踏板，在减速时迅速、缓和地释放。如果猛地踩下或者突然松开加速踏板，会使汽车不稳定，减少牵引力。对加速踏板的操作越平顺，汽车就越平衡，最终可获得更大的牵引力和更快的速度。

> **速度揭秘**
>
> 加速踏板不是停止或关闭开关。

如果你发现在开始进行弯道加速时不得不往回松一点加速踏板，就说明加速太早或是在开始时加速过猛了。要轻轻地踩加速踏板。你需要时间和练习才能建立感觉，才能知道应该将加速踏板挤压多少以及以多快的速度来挤压加速踏板。

当把脚从加速踏板移到制动踏板上，或者进行相反操作时，动作应该尽量快速。你的右脚应该总是在加速踏板（即使是很轻、很稳定的加速）或制动踏板上。不要浪费时间地把脚放在二者中间什么都不做。而且，绝对不能滑动。

方向盘

应握紧方向盘，但要放松，把手放在9点和3点的位置。如果感觉舒适，可以将拇指微微弯曲搭在盘辐上。应该一直握住方向盘的相同位置，这样就能知道转动了多少以及正直方向在什么位置。当赛车开始旋转，又不知道正直方向在哪时，你就能体会到这种握法有多重要了（图2-2）。

采用9点和3点位置的握法，车手无须在方向盘上移动手的位置就能转过几乎所有弯道，这样在转弯时就会更加平顺而且容易控制。如果驾驶比较大的用量产轿车改装的赛车，采用这种握法通过发卡弯时，就可能无法足够快速地转动方向盘。这种情况下，可以在入弯道之前稍稍调整手的位置（对于右手弯，应调整到8点和2点位置），这样车手只需要做一次转向动作，而不需要在方向盘上滑动。

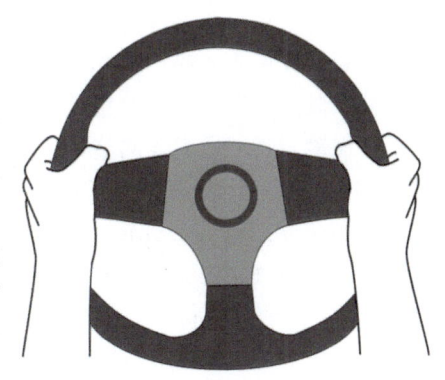

图2-2　手在方向盘上的正确摆放位置是9点和3点位置

转动方向盘时，双手的工作量应该相同。当一只手向下转动方向盘时，另一只手应平顺地向上转动。应将两只手一直放在方向盘上（当然，换档时除外），但换档之后手要立即回到方向盘上。做小幅的转向调整时要使用手腕，而不要用手臂。必须以平顺、渐进的方式操作方向盘，入弯时绝对不能急拉方向盘。只转动所需的转向幅度，才能在过弯时驶出轻柔、平顺的弧度。

试想一下，是不是每次前轮与道路成一定角度时，都会使速度降低，这真正意味着什么？不转动方向盘又如何能驶过弯道呢？你需要观察和想得更远，计划好过弯的道路和线路，这样就可让方向盘的转动角度尽量小，最大程度地"直着"驶出弯道。如果你在过弯时听到前轮胎发出尖叫声，就应该试着松开一点方向盘（使前轮接近正直方向）。

速度揭秘

方向盘转动得越小，车速越快。

一旦进入弯道，就应试着尽可能地减小方向盘转动幅度。当然，这意味着需要占用全部的道路宽度。你甚至可以在街道上练习这个技术（在法律允许范围内），平顺地驶入弯道和驶出弯道，让前轮尽可能接近正直方向。

后视镜

后视镜在车手驾驶时起到很重要的作用，必须善于使用它们。比赛中，清楚后侧和两侧的情况与知道前方的情况同样重要。车手应使用后视镜随时了解谁在自己周围，以及具体在哪里。不应让对手从你没有预见到的地方（例如接近弯道时从你的内侧）突然将你超越。花时间将所有后视镜调整好，确保后视镜不要振动过大，以至于无法看清。

但是，驾驶的时候也不要总看后视镜，总看后视镜而导致的问题比从不看后视镜时还要多。我就看到过有车手在看后视镜时偏离赛道。

每次驶入一段比较长的直道时我都会快速看一眼后视镜。要把后视镜调整到合适位置（使其稍稍朝着侧面，让两边都可以被看到），这样车手不必转头就能看到后视镜，以注意其他赛车。我可以自动用余光查看后视镜，因此不会对快速超过我的车辆感到惊讶。

在车里坐得越低越好，因为这样能降低赛车的整体重心。但这样做会影响视线（前方、两侧和后视镜）以及舒适性（图 2-3）。

图2-3　车手的乘坐位置
图片来源：Shutterstock商业图库

近年来，一些现代方程式赛车上的后视镜变得越来越小。我认为，幸好是它们已经变得足够小了。如果你使用的是小后视镜，那么应该使用凸镜面，这样有助于增大后侧和两侧的视野。

速度揭秘

尽可能多地查看后视镜，以随时了解其他车在什么方位。

正确换档是一项经常被忽视的赛车技术。很多车手认为，必须尽可能快速地拨动变速杆才能开得快。错误！事实上，这样所能节省的时间很少，一次换档失误会使你丢掉更多时间，得不偿失。换档动作要轻柔、有技巧性。

速度揭秘

换档动作要轻柔、有技巧性。

升档

换档时要尽可能平顺，换档不应该被感觉到。对于世界顶级车手换档时的缓慢和放松你会感到惊叹。

降档

降档是被错误理解和使用最多的驾驶技术之一，同时也是发挥赛车最大潜力所必需的技术。降档并非易事，需要把握好时机、掌握好技巧并不断练习。不过，一旦掌握了，就有助于车手在极限下驾驶。

降档的真正原因是什么？很多车手认为是为了利用发动机来减速。又错了！发动机是用来加速的，而不是减速。事实上，通过发动机来降低车速会影响精确制动调节和平衡。赛车手在接近弯道时降档是为了让赛车处在适当档位和发动机的最佳转速范围内，以便在出弯道时实现最大加速。

再次强调，降档不是为了让赛车变慢，那是制动的工作。很多车手试图使用发动机的制动效果来减慢车速，但他们这样做只会降低赛车的平衡性，影响制动效果（如果制动装置正处在锁定前的极限状态，那么这时向后轮施加发动机制动就很可能会锁定后轮制动装置），并增大发动机磨损。因此，应该先制动，再降档。

> **速度揭秘**
>
> 先制动，后降档。

跟趾动作

现在增加一点难度，比赛中必须在降低档位的同时保持最大制动力，车手需要平顺地完成这个动作，而且不能影响赛车平衡性。如果只是简单地降档并松离合，同时用力制动，赛车就会出现点头现象，影响平衡性。而且由于存在额外的发动机制动效果，汽车就会锁定驱动轮。

用右脚短暂地踩加速踏板以增加发动机转速，可实现最平顺的降档。这个动作称为"补油"。这样可以让发动机转速与驱动轮转速相匹配。

这里的难点在于保持最大制动力的同时轻踩加速踏板，这需要采用一种称为跟趾动作的降档技术。为了对这个技术建立基本感觉，可以在发动机关闭时进行练习，如图 3-1 所示。然后再在路上或赛道上练习。

整套动作过程中要施加持续的制动压力，这点很重要。车手需要在转动右脚踩动加速踏板的同时保持连续制动。

"补油"是最重要的操作之一。你需要使发动机速度与所选的档位速度相匹配，而且不能看转速表，眼睛必须看着前方。因此，恰当的"补油"和转速匹配依靠的是练习，以及从耳朵和身体受力获得的反馈。如果"补油"不够，当离合器重新接合时，驱动轮就会锁死。这会导致大问题。如果"补油"过多，赛车就会产生加速趋势，但你想要做的却是减速。

最佳方法是使发动机转速略高于所需的速

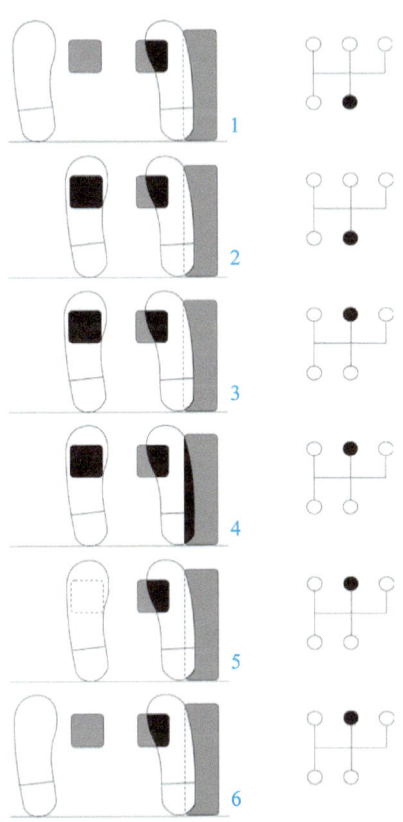

图3-1　分步介绍如何采取跟趾动作降档

1. 开始制动，使用右脚脚掌踩制动踏板；同时将脚的右侧一小部分放在加速踏板上，但是先不要踩
2. 用左脚踩离合器踏板，同时保持制动状态
3. 将变速杆推到下一个较低档位上（本图中是从四档降到三档），同时保持制动状态
4. 继续制动并压着离合器踏板，同时以脚踝为轴转动右脚，迅速踩动加速踏板（以提高发动机转速）
5. 快速松开离合器踏板，同时保持制动状态
6. 将左脚放回休息踏板，在低一级档位下继续制动

度，选择所需的档位，并在转速降低时快速接合离合器。这个技术需要反复练习。看起来需要同时做很多操作，而一旦掌握了这个技术，这些动作就会成为本能操作。

要想做出正确的跟趾动作，就要正确设置踏板位置。当完全踩下制动踏板时，制动踏板仍要略高于并且挨着加速踏板。对于专业赛车，需要花时间调整踏板使其位置合适。如果是量产赛车，则可能需要弯曲加速踏板或为加速踏板加装扩展装置来适应自己的习惯。但不要弯曲或为制动踏板加装扩展装置，因为改装制动踏板会减弱制动效果。

全世界成功的赛车手在每次降档时都要做跟趾动作。可以在每天的日常驾驶中练习这个技术，事实上，这也是唯一的长时间练习方法。

时机

我们已经介绍了如何换档，那么应该何时换档呢？首先说降档。请记住："先制动，再降档。"如果你不遵守这个规则，就会让发动机转速严重超转。想象一下，如果你处在四档的最大转速上，如果不使汽车减速就将档位降到三档，那么就会让发动机超转。再次提醒，降档不是为了让汽车减速，除非没有制动。

入弯道之前一定要完成降档。车手最常犯的错误之一就是试图在转入弯道的过程中完成降档。当车手松开离合器踏板（通常没有做出平顺的跟趾降档动作）时，驱动轮会瞬间锁死，赛车开始旋转。要掌握好降档的时机，在开始转动方向盘进入弯道之前完成降档，即左脚离开离合器踏板并放在休息踏板区域。

升档时，为获得绝对最大加速度，需要知道发动机的转矩和功率特性。可咨询发动机设计者，或者研究发动机的转矩和功率曲线，以确定在多大的转速下换档。这样做的效果会非常明显。对很多发动机而言，最好在它达到红线之前换档。换档时的转速应该使发动机保持在峰值转矩范围内。

我们来看一个实例。如图 3-2 所示，这是一张转矩/功率与发动机转速的关系图。假设档位间的档位差是 2000r/min（升高一个档位可使发动机转速降低 2000r/min），如果你在 7000r/min 转速下从一档挂到二档，那么会从 5000r/min 加速到 7000r/min。如图 3-2 所示，从 5000r/min 开始，转矩曲线开始下降。然而，如果在 6000r/min 换档，发动机将会从最大转矩范围加速到最大功率。事实上，当转速保持在转矩峰值与功率峰值之间时，发动机的工作效率最高，并可实现最大加速度。

注意，我谈论更多的是发动机转矩而不是功率。正如人们所说的那样，"靠功率

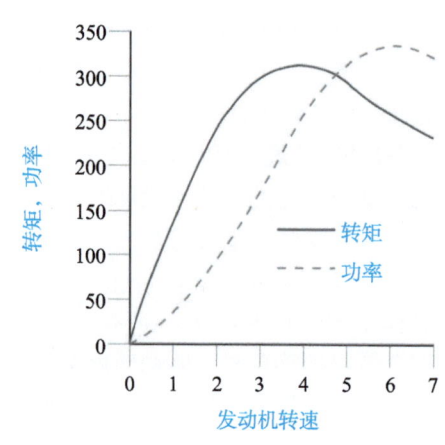

图3-2　转矩/功率与发动机转速的关系曲线

卖车，靠转矩赢得比赛"。转矩使汽车加速，功率则维持加速。

当你能很好地掌控时机并且熟练、平顺地降档时，就可以尝试在降档时进行跳档，不必降序挂入所有档位（例如，从五档到四档，从四档到三档，从三档到二档），而是直接变换到所需的档位上（例如从五档到二档）。显然，这需要把握正确的时机，使用制动踏板降低车速，然后在进入弯道之前降档。在跳两个档位之前，必须使用制动踏板来将车速降低更多。

这就回到了我之前所说的内容：操作动作越少，开得越快。每次换档时都有可能出现小错误，从而影响赛车的平衡性。因此，应尽量少换档。事实上，在接近弯道时所做的降档操作越少，犯错误的概率就越小，就更容易平顺地调整制动。

现在，有些车的变速器不太适应跳档操作。对于这种车，通常很难很好地匹配转速，因此也就难以实现干净利索的降档。因此，驾驶这类车时，最好不要跳档。

两脚离合

那么，两脚离合呢？我相信，两脚离合对于任何现代化量产车（过去二三十年内制造的汽车）都是没有必要的，但对于一些配备赛车变速器的真正赛车来说却比较有用。

什么是两脚离合？简单来说就是每次换档时两次踩下并释放离合器踏板。降档的常规操作是：假设你以四档行驶，并在某个弯道前开始减速；然后，踩下离合器踏板，将变速杆推到空档，松开离合器踏板，提高发动机转速（利用跟趾动作补油），再次踩下离合器踏板，将变速杆推入三档，释放离合器踏板。换档过程完成。

两脚离合的作用是有助于均匀地将所选档位的转速与发动机的转速进行匹配，以使档位更平顺地啮合。在无同步器的变速器中，例如赛车变速器，这样做能让换档更简单。这就是为什么对于用量产车改装的赛车没必要进行双脚离合操作的原因，因为这种赛车采用有同步器的变速器。不过，如果汽车变速器中的同步器开始磨损，那么双脚离合可以延长变速器的寿命，而且更容易换档。

你可能参加赛车竞赛很多年，从来不必使用双脚离合。但是，经验丰富的赛车手应该知道如何并且能够熟练地完成双脚离合操作。在耐力赛中，车手可能需要通过双脚离合来减少变速器的磨损。其他情况下，则更多的是一种驾驶人偏好。

无离合器换档

对于纯赛车变速器，还可以选择在换档时完全不使用离合器。这需要练习，因为在这种情况下降档的时候，发动机与变速器转速的完美匹配更为重要。不使用离合器的优势是每次换档可能节省几分之一秒的时间；劣势是通常会给变速器带来额外的应变，有可能使变速器更早地磨损，或者在比赛时发生机械故障。另外，车手采用这种方式时犯错误的概率会更大。同样，车手应该知道如何在不使用离合器的情况下驾驶，这很重要，因为你无法预知离合器何时会出现问题，不得不因此而放弃使用它。

越来越多的赛车开始配备顺序变速杆。这种变速杆很像摩托车变速杆，总是处在相同位置，向后拉可以升档，向前推可以降档。采用这种变速杆不可能在降档的时候进行跳档操作，必须挂入所有档位。另外，不使用离合器效果会更好些。在升档时，你需要松开加速踏板（就像操作普通变速器一样），并且向后拉变速杆进入下一个档位；在降档时，操作方法类似，区别是在降低档位时需要采取跟趾动作进行补油。

在我的整个职业生涯里，驾驶大多数赛车，我在换档时通常都会使用离合器。我发现这样可以减小变速器磨损。不过，当我开始驾驶配备顺序变速杆的赛车时，我发现在换档时不使用离合器要更快速且容易得多。虽然需要花几圈的时间来适应不使用离合器和在降档时不能跳档，但在适应了之后，我意识到这是操作顺序变速杆的唯一方法。然而，对于普通变速器，我还是倾向于使用离合器。

底盘和悬架基础

作为车手，工作中的一个重要部分是理解底盘和悬架调整，以及它们对于你的重要意义。有很多书籍非常详细地介绍了赛车动力学，我也在本书的末尾列出了我认为是车手必看的书籍。如果你有不明白的地方，可以看看这些书或者找其他人帮忙。如果你想赢，就必须知道这些知识。

我不打算很详细地讲解，以下只概括介绍了关于底盘和悬架调整方面的一些重要内容。无论你想达到什么层面的成功，这些都是必不可少的知识。我希望这样能够激发你的学习兴趣。

外倾角

外倾角是指从汽车前方或后方看去车轮的倾斜角度（图4-1）。车轮顶部向内倾斜称为"负外倾角"；车轮顶部向外倾斜称为"正外倾角"。

应该使轮胎的整个胎面宽度（通常很平、很宽）尽可能地与赛道表面完全接触。当轮胎发生倾斜时，部分胎面不再与赛道接触，会大大减小牵引力。因此，必须对悬架进行设计和调整，确保在悬架运动过程中使轮胎胎面与赛道表面相接触。

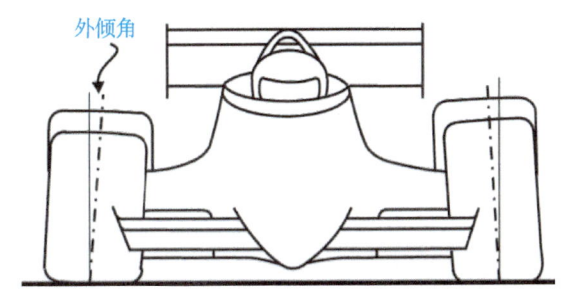

图4-1　外倾角是指从车前方或后方看去车轮的倾斜角度（图中显示了负外倾角）

当赛车通过弯道时会向弯道外侧倾斜，这导致外侧轮胎向外倾斜，形成更大的正外倾角，同时内侧车轮倾向于形成更大的负外倾角。因此，为了使外侧轮胎尽可能地与路面水平接触（因为外侧轮胎产生更多的转弯力），通常应调整悬架，以使汽车在停止或直路驾驶时具有负外倾角。

调整外倾角的目标是在转弯时让轮胎的外倾角接近0°，以使过弯抓地力达到最大。

这需要大量调试和测试才能实现最好的静态调整效果,从而获得最佳的动态外倾角。

后倾角

后倾角用来实现转向自动复位效果(在不扶方向盘的情况下,汽车转向正直方向的趋势)。后倾角是指从侧面看去主销的倾斜角度(图4-2)。正后倾角是指主销的顶部向后倾斜。负后倾角用不到。

正后倾角越大,转向自动复位的效果越明显。一般来说,这是人们想要的结果。不过,正后倾角越大,转向所需花费的力气也就越大,需要在转向复位与沉重转向之间进行平衡。

转向时,后倾角还会影响外倾角。**正后倾角越大,过弯时外侧轮胎的负外倾角越大(指角度的绝对值)。** 当调整最佳外倾角时一定要记住这一点。或许,与其使用更大的静态外倾角,倒不如调整为更大的后倾角。记住,这样会在转弯过程中在外侧轮胎上形成更大的负外倾角,这是个很重要的考虑因素。车手需要学习和理解后倾角。

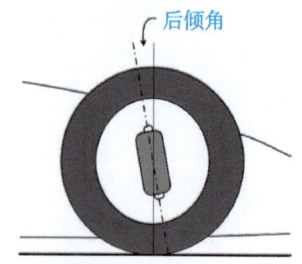

图4-2　后倾角是悬架主销的倾斜角度

束角

束角可以是车轮前端向内倾斜(内八字)和向外倾斜(外八字)。束角是指从上向下看去,两个前轮或两个后轮的角度。内八字是指轮胎前部比轮胎后部距离近;外八字则相反,是指轮胎前部比轮胎后部距离远。总是可以调整前轮的束角;对于采用独立后悬架的汽车,也可以调整后轮束角。

束角对于汽车的直线稳定性以及瞬态操作特性(汽车对最初转弯的响应速度有多快)起重要作用。通常,前轮内八字会导致初始转向不足,前轮外八字则会导致初始转向过度(下一章将详细介绍转向不足和转向过度)。

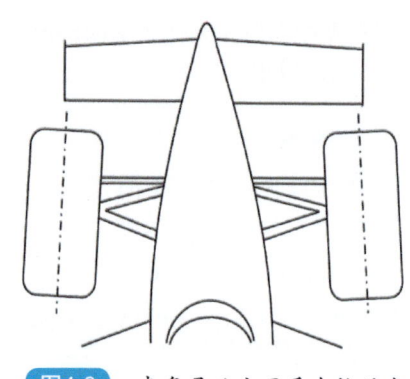

图4-3　束角是从上面看车轮的角度(图中为内八字)

必须避免后轮外八字,因为其会导致不稳定和不可预料的转向过度。

阿克曼转向

汽车过弯时,内侧车轮的行走半径要小于外侧车轮的行走半径。因此,内侧前轮的偏转角度必须更大,以避免轮胎侧偏。前悬架的几何结构在设计上就是为了达到这个效果,这也被称为阿克曼转向。

有些赛车经过设计和改造后采用反阿克曼转向,这意味着内侧轮胎的偏转角度小于外侧轮胎。这样做的道理是，内侧轮胎上只有很小的转弯负荷，因此出现的一些轮胎侧偏并没有大碍。还有些汽车则增加了阿克曼几何结构，使得内侧车轮的偏转角度大于追踪内半径所需的必要角度。这两种变化都是为了实现汽车的初始入弯特性。

起伏转向

应该避免起伏转向。这是指在颠簸或车身侧倾（有时称为侧倾转向）引起的悬架垂直运动过程中，前轮或后轮开始形成内八字或外八字。尽管有助于解决操控问题，但是起伏转向通常会让车辆非常不稳定，尤其是后轮。

抗点头

当采取制动时，汽车的前端会产生点头趋势，悬架结构在设计方式上能够减小这种趋势。通常，这已经被设计到了汽车内，而且只需要（或允许）很小的调整或者根本不需调整。

抗后坐

当汽车加速时，后部会有向下"坐"的趋势。与抗点头一样，悬架结构在设计上能够限制后坐趋势。同样，也只需要或提供很小的调整余地。

底盘高度

底盘高度是指路面与汽车最低点的距离。汽车前部和后部的底盘高度通常是不同的，这个差异称为倾斜度。一般情况下为前部低于后部。对底盘高度（尤其是倾斜度）的调整被用来调节操控性。

确定赛车底盘高度的方法通常是尽可能地降低赛车车身，但要保证底盘不会接触路面（刚好不会接触到），或者刚好超过悬架系统的行程。汽车越低，空气动力学性能越好。此外，较低的重心也同样有利。

弹簧刚度

选择最佳的弹簧刚度是最重要的调试项目之一。弹簧刚度是指使弹簧发生给定大小的形变所需的力，常用单位是磅/英寸挠度。弹簧钢丝直径、弹簧整体直径以及线圈的长度或数量共同决定该刚度。

开发赛车时，需要为前悬架和后悬架找到最佳的弹簧刚度。通常，应对弹簧的软硬度进行权衡，使弹簧既要足够软，以便悬架能够处理赛道路面的起伏；又要足够硬，以避免赛车在经过颠簸路面时触底。另外，还要考虑其他很多因素，例如驾驶风格和偏好、空气动力学下压力、汽车重量、赛道的形状和条件等。不过，最重要的是汽车从前到后的平衡。通常，最好在后悬架上使用尽可能软的弹簧，以帮助后轮胎在加速时达到最大牵引力，然后利用最佳的前弹簧来平衡操控性。

轮系数

轮系数是指使车轮运动给定距离所需的力，单位也是磅/英寸挠度。轮系数由悬架几何结构、弹簧安装位置和弹簧刚度决定。车手应该知道，即使在前悬架和后悬架（或两辆不同汽车）上具有相同的弹簧刚度，轮系数也可能因悬架系统向弹簧施加杠杆作用的总量不同而不同。

防倾杆

防倾杆用来阻止车辆在转弯时发生倾斜。防倾杆通常是一根钢管或实心钢棍，用来改变前部或后部的防倾阻力，这会影响赛车的操控性。很多赛车驾驶室内有调整控制装置，使车手在比赛过程中可以根据赛道条件、燃油量以及轮胎磨损情况来进行改变。

防倾杆调整很可能是对悬架装置所能做的最简单、最快速的调整。因此，一定要在最硬和最软的悬架设置下测试赛车，以观察有怎样的效果。拨入赛车设置时，我会进行"杆扫描"。也就是说我要将前防倾杆从最软调到最硬，然后再如此调整后防倾杆，同时记录操控性的变化。这样，我和我的工程师就能清楚地知道调整方向，以调试出具有较好平衡性的赛车。

通常，要改善赛车的前部抓地力（以减少转向不足），应该将前防倾杆调软或者将后防倾杆调硬。要改善后部抓地力（减少转向过度），应该将后防倾杆调软或者将前防倾杆调硬。但也并非总是如此，我就遇到过几次意外状况，因此需要做好进行相反调整的准备。

侧倾刚度

侧倾刚度是弹簧和防倾杆在阻止赛车倾斜或侧倾时提供的总阻力，该参数是弹簧刚度和防倾杆刚度的函数。

汽车侧倾刚度在前悬架与后悬架之间的分布称为侧倾刚度分布，用从前到后的百分比表示。通常，我们通过弹簧和防倾杆，并利用侧倾刚度分布来精细调节赛车的操控平衡性。相对后部来调整前部侧倾刚度（利用弹簧或防倾杆），或者反之。这是改变赛车操控平衡性的最常用方法。

减振器压缩率

减振器的作用是在悬架吸收路面起伏时减慢和控制弹簧的振荡。减振器实际是一个阻尼器。

减振器可以双向作用，即有压缩行程和伸张行程。因此，减振器用给定主轴速度下（压缩和伸张方向）的挠度率来划分等级。如果赛车的弹簧是力度敏感装置，那么减振器就是速度敏感装置。

可以利用减振器来改变瞬态操控特性（赛车如何对输入做出反应）。如果弹簧和防倾杆决定车身侧倾的量和从前到后的分布，那么发生车身侧倾的速度则由减振器压缩率决定。

因此，减振器是另一个重要的悬架调整部件。与弹簧刚度一样，找到最佳减振设置也需要做出微妙的权衡。作为车手，你需要有足够的经验才能具备相应敏锐度来找到最完美的设置（图4-4）。

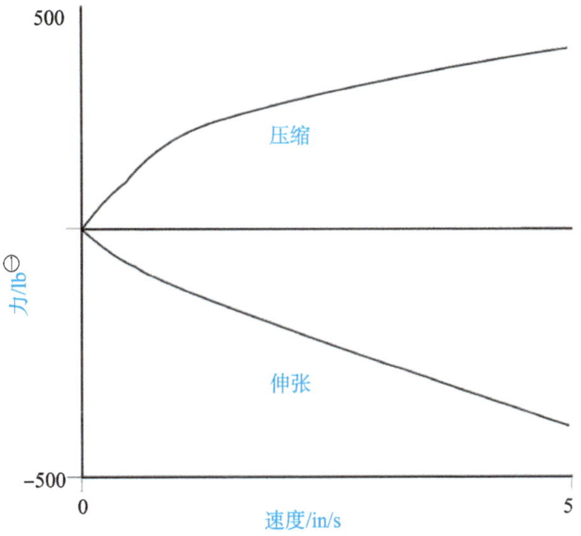

角重

如果将汽车的四个轮子分别放在四个独立的称上称重，就可以得到汽车的角重。有了角重，就能确定从前到后和从左到右的重量分布以及汽车的总重量。

对于公路赛道，理想情况是从左到右的角重相同。几乎所有中置发动机赛车的后角重都大于前角重。对于椭圆赛道，在设置时会通常偏向一边或一角。

角重调整是最重要的底盘调整工具之一，但经常被很多无经验的车手忽视。

轮胎

检查和优化底盘调整的最有效方法之一是"读"轮胎。通过评估轮胎温度，可以知道轮胎压力是否正确，定位设置是否正确，赛车的整体操控平衡性如何，并在一定程度上了解距离驾驶极限有多近。

轮胎需要在最佳的胎面温度范围内工作。在这个最佳范围内，轮胎能产生最大牵引力，如图4-5所示。如果高于或低于最佳范围，轮胎就无法

⊖ 1 lb = 0.45359237kg。

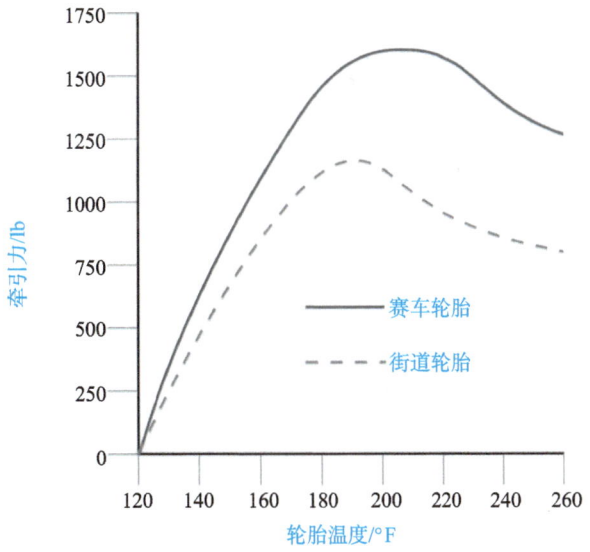

图4-4 减振器动态特性（给出了产生压缩和伸张方向上的减振器行程所需的力与减振器移动速度之间的关系。读者应学会读懂和理解减振器动态图，尤其要体会其中的数据与驾驶时的感受有怎样的联系）

图4-5 轮胎温度-牵引力曲线（可看到，轮胎牵引力随温度的升高而增加，直至达到某个温度点后，轮胎牵引力才又开始减小）

很好地抓住赛道表面。另外，如果轮胎过长时间处在最佳温度范围以上工作，胎面就会起包、掉皮或者过快磨损。高性能民用子午线轮胎的平均工作温度范围是180～200°F；赛车轮胎的范围是200～230°F[⊖]。

要确定轮胎温度，应使用轮胎高温计来测量。该仪器有一个针头，将针头刚刚插入轮胎胎面表层以下。通常需要在整条轮胎上测量三个点：胎面内侧、中间和外侧。

赛车进入维修区后测量的轮胎温度应该是弯道和直道的结合。赛车经过长直道或者冷胎圈后测量的温度具有误导性，因为胎面有的部分可能比其他部分降温更多。因此，测量温度的地点应该尽量靠近弯道。另外，必须在赛车驶入维修区后立即测量温度，因为1min之后轮胎就会开始降温。

如果靠近胎面外侧的温度与靠近胎面内侧的温度相同，说明外倾角为最佳。如果靠近胎面内侧的温度明显高于胎面外侧，说明负外倾角太大，内侧的热量过多。如果外侧温度高于内侧，说明正的外倾角过大。

如果胎面中间的温度等于胎面内侧和外侧温度的平均值，说明胎压合适。如果胎面中间太热，很可能是胎压过高。如果中间太凉，则是胎压过低。最理想的情况是整个胎面的温度都相同。

如果前轮温度等于后轮温度，说明赛车的整体平衡性很好。如果前轮温度高于后轮，说明前部比后部滑动得更多，需要对弹簧、减振器和防倾杆进行调整。反之亦然。

如果四个轮胎没有在最佳温度范围内运行，意味着：轮胎胶料不适宜，或者与驾驶方式有关。如果温度太低，则说明你对赛车的驾驶力度不够，没有充分滑动轮胎。如果温度过高，则说明驾驶太过激烈，赛车滑动得太多。下章会进行更详细的介绍。

车手应该习惯于观察轮胎。如果你能把胎面情况与驾车感觉以及轮胎温度结合起来看，然后确定怎样做能进行改善，就能让你和对手之间拉开差距。

通常，整个胎面都应该是漆黑色的，不应该有任何光亮区域。如果有，很可能是这部分轮胎磨损过度。另外，如果你对赛车的驾驶力度（轮胎使用）足够，胎面会显现出轻微的波浪起伏纹理，而且整个胎面都应该是这种纹理。

关于新轮胎使用有两点注意事项：装上一套新轮胎后，最好先磨合一下。首先要"擦洗"轮胎，即通过反复迂回驾驶（如果足够安全）来清除轮胎表面上的脱模剂。其次，第一圈时，不要让赛车发生太大的过弯侧滑，也不要在加速时出现过多车轮空转，这样会毁坏轮胎。应该逐渐提高速度，一点点地增加轮胎温度。这样，整体抓地力会持续更长时间。

[⊖] 华氏度（°F）= 32+ 摄氏度（℃）× 1.8。

5 赛车动力学

车手对赛车了解得越多，就会越成功。世界上任何驾驶天才都无法确保胜利。车手需要花时间充分学习和理解赛车是如何工作的，如何设置赛车参数，以及每项改装应该起到怎样的效果。即使你不亲自调试赛车，也需要告诉机械师赛车的状态如何，这是发挥赛车最高性能的唯一方法。对于竞赛的很多其他方面，车手需要尽可能多地阅读、倾听和学习相关知识。（在本书最后我强烈推荐了一些参考书目）。

对赛车设置做大的修改之前，首先一定要非常了解赛道，以能够适应并驾驶得很好。我看到有的车手（包括我自己在内）特别沉迷于将赛车调整得更好，但却忘了自己的驾驶因素。另外，当修改设置时，应该一次只做一项修改。如果同时做多项修改，那怎么知道是哪项修改起的作用？

我从一位具有多年比赛经验的车手那里购买了我的第一辆福特方程式赛车，这位车手在赛车调整和机械方面懂得很多。我知道这辆车相当好，因此，我决定至少在第一赛季不会对这辆车做任何大的改动。我只是集中精力以车手身份学习如何100%发挥这辆车的性能，只对悬架进行细微调节。第二年再用这辆车比赛时，我对赛车做了一些比较大的改动。这个时候，我感觉已经了解得足够多了。

轮胎牵引力

上一章里，我已经从轮胎与底盘调整之间的关系这个角度对轮胎进行了介绍。现在，我们回过头来介绍如何驱动它们。事实上，为了发挥轮胎的最大性能，你必须理解轮胎。你即使不知道之前讲的很多悬架基础知识，也能在比赛中比较成功；但是，你必须了解轮胎如何工作。

影响赛车和车手成绩的每个力都通过四个轮胎来传递，因此有必要知道轮胎如何工作，并建立对轮胎的敏感性。

速度揭秘

如果不知道轮胎如何工作，就永远无法赢得比赛。

只有三个因素决定可从轮胎那里获得多大的牵引力。第一个因素是轮胎与赛道表面之间的摩擦系数。摩擦系数由路面本身和轮胎材料决定。第二个因素是与赛道表面接触的轮胎表面大小。显然，与路面接触的橡胶面积越大，牵引力就越大。第三个因素是轮胎上的垂直载荷。垂直载荷来自汽车的重量和空气动力对轮胎的下压力。

轮胎不会在达到牵引力极限时突然打滑和侧滑。有时候感觉上虽是这样的，但轮胎总是会给你一些警告信号。随着轮胎达到附着极限或牵引力极限，它们会逐渐减弱对道路的抓地力。

事实上，由于橡胶有弹性，因此轮胎必须偏滑一定量之后才能达到最大牵引力。用来描述转向时轮胎偏滑（侧向加速）的术语是"偏滑角"。随着转向力和速度的增加，轮胎所指的方向会与车轮实际所指方向略有不同。轮胎所指方向与车轮行驶路径的夹角就是偏滑角（图 5-1）。

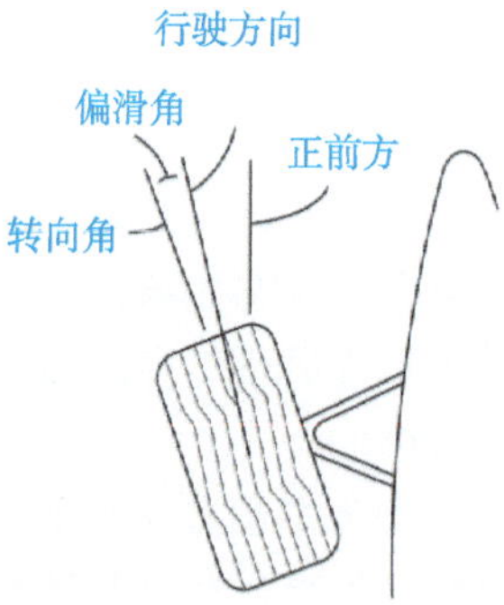

加速或制动时，轮胎偏滑量用百分比来衡量。

轮胎的牵引力极限以及转弯极限可在最佳偏滑角范围内达到（图 5-2）。这个范围会因轮胎不同而略有变化（子午线轮胎偏滑量小于斜交轮胎），但基本特性保持相同。在达到最佳偏滑角范围之前，轮胎无法产生最大牵引力。如果转弯速度或转向角增加，偏滑角将随轮胎牵引力一起增大，直到轮胎牵引力又开始减小为止。

图 5-1 轮胎偏滑角

轮胎牵引力达到最佳范围后逐渐减小，该过程的快慢决定了轮胎的"渐进性"。渐进性太强的轮胎（即用很长时间达到极限，然后慢慢减小）的响应能力不足，感觉比较拖沓；而渐进性不足的轮胎在达到并要超越牵引力极限时，无法给车手提供足够的提醒。这种轮胎的驾驶感觉不足。用这种轮胎很难在极限状态下驾驶，因为无法确切知道什么时候会超越轮胎极限。通常，街道轮胎比赛车轮胎的渐进性更强，赛车轮胎的容错度小于街道轮胎。

在干燥赛道上，牵引力取决于轮胎类型，当偏滑量为 3%～10% 时（图 5-3），会出现最大牵引力——以及最大加速、制动和转弯（最大偏滑角）。这意味着当存在一定偏滑量时，轮胎可形成最大的抓地力。

之前已经说过，当轮胎达到并超过牵引力极限时，不会立刻失去全部抓地力，而会逐渐失去抓地力。即使超过轮胎极限，完全打滑，轮胎也仍有一些牵引力。想象一下，即使制动完全锁死，轮胎开始打滑，汽车也仍会减速，尽管没有轮胎旋转时那么快（偏滑3%~10%），但确实是在减速。这个道理同样适用于转弯。当赛车开始侧滑时，轮胎仍然试图抓住路面。轮胎抓住路面的过程会降低速度，直到降至一定程度使轮胎再次获得最大牵引力。

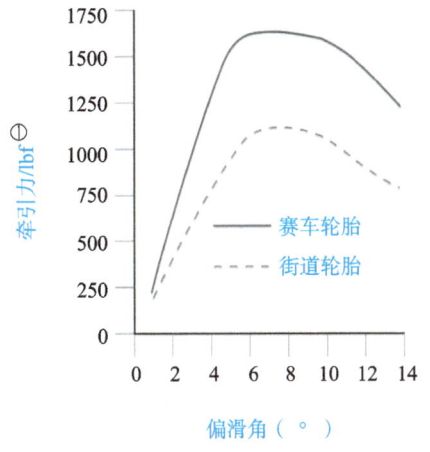

图5-2 偏滑角与牵引力的关系曲线（显示，轮胎在"偏滑"中获得牵引力，达到某个点时开始丢失牵引力）

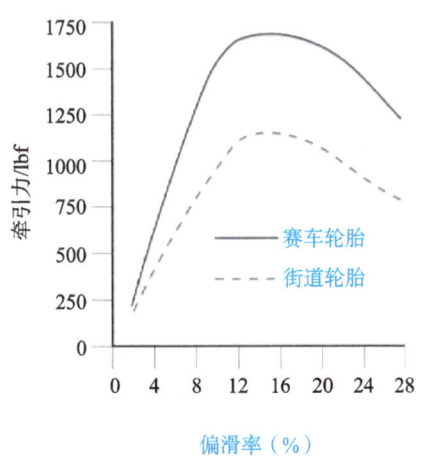

图5-3 偏滑率与牵引力的关系曲线

加速

加速时应该缓踩加速踏板，而不是猛踩下去。加速踏板并不是打开/关闭开关。应该渐进地使用加速踏板，也就是逐渐地踩下或松开。这个过程必须快速完成，但要平顺。

前面已经讲过，轮胎的牵引力存在极限，干燥路面上应该是有约3%~10%的偏滑，湿滑路面上要更小一些。如果轮胎超过该偏滑率，就会使车轮空转，导致加速度低于最大值。这种情况下需要稍松一点加速踏板，再轻踩加速踏板直到重新控制牵引力并再次获得最大加速度。

制动

大多数赛车上的制动系统都比车内的其他系统更强大。换句话说，汽车停止比加速要快很多。我们要充分利用这一点。

与加速一样，最大制动也出现在3%~10%的偏滑条件下，这意味着车轮的实际旋转速度比给定车速下的旋转速度慢3%~10%。超过这个极限值会导致锁死、100%

⊖ 1 lbf = 4.44822N。

偏滑，并损失转向控制。极限状态下或临界牵引力下的制动被称为"临界制动"，这是最快也是控制力最强的降车速或停车方法，也就是我所说的最大制动。

如果制动太猛并使前轮锁死，就会完全失去转向控制。这种情况下，需要略微松开制动踏板以重新获得控制，并回到临界制动。这种情况很可能会使轮胎出现平点（flat spot）。平点是指轮胎在道路上打滑并被磨掉一块，变得不再是正圆。当出现平点时，车手很快就可以知道，因为在车内能够感觉到平点旋转所产生的撞击或震动。

偏滑角

我们来详细介绍一下偏滑角。如果注意观察图 5-2 中的"偏滑角与牵引力"曲线，会发现当轮胎处在 6°～10° 偏滑角范围内时，就会出现峰值牵引力或侧向加速。我们以四个假想的车手为例，分析图中何处为最佳驾驶区域。

1 号车手可能经验不足而且有一些保守。他驶过弯道时，总是使轮胎处在 2°～5° 的偏滑角范围中。从图中可以看到，这时轮胎没有处在最大牵引力极限值上。1 号车手没有在极限状态下驾驶，因此速度慢。

2 号车手的经验要多一些，驾驶风格也比较大胆。他经常过度驾驶。这是什么意思呢？就是说，他总是以大于 10° 的偏滑角驶过弯道。换句话说，他让赛车侧滑得太多。赛车在整个转弯过程中出现很大侧滑，这样看起来很棒，但图中显示，在这个范围内，轮胎的牵引力已经开始从最大值下降。另外，赛车侧滑会使轮胎温度升高，使轮胎过热，进一步降低轮胎的牵引力。

最后两位车手都是在 6°～10° 的偏滑角范围内过弯。两个人都很快，以几乎相同的速度过弯。他们驾驶时，轮胎都处在极限状态。那么，二者的区别在哪？3 号车手过弯时的偏滑角处在 6°～10° 范围内的高值区域内，即 9° 或 10°。4 号车手则是 6° 或 7°。他们的过弯速度相等，但 3 号车手的侧滑要比 4 号车手大一些，导致轮胎的热量更多。

两位车手在比赛初期都跑在队伍最前面，不过，最终 3 号车手的轮胎过热，导致速度变慢。3 号车手在比赛最后抱怨轮胎出了问题。同时，我们的获胜者 4 号车手继续以 6° 或 7° 的轮胎偏滑角行驶，并称赞轮胎厂商制造的轮胎质量一流，称赞车队将赛车调整得很好。

正如这个例子所示，车手的目标是始终以能够保持最大牵引力的最小偏滑角行驶。

要知道，以 2° 偏滑角过弯与以 12° 偏滑角过弯的速度差别只有 1mile/h 或 2mile/h（1mile ≈ 1.6km），甚至更少。因此可以想象，需要有多高的技能和经过多少练习才能把赛车控制得足够好，以保持 6° 或 7° 的偏滑角！

接下来的内容会有些自相矛盾。有时候，车手恰恰需要在理想偏滑角范围的高区间内驾驶。如果轮胎材料对于赛车来说太硬（也许轮胎针对另一种赛车类型而设计），或者赛道温度比较低，难以使轮胎温度达到理想温度范围，在这种情况下，就需要让赛车侧滑大一些，在最佳偏滑角范围的高值区间内驾驶，以便在轮胎上产生更多热量,实现最大牵引力。胜利者能够"感觉"并解读轮胎的温度状况,然后调整驾驶风格加以适应。

> **速度揭秘**
>
> 以能够保持最大牵引力的最小偏滑角行驶。

轮胎接触面

希望车手能真正理解这个概念,因为这是后面要介绍的很多内容的基础,而且也是车手做到极限驾驶的关键。轮胎接触面是指特定时刻真正与路面接触的那块轮胎面积(图 5-4)。轮胎接触面只有四小块,也正是这四个轮胎接触面将车手和赛车支撑在路面上。接触面越大,轮胎的抓地力或牵引力越强。增大轮胎宽度显然可以加大轮胎与路面的接触面,实现更大的牵引力。但是,赛车的轮胎尺寸通常受到规则的限制。

图5-4　轮胎接触面是指在旋转时与赛道表面接触的轮胎面积

垂直载荷

有一个因素不受规则限制又对轮胎接触面和牵引力有很大影响,这就是垂直载荷或对轮胎施加的向下压力。通过增大轮胎载荷,能够增大对接触面的压力,因此可在达到轮胎过载点之前增加轮胎的牵引力极限。

现在假设为赛车增加 2000lb$^{\ominus}$ 的铅块重量,以使全部额外载荷都在轮胎上施加更多压力并产生更大的牵引力。不过在这之前需要考虑一个问题:诚然,额外的载荷会提高轮胎的牵引能力,但在运载额外载荷的过程中,轮胎抓住路面所需的工作量也会增加。事实上,后者增加得更快。二者并非线性关系,如图 5-5 所示。

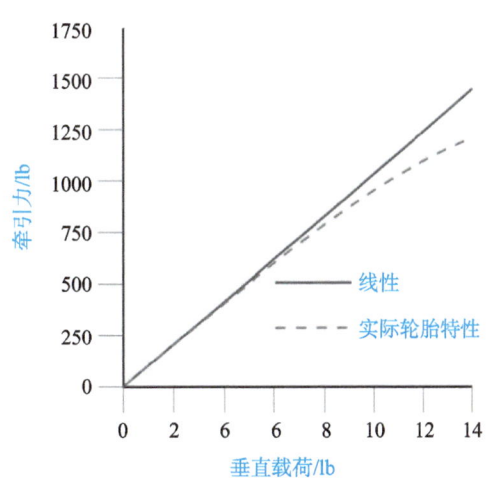

图5-5　垂直载荷与牵引力的关系

$\ominus$　1 lb=0.45359237kg。

牵引力随垂直载荷的增加而增大，但轮胎所需的工作量增长得更快。结果是整体侧向加速度减小，从而降低过弯能力。

然而，有一种方法可实现鱼与熊掌兼得，那就是空气动力学。空气动力学下压力能增大轮胎上的垂直载荷，而又不增加轮胎所需的工作量。这就是为什么增加空气动力学下压力总是可以提高赛车的过弯能力。

重量转移

极限驾驶的关键因素之一是控制赛车的平衡性。在这里，"平衡性"是指赛车的重量均匀分布于四个轮胎上，如图 5-6 所示。当赛车达到平衡时，轮胎牵引力最大化。赛车的牵引力越大，车手对赛车的控制越好，在赛道上的驾驶速度越快。

图5-6　赛车平衡时，每个轮胎上具有相等的牵引力

众所周知，当赛车加速时，车身后部会向下坐，这是因为部分重量已经转移到了后部，如图 5-7 所示；当制动时汽车会点头，此时重量向前转移，如图 5-8 所示；当转弯时，车身重量横向外侧转移，导致倾斜或车身侧倾，如图 5-9 所示。赛车总重量并没有变，只是重量分配变了。

因此，随着赛车加速时重量转移到后部（发生后部向下坐），后轮胎接触面上的压力或载荷增大，导致后轮胎牵引力增加。制动过程则正好相反，赛车出现点头（重量转移到前部），前轮胎牵引力增加。当过弯时，重量转移到外侧轮胎并增加其牵引力。

然而，当重量转移到一对轮胎上并增加它们的牵引力时，另外两个轮胎上承载的重量会减轻，使牵引力减小。这对赛车的整体影响是使总牵引力减小。

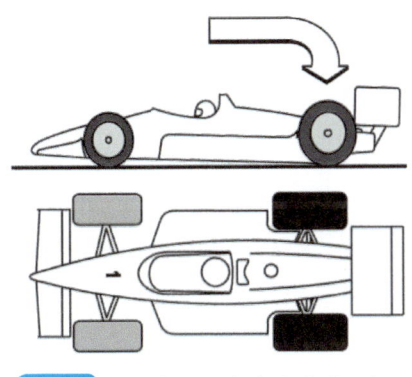

图5-7　加速时，重量转移到后部，增加后轮胎牵引力

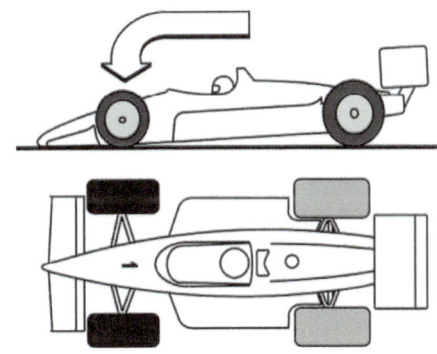

图5-8　制动时，重量转移到前部，增加前轮胎牵引力

车手必须控制好重量转移，以使其对自己有利。当重量转移到一对车轮上时，应让轮胎与路面的接触达到最大，在两个轮胎上实现更大的牵引力。相反，另外两个轮胎则失去牵引力。

牵引力单位值

对每个轮胎上的牵引力进行量化并赋予相应数值，就是我所指的轮胎的牵引力单位值。

如图 5-10 所示的实例，一辆赛车静止不动或者以恒定速度行驶，假设每个轮胎上有 10 个单位的牵引力，那么共有 40 个单位的牵引力让赛车抓住路面。当过弯时，重量转移到外侧轮胎，因而增大了外部轮胎上的垂直载荷和牵引力，使每个外部轮胎上有 15 个单位的牵引力。同时，重量从内部轮胎转移走，因而减小了它们的垂直载荷和牵引力，导致每个内部轮胎上只有 3 个单位的牵引力。现在，赛车的总牵引力为 15+15+3+3=36，少于转弯之前的总牵引力。

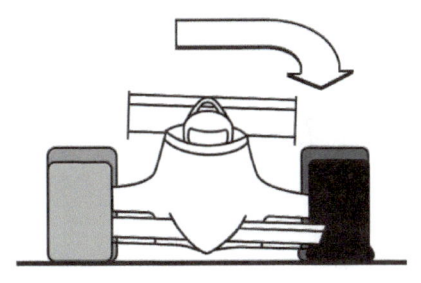

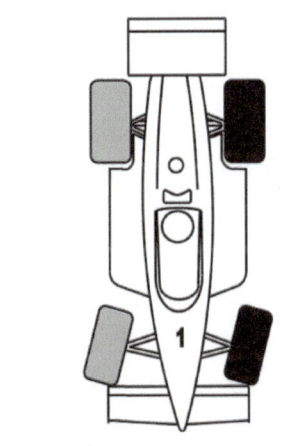

图5-9　过弯时，重量横向转移到弯道外侧，增大外侧轮胎的牵引力并减小内侧轮胎的牵引力

我们在图 5-5 中已经看到，垂直载荷与牵引力并非线性关系。随着轮胎的载荷增加，牵引力增加的速度没有重量增加的速度快。随着对面轮胎上的载荷降低，牵引力以更快的速度减小。重量转移得越多，车的总牵引力越小。

平衡

显然，驾驶时不产生重量转移是不可能的。每次制动、过弯或加速时都会发生重量转移。不过，重量转移越少，赛车的总牵引力越大。

因此，车手在驾驶过程中应尽量使赛车的重量平均分配到四个轮胎上，换句话说就是平衡赛车。如何做到这点？车手需要平顺驾驶，转方向盘时动作尽量慢、尽量小。如果转弯时候猛拽方向盘，赛车会侧倾，或者转移很多重量。如果入弯时做到动作轻缓，赛车就不会出现很大侧倾。踩压或松开制动踏板和加速踏板时要缓慢，不要用突然或急促的动作来操作控制装置。

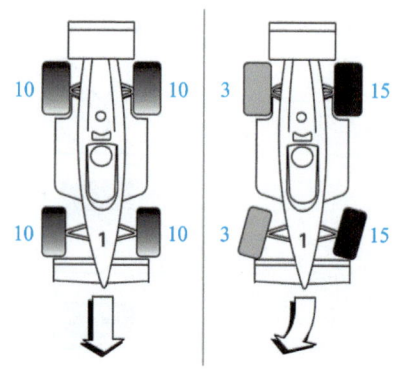

图5-10 "牵引力单位值"实例表明，发生重量转移时，赛车总牵引力的极限值降低。换句话说，赛车平衡性保持得越好，牵引力越大，通过弯道的速度也就越快

现在，你应该知道了平顺驾驶的重要性，以及它如何影响赛车的平衡性和整体牵引力。重量转移越大，轮胎牵引力越小。车手在控制重量转移和牵引力最大化的过程中起着重要作用。

重量转移和平衡性还会影响赛车的操控，引起转向不足、转向过度或中性转向。

转向不足

发生转向不足时，前轮胎牵引力小于后轮胎牵引力，无论如何做转向调整，赛车都会继续朝着弯道外侧行驶。也可以这样理解转向不足，即赛车无法达到预期的转向幅度，发生欠转向。事实上，转向不足会增大转弯半径（图5-11）。

通过弯道时，加速过猛或者不够平顺都会导致过多重量被转移到后部，从而减小前部牵引力，导致转向不足。

大部分车手对转向不足的第一反应是增加方向盘的转动幅度。不要这样！这会使问题更加严重，因为行驶中应该保持轮胎的整个胎面附着路面。

为了控制转向不足，应该稍稍减小转向幅度，轻轻松开加速踏板，以便将重量转移回前部。这样能够增加前轮胎的牵引力极限，同时会降低速度。一旦重新获得前轮胎牵引力并控制住转向不足，便可以重新挤压加速踏板。显然，抬起加速踏板和重新加速的过

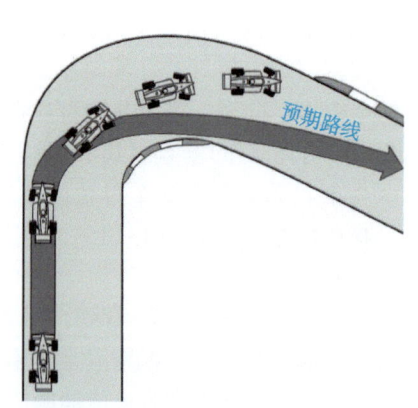

图5-11 转向不足的赛车未达到预期线路所对应的转弯角度

程会降低下个直道的速度，并破坏赛车平衡性。因此，应确保最开始时的平顺加速。

转向过度

发生转向过度时，后轮胎牵引力小于前轮胎牵引力，赛车后端开始侧滑，前端指向弯道里侧。赛车转向幅度大于预期，发生转向过度。转向过度会减小转弯半径（图5-12）。

进入弯道时采取制动或者在过弯时松加速踏板，会导致重量向前转移，使赛车后端变轻，从而减小后轮牵引力，造成转向过度。

另外，驾驶后轮驱动赛车时若加速过猛，则会造成"动力转向过度"。此时，后轮胎的所有牵引力全部用于加速，没有给过弯施加一点牵引力。要想控制过大的动力转向过度，只需稍稍松开加速踏板即可。

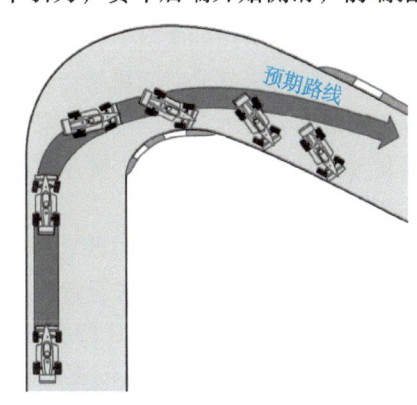

图5-12 转向过度的赛车超出了预期线路所对应的转弯角度

要控制过大的转向过度，需要目视并朝着想去的方位转向，这会迫使你侧滑或反向锁定，从而增大转弯半径。同时，可以轻轻、平顺地稍稍踩下加速踏板，将重量转移到后部，以增大牵引力。无论如何，要避免过快减速，因为这会进一步减小后轮牵引力，很可能造成车辆打转。

中性转向

中性转向是指前轮胎和后轮胎在相同的速度或过弯极限下失去牵引力，而且四个轮胎的偏滑角相同，有时也被称为"四轮漂移"。这也是车手在调整赛车操控和平衡赛车过程中追求的理想状态。

我喜欢利用加速踏板控制赛车平衡，并在极限状态下快速驶过弯道时的感觉。如果赛车有点儿转向过度，我会加大油门以把重量稍稍转移至后部；如果赛车出现转向不足，我会稍稍松点儿制动踏板，为前部提供更大的抓地力。当恰到好处时，四个轮胎的偏滑量相同（赛车达到完美平衡，既没有转向过度也没有转向不足），以完美的中性转向姿态通过弯道。

在赛车设置方面，大部分车手倾向于在快速弯道让赛车产生一点转向不足，因为这样更容易预测，也更安全；在慢速弯道产生转向过度，以便于赛车转过急弯。

建立过弯姿势

建立过弯姿势是指赛车完成所有重量转移时在弯道中所处的点，也就是所需的重量转移在到达这个点时都已经发生。赛车在建立过弯姿势时最稳定，可以更容易地达到极限。

赛车在弯道中建立过弯姿势的速度主要取决于减振器的调整以及车手的驾驶。入弯时，重量转移得越快，赛车建立过弯姿势就越快。赛车越早建立过弯姿势，车手就能越早地将赛车开到极限，车速也就越快。

这是为什么呢？我们可以回忆一下牵引力单位值这个实例。发生重量转移时，轮胎牵引力减小。一旦需要发生的所有重量转移都已发生了，赛车建立了过弯姿势，车手就可以利用可用的牵引力在极限状态下驾驶。如果重量转移发生得不够快速，车手就要在弯道的大部分时间里等待赛车建立过弯姿势。因此，车手要等待很长时间才能真正知道需要处理多大的牵引力极限。如果驾驶不够平顺，导致在相同弯道中重量转移量时多时少、反复变化，赛车就永远无法建立过弯姿势。如果极限不断变化，就很难在极限状态下驾驶。

在理解重量转移发生过快这个概念之前，再回顾一下牵引力单位值这个实例。入弯时猛拉方向盘会让重量快速转移，结果使得总重量转移过多，并减少总牵引力。

因此，我们的目标是让赛车尽快建立过弯姿势（即达到最大重量转移并保持此状态），又不会造成不必要的重量转移。这就意味着要平顺、精准和慎重地操作控制装置。

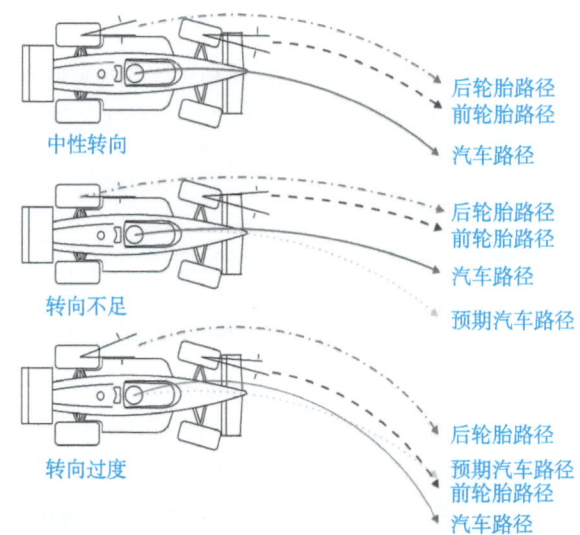

图5-13 赛车在中性操控条件下，前后偏滑角相等；在转向不足的情况下，前偏滑角大于后偏滑角；在转向过度的情况下，后偏滑角大于前偏滑角

动态平衡

回到赛车平衡这个问题上，我也称之为"动态平衡"。很少有赛车达到50/50的重量配比。大多数专用赛车都是中置发动机，重量分配大约是前部40%，后部60%，这已经比较接近赛车的理想重量配比了。基于量产车型的前轮驱动赛车的重量配比通常

是前部65%、后部35%，只有管架赛车（Grand-Am GT 和 NASCAR 等）采用50/50的重量配比。

认识到这点后，车手必须通过控制重量转移来进行重量补偿，以平衡赛车，使其进入中性操控状态（无转向不足或转向过度）。为此，车手需要对重量转移施加影响，使从静态上看，赛车前部或后部具有更多重量，但在动态上赛车又是完全平衡的。

我们可以这样看：假设赛车的静态或静止重量分配是前部40%、后部60%，并设置为极限状态下出现转向过度（可能是有意而为之，或是因为还没有找到正确的设置）。当以100mile/h速度通过弯道时，如果让赛车的转向过度减少一些（中性操控），就可以让车速更快一些。要让赛车的转向过度减小，就需要加大油门，使部分重量向后转移。这样会将重量分配变为前部35%，后部65%。在一定速度下过弯时，使赛车动态上是平衡的。

制动分配

考虑到重量转移问题，制动中的一个重要因素是如何设置或调整制动分配。制动力并非在四个车轮之间均匀分配。由于制动时重量向前转移，使前轮胎牵引力更大，因此大部分制动工作由前制动器完成。这样一来，制动力就会向前偏移。这就是为什么所有汽车上的前轮制动器都要大于后轮制动器。

我们需要对制动分配加以调整，使前轮锁死时间比后轮稍稍早一点。这样更加稳定，因为车手能获得更多的滑动提醒。如果前轮开始打滑，车手在转向时立即就能感觉到。如果后轮胎首先锁死，赛车就会倾向于向侧面打滑。

不同条件下需要采取不同的前后制动力比例。雨天条件，向前的重量转移比较少（牵引力极限降低，使紧急制动必然导致轮胎锁死），因此不得不将制动分配比例更多地向后调整。有些赛车在比赛过程中会随燃油量的减少发生很大变化。这种情况下，配备可由车手调节的制动分配调整器很有好处。

实际上，专用赛车都配有制动分配调整机制。应学习如何"读懂"赛车的制动分配并对其进行调整。对于由量产车改装的赛车，车手也只能适应厂商预先设定好的制动分配比例。

空气动力学

空气动力学只有在比较高的速度下才能完全起作用，只有很敏感的老车手才能在60mile/h以下的速度上感觉到空气动力学的效果。此外，空气动力学对于赛车的操控性也起着重要作用。因此，读者必须尽可能多地学习如何调整和感觉其影响。

简单来说，赛车手只关心空气动力学的两个方面：阻力与升力（都分正负）。阻力是可减慢车速的汽车车身上的风阻或摩擦力。升力是指空气对汽车重量的影响：正升力使车身向上升，对飞机有利；负升力是指对车身的下压力，这是汽车或者说驾驶员所喜欢的。负升力使汽车与路面保持接触。

空气动力学可以影响赛车的平衡性，并导致转向不足和转向过度。这称为赛车的"空气动力学平衡"。有时候，赛车会在相对较低的速度下转向不足，会在更高速度下开始转向过度。低速转向不足是悬架设计的结果。但随着速度的增加，车身设计（包括尾翼）开始产生影响。如果前部下压力大于后部下压力（可能是扰流板、尾翼调整等原因），随着速度增加，赛车的前轮胎牵引力就会更大，从而导致高速转向过度。车手务必要理解悬架操控特性与空气动力学操控特性之间的区别。

赛车调整就是对悬架与空气动力学的平衡，需要花费很多个小时通过调整悬架来调整慢速弯道的操控性，然后改变空气动力学以获得下压力（前部或后部）与阻力的最终平衡。下压力的增大可获得更快的过弯速度，但也意味着会有更大的阻力，使直线速度降低。需要仔细权衡升力（下压力）与阻力之比。

对车手来说，另一个重要因素是，前面的赛车如何影响后车的速度和操控性。前面的赛车会挡住空气，为后车降低风阻，这称为"尾流"效应。这样一来，第二辆赛车就能开得更快，也许能超过领先的赛车，或可以稍稍松一些加速踏板以节省燃油。

这时，另一个经常被遗忘的因素也会起作用，尤其对于装有尾翼或具有地面效应的赛车来说更是如此。这类赛车需要依靠一定气流产生下压力。当气流被前车阻挡时，后车的过弯能力就会下降。这就是为什么你会看到后车能很快地追上前车，但却难以将其超越。当赛车单独行驶速度更快，但是当气流减小时，后车并不比前车快。作为车手，你必须清楚这点，并在紧跟另一辆赛车时避免过度驾驶。或许，最佳策略是"缓一缓"。换句话说就是略微降低速度，直到获得足够的动力驶出并在直道超车。

我第一次在椭圆赛道驾驶印地赛车时，简直无法相信周围的赛车对操控性能的影响。如果前面有一辆车，它会显著减小流过我的赛车的气流，导致转向不足。如果后面有一辆车跟随，它会降低后尾翼气流的效果，导致我的赛车转向过度。不过，我很快就记下了其他赛车的位置，并预测它们会对我的赛车产生怎样的影响。此外，这种情况并不仅仅会在印地赛车上出现，任何依靠空气下压力增加抓地力的赛车都会在一定程度上受此影响。

对于依靠地面效应产生下压力的赛车，还有一个问题需要考虑：**车速越快，下压力越大，其牵引力也就越大**。开始驾驶地面效应赛车时，你会处在比较难受的境地。如果到达某个点时你感觉赛车像是到了极限，你可能会开得更快以获得更大的下压力。一旦速度加快，赛车就能获得更大的抓地力，你会感觉距离极限还差得远，但有可能不是这样的。

平顺性

我前面已经多次提到，平衡赛车是最重要的驾驶技术之一，也很可能是最难的。制动、过弯或加速会导致重量转移，使一个或两个轮胎不受力，因而失去牵引力。显然，需要让重量转移越少越好。如何才能做到？那就是要平顺驾驶！踩制动踏板，转动方向盘，或者踩加速踏板时，动作越不突然，驾驶就越平顺，赛车的总体牵引力就越大。换句话说，即不要滥用轮胎的牵引力。

我们已经知道了控制车辆的重量转移是多么重要，以及如何使用控制装置来实现控制，不过，你在完成这些操作时还要做到非常平顺。如果急拉方向盘入弯，会立刻向车辆外侧转移过多重量，从而减小牵引力。这种情况下，必须等车身稳定下来并恢复平衡之后，才能以极限速度过弯，并加速驶出弯道。但这样势必会浪费时间。

速度揭秘

平顺则快。

驾驶时始终应该做到尽量平顺，这可在日常驾驶中加以练习。不要突然踩加速踏板，应逐渐踩下，轻轻松开。不要猛踩制动踏板，应该平顺地逐渐踩到制动临界点。不要猛拉方向盘，应该平缓、轻轻地转到通过眼睛观察路面所确定的转向幅度。不要将变速杆猛推入档位，而应巧妙地放入档位。

记住，每个轮胎都有具体的牵引力极限值。如果超出牵引力极限，赛车就会打滑或侧滑。驾驶得越平顺，就越容易保持在牵引力极限之内。如果使轮胎逐渐达到牵引力极限，那么轮胎就会实现更高的牵引力极限。换句话说，如果你在进入弯道时猛拉方向盘入弯，或者紧急停车时猛踩制动踏板，轮胎就无法逐渐增加牵引力。这时，轮胎无法抓住路面，便会导致打滑或侧滑。

把轮胎的牵引力极限看作是拽断细绳所需的力。如果逐渐用力拉细绳两端，就需要很大的力才能拽断。如果快速猛拉细绳，那么只需很小的力就能将细绳拉断，就像轮胎的牵引力极限。

因此，驾驶时的所有动作都应该平顺进行。在入弯时，要尽可能轻柔、缓慢地转动方向盘，这样转弯会很平顺。在制动时，要缓踩制动踏板，而不是猛踩。相信我，与猛踩制动踏板相比，你会更快地停下，而且能更好地控制。因此，使用制动踏板或加速踏板时要想着"挤压"动作。即便在急加速时，也要逐渐踩下加速踏板，以实现更好地可控加速。

首先应该做到平顺而不是快。速度源于练习，要不断练习平顺驾驶。在学会平顺之前尝试快速驾驶，这是个错误。车手应该首先学会平顺，再让速度自然而然地提高起来，否则永远达不到应有的速度。

需要再次强调，对控制装置的操作越慢、越平顺，车手对车的控制就越强，赛车速度也就越快。

循迹制动

"循迹制动"是指在转弯时继续实施制动，换句话说就是制动和转弯同时进行。

这样做是有原因的，将会在下面理解牵引力圆时加以解释。

牵引力圆

牵引力圆是指用简单图示来展示任意车手在任意赛车中的表现。具体来说，就是利用计算机数据采集系统得到的，赛车在赛道上行驶时制动、过弯和加速过程中经受的G-力的坐标轴图示，如图5-14所示。

首先，1G-力等于1倍赛车重量的力；如果一辆2000lb的赛车在1.0g下过弯，那么将汽车向外推的离心力为2000lb。

假设轮胎在每个方向——制动、过弯或急速——上具有相等的牵引力极限，例如1.1g。换言之，赛车和轮胎可以在1.1g下制动、过弯和加速，而且轮胎不会侧滑。如果超过轮胎牵引力极限，赛车就会开始侧滑、减慢速度；如果不加以控制，就会造成赛车自旋。另一方面，如果没有使用轮胎的所有牵引力，速度就会比较慢。

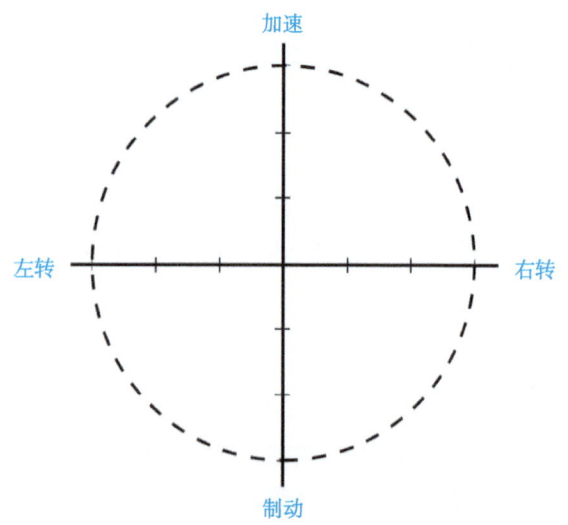

图5-14　（牵引力圆）是一个简单的坐标图，表示赛车在赛道上行驶时经受的G-力。图中，圆圈的理论极限值为1.5g

当驶过弯道时可以测量并绘制G-力。如果使用正确的驾驶技术，绘制出的线条就会接近圆，即牵引力圆，告诉你轮胎正在发挥全部潜能。

当一个方向的力向另一个过渡时，例如从制动到过弯，有两种方法可用来从一个牵引力极限过渡到另一个：第一种是，当到达制动区域末端时（1.1g下制动），突然松开制动踏板，然后转动方向盘入弯（建立1.1g的过弯力）；第二种方式是逐渐松开制动踏板，同时一点点加大转弯角度，并使部分制动和过弯重叠，这称为循迹制动。

对于第一种情况，在很短的时间内（可能不足1s）轮胎只发挥很小的作用，此时轮胎的潜力未发挥到最大，这样会浪费时间（无论时间有多短），因为赛车无法立刻从直线制动变为曲线路径。第二种情况能使轮胎和赛车保持在牵引力圆的外部边缘，是一种快得多的赛车驾驶方式；同时，这也是最平顺的"建立牵引力"的方法，我们知道，这能实现更高的过弯速度。

因此，根据牵引力圆的特点，车手必须持续制动到入弯阶段（循迹制动），这样，轮胎在积累转弯力的过程中仍然贡献制动力。或者，沿直道以100%的牵引力极限进行制动（1.1g），在转弯处开始逐渐减少制动力，通过减小部分制动力来换取转弯力（90%制动，10%转弯；然后75%制动，25%转弯；50%制动，50%转弯等），直到能够以极限状态过弯（在1.1g下，将100%牵引力用于过弯）。然后，开始将过弯线路调直，较早地使赛车绕出弯道，这样可使轮胎具备用于加速阶段的牵引力（90%转弯，10%加速；75%转弯，25%加速；50%转弯，50%加速等）。

牵引力圆的关键在于将制动、过弯和加速过程平顺、逐渐地重叠。如果你遵循旧的方法，即完全在直道制动，以最大转弯力过弯，然后在直道加速，就无法发挥赛车潜力并且浪费很多时间。你必须将制动、转弯和加速力进行平衡和重叠，以使轮胎处在牵引力圆的边缘以达到牵引力极限，实现"极限驾驶"。这样能获得最快的圈速，进入"胜者圈"。

之前说过，轮胎的牵引力有极限。如果将100%的牵引力都用来转弯，就无法用来加速，即使1%也不行。牵引力圆说明了如何使用和共享轮胎的牵引力极限。从中可以看出，如果轮胎的所有牵引力都用来制动，那么就无法用于转弯，除非减缓制动。如果所有牵引力都用来转弯，那么就无法用来加速，除非开始回转方向（打直方向盘）。如果所有牵引力都用来加速，那么就无法以接近极限的状态过弯。

将加速踏板和制动踏板想象成与方向盘连接，转向角度越大，意味着制动或加速踏板压力越小；踏板压力越大，意味着转向角度越小。过大的转向角度加上过大的踏板压力，会使轮胎超出牵引力极限。

特定制动或加速条件下过大的转弯角度（或反之）会导致赛车超出牵引力极限，通常在赛车一端先出现，然后是另一端（转向不足或转向过度）。有时候，这会让你误以为是赛车存在操控问题，而事实上很有可能是你的驾驶技术出现了问题，让前轮胎或后轮胎超出了极限。

当我第一次在驾驶学校学习时，教练让我到达弯道之前在直道上完成整个制动操作，然后再转入弯道。接下的几年里，我通过反复尝试逐渐学会了循迹制动。不过几年后，我开始参加泛美房车锦标赛，这时不得不提高我的循迹制动技术，因为只有采

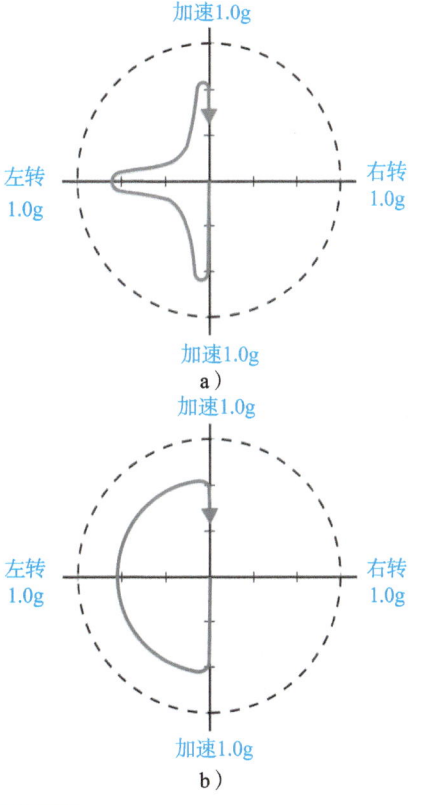

图5-15 这两个牵引力圆表示以两种方式驶过同一弯道。a图中，轮胎的很多潜力都没有发挥出来，浪费了不少时间。b图表示正确的过弯方法，发挥了轮胎的全部牵引潜能

用这种方法才能快速驾驶这种赛车。因此，在接下来的几周里，我晚上驾驶自己的汽车到一个荒废的工业园中，在弯道处练习循迹制动。我不必开得很快，只需要在转入弯路时练习松缓制动，然后在出弯回打方向时重新踩下加速踏板。这种方法可以有效提高我的技术。

牵引力圆真正体现了快速驾驶的要点，那就是将踏板的使用与转向角度进行平衡。只有学会如何将制动、过弯和加速进行平衡，才能学会极限驾驶。

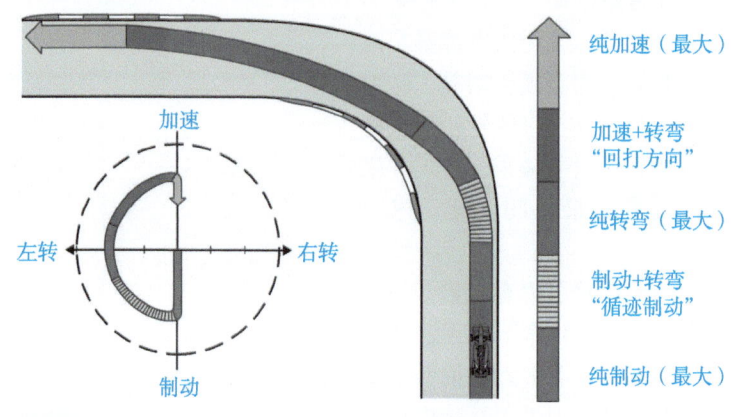

图5-16　车手在弯道中的状态与牵引力圆之间的关系

6 极限驾驶

上一章已经介绍过,要想成为获胜者,就必须使用轮胎的牵引力极限。一旦建立起轮胎的制动力、转弯力或加速力,就要保持住,在极限状态下驾驶。

进入弯道,在牵引力极限下制动,叫作临界制动。当到了要转入弯道的这个点时,应在转动方向盘的同时松制动踏板。方向盘转动得越多,制动踏板的松开幅度也越大(循迹制动),直到完全松开制动踏板为止。此时,汽车应该处在轮胎的最大转弯牵引力极限上。当开始回打方向盘出弯道时,需要增大加速度,直至进入直道完全踩下加速踏板为止(图6-1)。

你要做的是在牵引力极限下制动,然后在进入弯道时减小制动力以获得转弯力。然后在牵引力极限下转弯,再在回打方向出弯时减小转弯力以获得加速力。最后,在直道上达到最大加速牵引力。

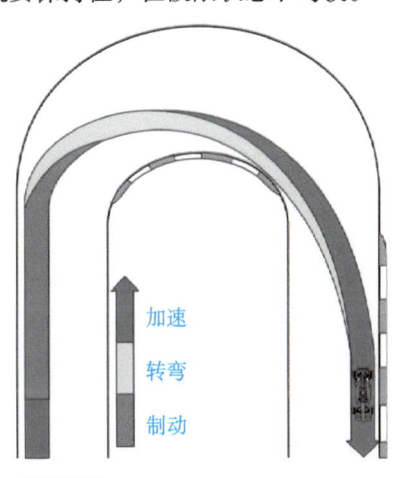

图6-1 赛车制动、转弯和加速的重叠

力的重叠必须非常平顺,以便在极限状态下流畅过弯。

速度揭秘

将制动力、转弯力和加速力重叠。

如果做得不够平顺,赛车无法平衡,极限就会降低,而且赛车一端的极限降低会先于另一端,导致转向过度或转向不足。如果做得够平顺,你就可以在更高的极限速度下按照有利于自己的方式控制转向过度或转向不足，有助于控制赛车的方向或线路。为此，你需要控制赛车的平衡，我称之为"用脚进行赛车转向"。

我仍然记得第一次用加速踏板转向时的情形。那是我的第一次赛车驾驶课程，驾驶一辆福特方程式赛车。当驶过一个快速弯道时，我松缓加速踏板，赛车开始转向过度——更多地转向弯道内侧；然后，我加大油门，赛车又开始转向不足，更多地转向赛道外沿。整个过程中，方向盘位置保持不变，非常刺激。我能用我的右脚像使用方向盘那样改变赛车的方向。当然，我从中学到的是，在极限驾驶时重量转移对赛车的影响以及如何为我所用。这对我来说仍然是驾驶中最有乐趣的一个部分。

继续深入介绍之前，我首先说明一下什么是"极限驾驶"。我说的"极限"，是指赛车的四个轮胎都处在偏滑角VS牵引力曲线（图6-2）上能产生最大牵引力的点上。而驾驶赛车时的速度正好处在两个极端情况之间：

- 一个极端：赛车速度不够快，不是所有轮胎牵引力都被用到，赛车在欠极限条件下行驶。
- 另一个极端：赛车超出了极限，轮胎和赛车出现过大滑动。

注意，当我说到"极限"时，我并非是在谈论理论上的事情。相反，我指的是真实存在的轮胎抓地极限或临界点。

尽管这个极限是真实存在的，却也是可变的。也就是说，你的驾驶方式在一定程度上决定了轮胎和赛车在什么速度下达到极限。这也就不难理解，为什么一位车手在驾驶赛车时达到一定极限，而另一位车手驾驶同一辆赛车却能开得更快。难道第一位车手没有极限驾驶？他很可能已经完全达到了极限。关键点在于他的驾驶技术所形成的极限要稍稍低于第二位车手。这又是如何发生的？大多是因为驾驶技术导致赛车没有达到应有的平衡。

当然，定义什么是极限驾驶，甚至是做到极限驾驶，要比教会别人如何极限驾驶简单得多。而这正是我在本书中要试图做到的。

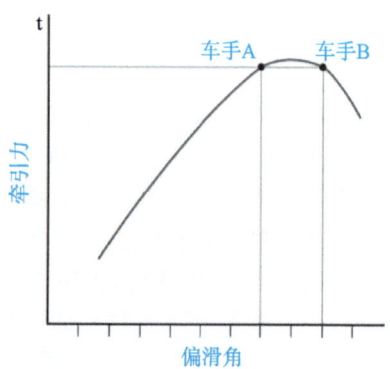

图6-2　有A和B两位车手，以及相同的偏滑角VS牵引力曲线。两位车手产生相同的牵引力，但是车手A以7°的偏滑角驾驶，车手B使用9°的偏滑角。两位车手的用时相同，因为他们的过弯速度相同，但是车手B的风险更大，容错能力更小。如果车手A犯一个小错误，他要么速度过慢，要么产生更大牵引力。如果车手B犯一个小错误，要么产生更大牵引力，要么超出轮胎牵引力极限并使赛车打转

如何知道以多大速度驾驶赛车时，四个轮胎正好达到牵引力极限？首先问自己两个问题：①"赛车是否侧滑？"如果不是，你还可以开得更快。②"赛车是否侧滑过

大？"如果是，那么会因摩擦而减慢速度或致使轮胎过热。过大的侧滑或漂移可能感觉上很好，看起来很酷，但并非是最快速的赛道驾驶方法。

那么，如果说没有侧滑是不足，侧滑过大是超出极限，那么多大的侧滑才是恰到好处？如何才能做到？这需要经验的积累，在练习中体会怎样是过小、怎样是过大，直到恰到好处。

在第一次比赛时，大多数车手都没有使赛车产生足够的侧滑，赛车就像在轨道上行驶。然后，随着经验的增加，赛车侧滑得越来越大，直到学会过度侧滑，他们的驾驶稍稍超出极限。最后，他们学会精调侧滑幅度，达到理想的偏滑角。

就像我说的那样，关键要让轮胎正好保持在"偏滑角 VS 牵引力曲线"的峰值位置。如果没有很好的牵引力感知能力，就不能分辨出什么时候处在峰值位置，以及什么时候处在峰值的哪一边。记住，我们所说的不仅仅是弯道的一部分，例如踩着制动踏板，使赛车转向过度并漂移驶出弯道。也就是说，对于每一圈的每一个弯道，从转入弯道的一刹那到出弯点，让四个轮胎都处在理想的偏滑角。

人们会说起迈克尔·舒马赫，或者Jackie Stewart、Richard Petty、Jacky Ickx、Dario Franchitti 等伟大车手，谈论他们如何比其他人更快，却没有说他们是如何做到的。舒马赫之所以更快，是因为他平衡赛车的能力比别人强，这使他的极限更高；他还具有感知轮胎牵引力曲线峰值和使赛车保持在峰值的能力。

当车手问我如何知道什么时候处在极限驾驶状态时，我立刻了解到一件事：他们尝试一次做过多的事情。他们之所以不知道什么时候是极限，是因为他们试图在整个赛道或弯道上一直保持极限状态。车手的思维无法一次接受和专注于如此多的信息。如果车手专注于一个阶段内的极限驾驶，例如出弯，然后是入弯，那么车手就能更成功地实现极限状态下的驾驶。

有些人对问题的反应是："如果问问题，就成不了真正的赛车手。"这种观点完全错误。这些人要么就是自己从来没接近过极限，要么就是碰巧学会了我说的方法而自己全然不知。

当然，另一种说法是驾驶时必须超出极限，直到赛车打转或撞车的程度，然后再往回调整。但我认为这并非实现目标的理想方法。这样做很危险，浪费钱，而且不是最快速的学习方法，因为你需要花费很长时间开回赛道或者修车。

关键是要制定策略和具体目标。将任务分解成可以管理的小块，然后每次专注于实现两三个小目标。

极限驾驶

我花费大量时间研究数千位车手的驾驶风格和技术，我从中得出以下结论：高速驾驶赛车（极限驾驶）这门艺术并非只来自一件事。我想任何人都不会感到奇怪。如果把赛车驾驶技术分成基础内容，其中有四个既独立又相关的部分要求车手必须要做到，才能尽可能快速地驾驶赛车：

- 找到赛道上最理想的路径或线路，沿着这个线路驾驶赛车，称为线路阶段。
- 在每个弯道的出弯处以极限状态驾驶赛车，通过出弯阶段。
- 在进入每个弯道时以极限状态驾驶赛车，通过入弯阶段。
- 在每个弯道的中间部分以极限状态驾驶赛车，通过弯中阶段。

这四个阶段简单明了，每位车手——无论是初学者还是世界冠军——要想做到极限驾驶，都要遵循这四个阶段，而且大部分车手都依照这个顺序进行。

车手刚开始参加比赛时，要学会的第一件事就是如何确定和驾驶理想线路。随着驾驶经验的增加，车手可以练习出弯技术，逐渐提前踩加速踏板以使直道速度达到最快。大多数情况下，在俱乐部和初级专业水平的赛事中，找到最佳线路并且率先在出弯时踩加速踏板的车手通常会赢得比赛。

参加高水平专业赛事的车手几乎都已完全掌握了线路和出弯道阶段的驾驶技术，此时，优胜者与失败者之间的区别全在于入弯阶段。仔细观察印地赛车获胜车手的入弯速度，会发现明显比其他车手要快。回顾几年前蒙托亚驾驶印地赛车，明显能够看出他每个弯道的入弯速度都比其他车手快。我知道，这在一定程度上与赛车和调整有关，但车手才是决定因素。

最后，伟大车手与普通车手的区别在于弯道中间的速度。

第一个步骤——即找到最理想线路——的目标是尽可能地在用时最短的线路上行驶。车手驶过某个弯道时有无数条线路可以选择。另外，再加上赛道上弯道间连接线路的数量，就足以看出赛车驾驶中这个部分的难度和挑战有多么大。

如果说选择理想线路的唯一目标是将通过每个弯道的速度最大化，这也只是难度大点而已。赛道上的每个弯道都不能被孤立地看待。它们都是相互联系的，而且相互影响。所选的线路在一定程度上还会决定其他三个因素，即出弯、入弯和弯中速度。

研究线路是每位赛车手都要经历的第一步，在赛车事业的初期往往能决定胜败。如果一位车手没学会如何找到和驾驶赛道中的理想线路，那么我估计他就永远也不会取得胜利。当然，这也是一位好教练能帮你掌握的第一个方面。

对于出弯阶段，最终目标是在不超出赛车能力的前提下，尽可能早和尽可能强烈地开始加速；这也要做得尽可能平顺，否则会延误加速。再次强调，所选择的线路对出弯阶段有着重要作用。

实际上，每位在业余或专业级赛事中获胜的赛车手都已经非常熟练地掌握了线路和出弯阶段的赛车驾驶技术。

与其他车手相比，明星和冠军车手的一个明显优势在于入弯阶段。他们能以更快的速度进入弯道，而且不会对线路或出弯阶段产生不利影响。当然，任何车手都能以很快的速度入弯，但关键在于不降低出弯速度。

入弯阶段的秘诀是使速度足够快但又不能太快。这就是为什么这个阶段常常成为获胜者与失败者的分水岭。

成为超级明星的最后一步是弯中阶段。没错，我很确定地说，所有F1车手都具备与冠军车手同样出色的线路确定和出弯加速技术。而且，有些车手的入弯速度也不亚于冠军车手。然而，如果你仔细观察就会发现，冠军车手能够在弯中阶段以高于其他人的速度持续行驶。

因此，能够在理想线路上行驶、出弯时加速最早和加速最快、入弯时速度最快并且能够在弯道中间保持动力和速度的车手，将成为速度最快的那个人（图6-3）。道理很简单。正如我所说过的，这几个阶段都相互联系。永远不要认为掌握了一个阶段就意味着不需要再返回来调整它。如果掌握了一个阶段，那么在掌握另一个阶段之后，还需要对第一个阶段进行修改，然后是另一个，如此周而复始。

无论是哪位车手，都不可能在学会每个步骤之后不回过头来重新学习

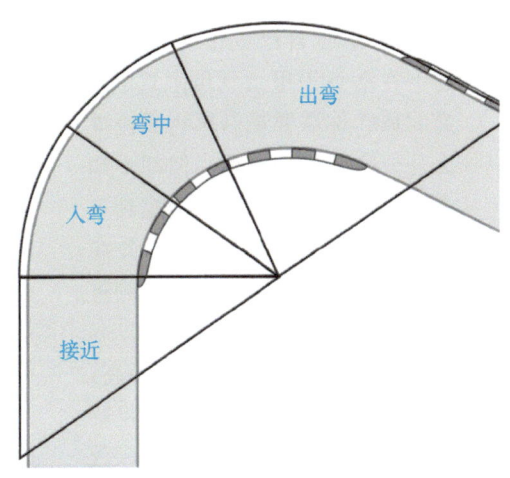

图6-3 将极限驾驶操作分成几个小块，操作一致性的概率就会更高。首先应该将每个弯道分成几个阶段：接近、入弯、弯中和出弯

或改善这些步骤。实际上，这是一个持续的循环过程。车手学会理想线路后，应练习如何更早地加速，直到学会如何控制出弯阶段。然后，车手应练习如何尽可能提高入弯速度，最后是改进弯中速度。此时，车手往往需要回过头来稍加改变线路，这样就必须再次调整出弯阶段，然后再次调整入弯阶段和弯中阶段。然后，这个过程会继续往复。

实际上，这不是一次将一个阶段做到最好，然后再继续下个阶段。相反，这是一个持续的循环过程。有的时候甚至不是回到最初阶段，而是从一个阶段跳到另一个阶段。最开始，你需要调整好线路，然后尽早加速驶出弯道，以更快的速度入弯，并且调整好弯中速度。接下来很可能需要回到线路调整阶段，因为如果想在其他阶段提高速度就要稍稍改变线路。或者，你可能已经调整好了入弯阶段，接下来必须回过头来在出弯阶段实现更早地加速出弯；或者，在弯中速度到位后，需要调整入弯阶段。实际上，这是一个无休止的探寻过程，以寻求完美的弯道、完美的圈速，并最终实现完美的比赛。能实现吗？或许不能。但是，探寻过程很有挑战性，也很令人激动。

伟大的车手始终这样做，每一圈都是如此，无论是有意识的还是无意识的。对于优秀车手而言，整个过程都是在潜意识中发生的，他们并没有思考正在做的事情，而是自然而然地这样做。

如何才能做到？如何优化每个步骤？我希望本书剩下的部分能回答这些问题。我会解释怎样做才能将你的表现提升到最好，才能在四个阶段的每个阶段中实现极

41

限驾驶，如图6-4所示。当然，只能在有意识的层面解释。我会帮助你认识到如何才能做到极限驾驶。随后，就需要读者自己消化这些知识，理解整个过程，并转化成自己的能力，以便在赛道上在潜意识里做到极限驾驶。

有时候，你需要最后再将圈速提高那么几分之一秒的时间，但却不知道从哪里入手。有人说这不会提高自同一个地方，而是在多个地方，并在每个位置上提高一点点，如赛道的每个弯道。他们是对的。

要想获得这几分之一秒的提高，就需要在每个弯道的每个部分都将赛车开到极限。很多车手仅仅在大多数弯道的一个或两个部分将车开到极限。但你需要在每个弯道的所有三个部分都做到极限驾驶，这样才能足够快速。

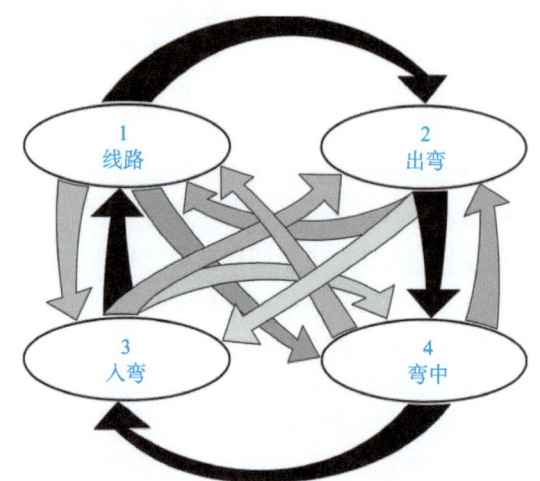

图6-4 每位车手学习持续极限驾驶都要经过四个阶段。不过如图中所示，在经过每个阶段之后，都需要回过头来一次又一次地对每个阶段进行精细调整。学习过程永远不会结束

速度揭秘

每圈、每个弯道、每个部分都将赛车开到极限。

进一步介绍之前，我认为有必要让读者理解一些常见术语的含义。

拐入

拐入是指在弯道起始位置最初转动方向盘那零点几秒中赛车的动作。赛车的拐入要"干脆"，也就是转动方向盘时赛车立即改变方向。同时，拐入也可能过于干脆。干脆拐入的对立面是迟滞拐入。迟滞拐入是指从转动方向盘到赛车转向之间有一定延迟。

如何使拐入有所不同，取决于你所面对的弯道类型。后面会详细加以介绍。

入弯

入弯是指从拐入点到弯中阶段，可以认为是拐入点与赛车在弯道中初始稳定点之间的这个部分。在入弯阶段，你需要继续增大转向输入。

入弯阶段还可以理解成：从拐入点之后开始，继续转向，直到右脚开始踩加速踏板为止。

弯中

弯中通常是指已经完成了使赛车指向顶点所需的全部转向输入,而且尚未回打方向。赛车处在固定半径上,不会减小,也不会增加。有些弯道没有弯中阶段,当完成足够的转向输入使赛车指向顶点的那一瞬间,立即就要开始朝出口回打方向盘。

你也可以**用加速踏板来定义弯中:从脚刚刚接触加速踏板开始,到真正开始(缓缓)往下踩的那一刻为止**。因此,如果你刚碰到加速踏板就直接踩下,那么弯中就不存在。如果油门维持时间(不增油门,也不减油门)很短,那么弯中时间也很短暂。对于较长的快速弯道,弯中则相对较长。

出弯

出弯阶段是指回打方向盘、增大赛车线路半径的阶段。出弯阶段通常是从顶点到弯道的出口或弯道结束点。出弯阶段还可以定义为,开始挤压加速踏板,一直到弯道再完全打开。

循迹制动

制动可以分为"接近制动"和"循迹制动"。顾名思义,**接近制动是指在接近弯道过程中进行的制动**。当把方向盘转向弯道的那一瞬间,接近制动结束。循迹制动在接近制动结束时立即开始,在拐入点处开始。**循迹制动是指放缓制动踏板**。在哪里结束循迹制动,以及做多少循迹制动完全取决于具体弯道、赛车类型和驾驶风格。

有些人说,他们从来不做循迹制动。有些赛车驾驶学校也的确是这么教的,他们认为车手绝对不要循迹制动。但这是大错特错的。成功的车手都在一定程度上会在一些弯道上采取循迹制动。

游离油门

理论上,驾驶赛车不应该松开加速踏板行驶。要么制动,要么踩加速踏板。实际上,有时候松开加速踏板是必要的。加速驶出弯道之前进行短暂滑行对有的赛车而言有好处(但这是规则以外的特殊情况)。当你既没有制动又没有踩加速踏板的时候,就是游离油门。

维持油门

维持油门时,车子既没有加速又没有减速,车速保持不变,可以想象成在快速路上以 55mile/h 的恒定速度行驶。并非所有弯道和赛车都需要维持油门,而是从制动状态时的空油门直接过渡到完全踩下加速踏板,加速驶出弯道。其他赛车和弯道则需要短暂的维持油门操作。

加速

加速是指踩下加速踏板或保持将加速踏板踩到底,以逐渐提高车速的过程。

边缘驾驶

对于很多人来说，完美赛车手应当从来不犯错误，而且一直保持非常平顺。这是个不错的车手典范，但并非完全准确。是的，我自己也一次一次地强调过：很多车手需要先学会平顺，需要认识到赛车是一项多么"微妙"的运动。然而，他们一旦学会了这点，有时就会意识到完美的车手是如此平顺和中规中矩，以至于速度并不快。

获胜者会犯错误，并非一直保持非常平顺，而是经常超出轮胎和赛车的极限，有时甚至撞车。这并不是什么错误，尤其是获胜后。事实上，如果你在大多数时间里不采取这种方式，那么我对你是否能赢得比赛表示怀疑。

当然，我并不是说目标是撞车，但有时候这是极限驾驶赛车所带来的"副作用"。持续保持极限驾驶的唯一方法是适时地采取过度驾驶。实际上，你超出极限的时间与低于极限的时间一样长——超出、低于、超出、低于、超出、低于，平均起来就是极限驾驶。

如果你始终保持平顺和中规中矩，从不犯错误，那么平均起来就很可能略低于极限，即低于、低于、超出、低于、低于、低于、超出、低于、超出、低于、低于、超出……

如果时不时地采取过度驾驶，你会越来越擅长让赛车超出极限而又不会受到"惩罚"。不过，有时候也无法逃避"惩罚"。没关系，这是快速驾驶和成为优胜者的代价。随着经验增加，过度驾驶的后果会减少，会更少地因此而出现偏离、打转和撞车。过度驾驶还会产生其他一些后果，例如微微锁死，或者赛车打转半圈后继续行驶。这些同样也没问题。换句话说，你会更加擅长控制"过度驾驶偏离体验（瞬间）"，到一定程度后，别人会以为你根本没有犯错误。实际上，你仍然在犯错误，只不过特别小，别人难以察觉到。

超出极限、低于极限、超出、低于……平均之后成为极限驾驶，这种理念非常重要。最开始，超出和低于之间的区别会很明显。随着经验的积累，这种差别会变得很小。有些车手将过度驾驶视为"犯错误"，如果你是这么想的，那么需要改变一下观念。换句话说，你需要将过度驾驶的时间比现在增加一点点，以提高平均值。

真正快速的赛车手是那些时不时超出极限的车手。他们有时候开得有点野，很有攻击性，时不时地犯一些错误，但他们信心满怀，清楚自己平均下来是处在极限驾驶状态。这也是为什么他们的速度最快，能够获得胜利。当车手年轻而且又能获胜时，这就更不成问题了。如果一位年轻车手非常平顺、中规中矩且从不犯错误，你知道人们会怎么想吗？人们会认为他速度慢。

为什么要这样？我们知道，随着车手经验的增加和成熟，他们会更加平顺，更具持续性，更少犯错误，也很少会再开得更快。如果一位车手能获胜，而且快得一塌糊涂，这会让他成为一名完美的车手。最开始有一点野、速度快和易犯错误，再加上一些经验并变得更加成熟，就能成为完美的车手。如果车手一开始就很平顺、中规中矩，而且从不犯错误，再增加经验和提高成熟度，就会成为保守的车手。这样的车手速度慢，无法赢得比赛，会成为失败者。

想象一下你即将进入最艰难的赛季。你有天资和技能，拥有获胜所需的一切，还有能力将赛车发挥到极致。但是，尽管你有能力这样做，却无法总是达到这种状态。没错，你能够在平均效果上（超出、低于、超出、低于、超出）将赛车开到极限，但你还需要经常性地达到这种状态。之所以没有经常达到，是因为你的心理状态没有达到。尽管已经很接近了，但还没有到位。

建立起完美赛车手的心理状态，能够时不时地超越极限驾驶，再拉回到极限，保持住，在极限边缘与车周旋。

脚部动作

我们已经学习了制动踏板、加速踏板和方向盘的操作基础,现在介绍一些高级技术。这些技术可以让赛车在极限状态下行驶,能够分出快速和特别快速。

制动

正确的制动始于如何把脚从加速踏板上移开。很多车手在日常驾驶中养成的一些习惯会让他们在赛道上犯下大错:他们在直道末端逐渐把脚从加速踏板上挪开,等待一两秒后才开始制动。直道快要结束时,从加速到制动的过渡应该立即发生。这个动作要平顺,但需要立即开始,中间不能有停留。

快速踩下制动踏板,直至达到最大制动力,这就是临界制动。如果超出临界制动极限并开始锁死,就应稍稍松一点制动踏板。你可以使脚趾微微往回弯曲,并感觉到轮胎再次在牵引力极限下旋转。换句话说,需要微微调节踏板压力,并以轮胎噪声反馈、身体的受力和赛车的平衡状态为参考,以实现最大制动力。

当接近弯道时,平顺用力地挤压制动踏板。然后,在到达弯道时轻轻松开制动踏板并移到加速踏板上,此时应感觉不到制动踏板被完全松开的那个时间点。我提到过,杰基·斯图沃特的成功秘诀就在于:他松开制动踏板的方式。

大多数车手都是开始制动时太轻,再逐渐增大制动踏板压力,归其原因有两点:一个是日常驾驶习惯使然,另一个是有人建议他们要平顺制动。这里,我并不是说不应该平顺制动,我的意思是应该在最开始的时候用力踩制动踏板,并在整个制动行程内保持这个压力,然后在结束时逐渐放缓压力。

并不是所有赛车都一样。只有很小或没有空气下压力的赛车才无法应付如此大的初始制动压力,而下压力很大的赛车则能够承受很大的初始制动压力。对于具有空气下压力的赛车,行驶速度越快,轮胎的牵引力越大,也就可以在开始时就用力制动。随着速度降低,赛车会逐渐失去下压力和牵引力,这时就必须减小制动压力。所有赛车在一定程度上都具有以下特点：赛车行驶得越快，制动力度就可以越大；赛车行驶得越慢，制动力度就需要越轻。

防抱死制动系统

防抱死制动系统（ABS）或许是日常汽车上最重要的安全装置。然而，ABS在专用赛车（印地赛车、一级方程式、原型跑车等）上并无用武之地。为什么？主要是规则原因。所有这些系列赛事都禁止使用ABS，这主要是一种成本控制措施。唯一使用过ABS的专用赛车是一级方程式。有几支车队在1992年和1993年使用过，但是从1994赛季起就被禁止了。

当ABS在量产车上成为标配后，有时候在量产改装赛车上也允许使用ABS，例如原厂车比赛（Showroom Stock）。这时，ABS既是优势又可能成为劣势。ABS是很好的安全装置，能够防止制动抱死。这在耐力赛中尤其有用，因为这种比赛更重要的是保持持续性以及避免轮胎的不规则磨损。

同时，ABS会比较难以适应，甚至会成为不利因素。车手经常需要在拐入弯道时稍稍超出后轮的牵引力临界值，以使赛车倾斜入弯。然而，如果装有ABS，这就无法实现。

如果开着带ABS的赛车比赛，就一定要适应这种感觉，适应制动踏板的脉动，而且不能利用制动让赛车倾斜入弯。如果赛车配有先进的ABS装置，例如保时捷或宝马，你可以很用力地而且很晚地采取制动，这同样需要适应。对于这类赛车，技术方面相当简单：等到最后时刻，尽量用力、快速地踩下制动踏板，将踏板保持最低，让制动系统来完成剩下的工作。当然，如果你不适应这种制动方式，就需要做一些练习（图7-1）。

图7-1　极限驾驶技术的一个重要方面就是要控制好制动，使轮胎保持在抱死之前的临界状态，就像图片中的内侧前轮那样。偶尔出现这样的轮胎稍稍抱死没有关系——尤其是此时抱死的是空载的内侧轮胎。但是如果有一个以上的轮胎抱死，就说明必须要稍稍松一点制动踏板了

图片来源：Shutterstock商业图库

这就是ABS制动的使用方法。但是，释放制动踏板的方法与没有ABS时没有区别。释放时，脚不应突然离开制动踏板，而应逐渐减小制动压力。

循迹制动

通过交谈我发现，很多车手从来不采取循迹制动，数量之多让我感到震惊。还有

一些车手却始终使用循迹制动。

由于车手对循迹制动的理解存在很大差异，因此我们首先回顾一下什么是循迹制动。首先，循迹制动不是在踩加速踏板时施加制动。循迹制动也不是一直制动到弯道顶点，虽然你可以一直循迹制动到顶点，但是没必要这样做。循迹制动是指当进入弯道时逐渐使脚从制动踏板上离开。如果在进入弯道之前就已经完成了整个制动，而且脚已经离开了制动踏板，那么你完全没有循迹制动。如果在入弯时施加制动踏板压力（即使很小），那么此时你正在进行循迹制动。有时候在经过入弯点 1 或 2ft⊖ 之后脚就完全离开制动踏板，有时候快到弯道顶点时才离开，这两种情况都属于循迹制动（图 7-2）。

因此，循迹制动是在转入弯道时逐渐松开制动踏板以释放制动压力的过程。这样做的原因有两个：首先，有助于将负荷保持在前轮胎上，使赛车更好地入弯，并能更好地旋转；其次，有助于在整个弯道中使用所有轮胎牵引力。如果在入弯点转弯时脚突然

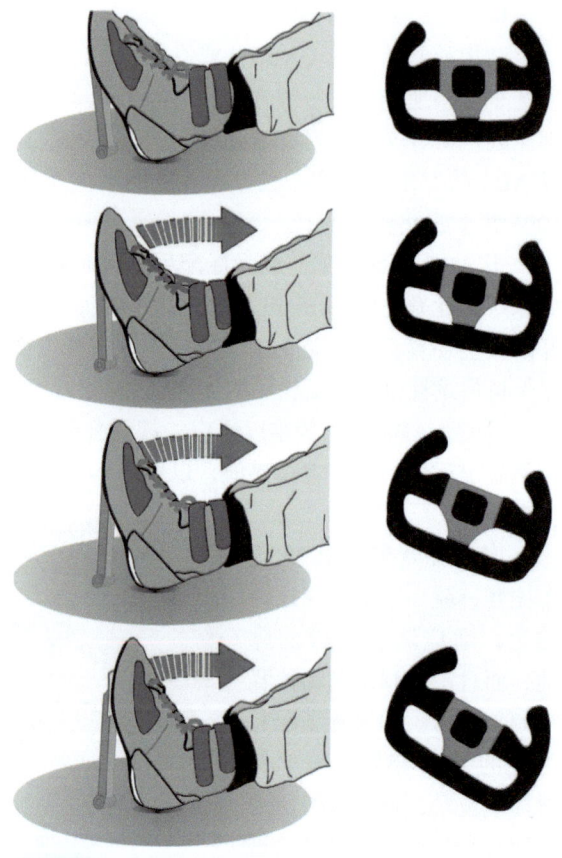

图7-2　循迹制动是指在进入弯道时逐渐松制动踏板。循迹制动的多少取决于赛车的操控特性和弯道类型

离开制动踏板，就会在片刻间无法发挥所有轮胎牵引力。通过循迹制动，可以使用更多牵引力并获得更高速度。

有些车手声称从来不使用循迹制动。但是当我观察他们或者分析数据采集器的数据时，发现他们很明显地做了循迹制动。很多车手采用的循迹制动比自己意识中的要长，另外一些车手的循迹制动则比自己意识中的要短。如果你不确定在每个弯道做了多少循迹制动，只能说明你没有意识到。一旦能够意识到循迹制动，就有可能提高车速。

我的建议是，你要能意识到制动在哪里结束。你的眼睛要关注制动结束点，即在弯道中完全结束制动并且脚开始松制动踏板的点。你要知道每个弯道中这个点在哪里。

⊖　1ft=0.3048m。

速度揭秘

如何和何时松制动踏板对圈速的影响，要大于在哪里开始制动。

是否在每个弯道都要使用循迹制动？不是。有的弯道，尤其是快速弯，应该刚刚转入弯道就挤压加速踏板，这样有利于赛车的平衡和整体抓地力。一般情况下，越是慢速急弯，越应该多使用循迹制动来辅助赛车转弯；越是快速的大角度弯道，越应该少使用循迹制动（图7-3）。

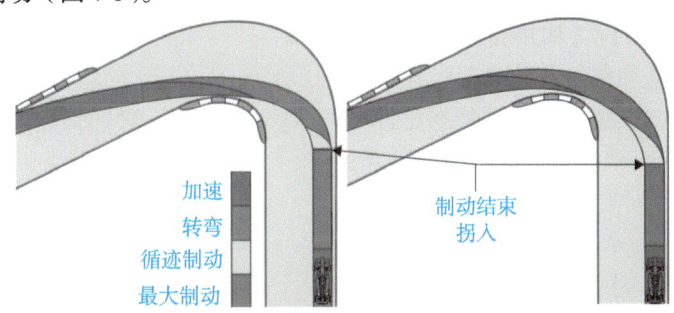

图7-3　在入弯时，循迹制动有助于赛车旋转。通常，循迹制动越长，转入弯道就越早（如右图所示）；循迹制动越短，转弯就会越晚、越突然。转弯越晚、越突然，入弯的速度也就越慢

速度揭秘

速度提升来自松制动踏板的时机和速度。

左脚制动

最近几年，如果你想在任何使用专用赛车的赛事中获胜，例如一级方程式、印地赛、原型跑车和福特方程式，你就必须采取左脚制动。为什么会这样？是什么发生了变化？

这些赛车有的曾经配备带离合器的变速器，但现在已经不是这样了。现在，这些赛车采用顺序式变速，不需要使用离合器来换档，不仅不需要，使用离合器还会降低换档速度。

该技术已被如今的冠军车手所采用，这种技术变化的产生原因主要与他们的训练背景有关。

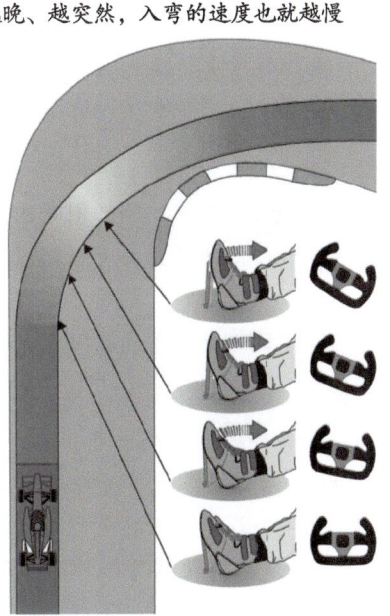

图7-4　当你开始转入弯道时，应该慢慢地逐渐地把脚从制动踏板上移开。这是确保在入弯时使用100%轮胎牵引力的唯一方法

如今，大多数顶级车手都参加过多年的卡丁车比赛。驾驶卡丁车时右脚踩加速踏板，左脚踩制动踏板。经过多年的卡丁车训练之后，左脚变得异常敏感，这使他们在日后的职业赛车生涯中练就了出色的左脚制动技术。

如果车手没有经过多年的卡丁车左脚制动训练，就很可能永远都达不到所需的左脚制动精度和敏感度。必须在早年开始训练才能练就完善的潜意识技术。为什么？在 Why Michael Couldn't Hit 一书中，神经学家 Harold L. Klawans 博士解释了为什么迈克尔·乔丹打棒球不够好，在离开篮球那段时间里无法在棒球大联盟中获得成功。按照 Klawans 博士的话说，如果在早年至青少年中期没有针对某项体育技能进行过训练，那么大脑和身体就无法形成达到最高竞技水平所必需的精神运动技能。换句话说，迈克尔·乔丹在童年时期打棒球打得不够多。

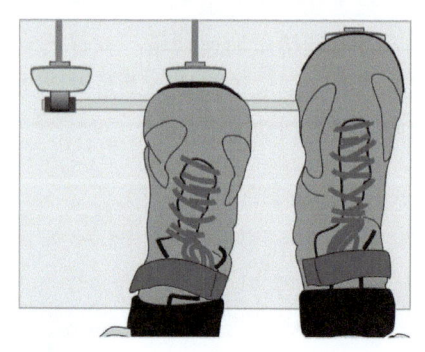

图7-5　如果想在一级方程式、印地赛车、NASCAR和跑车比赛中取得好成绩，左脚制动是一项需要学会的技术

下面这篇文章的作者是 Matt Bishop，发表于 2000 年 6 月 8 日的 Autosport 杂志上，从 F1 视角介绍了左脚制动问题。

如果在整个F1赛季找出一个小时来角逐真英雄，那么肯定是蒙特卡洛赛道排位赛。上周六，经过紧张刺激的一小时，迈克尔·舒马赫和雅诺·特鲁利成为头排车手。舒马赫我们再熟悉不过了。然而，我们从特鲁利令人目眩的表现中又能得到什么信息？问得好。我们后面再介绍。

去年比赛的第三圈，达蒙·希尔驶出隧道，在减速弯处制动，但没有操作好，他的乔丹赛车轻轻撞上了障碍物。我那时正站在游泳馆附近，10min 后，一脸严肃的达蒙·希尔走入了我的视线。他经过我，走了 20yd⊖（码）后停住了，在那里静静待了 10 多 min，观察疾驰经过的赛车。

下一场比赛的空闲，我问他看到了什么。他说："我站在 Tabac 弯附近，但那里的障碍物太高，我基本看不见什么。因此，我走到游泳池入口，也就是快速左-右连续弯那里，这时能看到一些东西了。迈克尔·舒马赫和米卡·哈基宁，尤其是舒马赫，速度明显快得多。当我走到游泳池的出口，也就是右-左连续弯附近，我可以看到舒马赫正在进行非常不寻常的操作。真的，明显不一样。不过，我没法告诉你具体是什么动作。我没法分辨他是转向不足还是转向过度，他是如何制动的，以及如何踩加速踏板。我只能告诉你他的动作很不同，而且更快。"

⊖　1yd=0.9144m。

过后，一位法拉利车队的内部人士向我透露，舒马赫做的是左脚制动。不仅如此，对于舒马赫来说，制动并不仅仅是让车减慢的机械装置。我的消息人士说："对于舒马赫来说，制动并非精致的单一元素，而是技术-动态成分的潜意识融合。"

那天，当达蒙·希尔以困惑的眼神注视着3号法拉利赛车从身边呼啸而过时，驾驶室里舒马赫必然凭借脚下的灵活度，在制动踏板和加速踏板上上演了一场眼花缭乱的独舞。

现在焦点回到特鲁利身上。作为一位典型的卡丁车手出身的赛车手，特鲁利可能这辈子都没用右脚踩过F1赛车的制动踏板，但他也能做到技术-动态融合。

你可能要说，如今大部分的F1车手都采用左脚制动。没错，是这样的。不过，很多车手必须强迫自己这样做。但有的人并没有真正领会其中的窍门。1998年，达蒙·希尔在乔丹车队的队友是拉尔夫·舒马赫。与特鲁利一样，拉尔夫·舒马赫也是在很小的时候就开卡丁车，因此左脚制动对他来说就像走路一样简单。我问乔丹车队当时的技术总监加里·安德森为什么达蒙·希尔不用左脚制动。这位爱尔兰人回答说："我想，这就是'我知道这样更快，但我已经38岁了，没法很快适应'。"

这与今年鲁本斯·巴里切罗的说法很像。巴里切罗在摩纳哥承认："舒马赫用左脚制动到弯道的顶点。而我必须提前把右脚从制动踏板上移开，才能与他在相同的位置加速。我用右脚制动。我尝试过用左脚，但是感觉很别扭。你必须用自己最舒服的方式操作。上周六，巴里切罗的最快圈速比舒马赫慢了整整一秒。

或许，巴里切罗是时候伸出他的左脚了。不信可以问问达蒙·希尔。

根据这个理论，如果在获得赛车执照之前没有经过长时间的卡丁车训练，就不可能成为世界冠军。我相信这个说法有一定的道理，但我并不认为如果没有从小驾驶卡丁车就应该远离赛车。通过身体和心理上的努力，完全可以训练好自己的左脚。当然，你需要在训练其他驾驶技术之余，多花时间和精力训练左脚制动。这样做十分值得。

说了这么多，左脚制动究竟为什么优于右脚制动？首先，左脚制动能够改变车速，而且不会过多地影响平衡性，从而更容易平顺驾驶。任何时候，驾驶越平顺，对赛车平衡性的影响越小，赛车的牵引力极限也就越高，这意味着可以开得更快。

第二，左脚制动能节省从加速到制动再到加速的转换时间。这就是巴里切罗所说的情况。如果采用右脚制动，你的右脚必须从加速踏板移到制动踏板，然后再移回来。这样，在直道结束时就必须提前一点制动。在从制动到加速的转换过程中，右脚从制动踏板移到加速踏板这不到一秒的时间异常宝贵。如果使用左脚制动，这个动作或能小到根本不存在（图 7-6）。

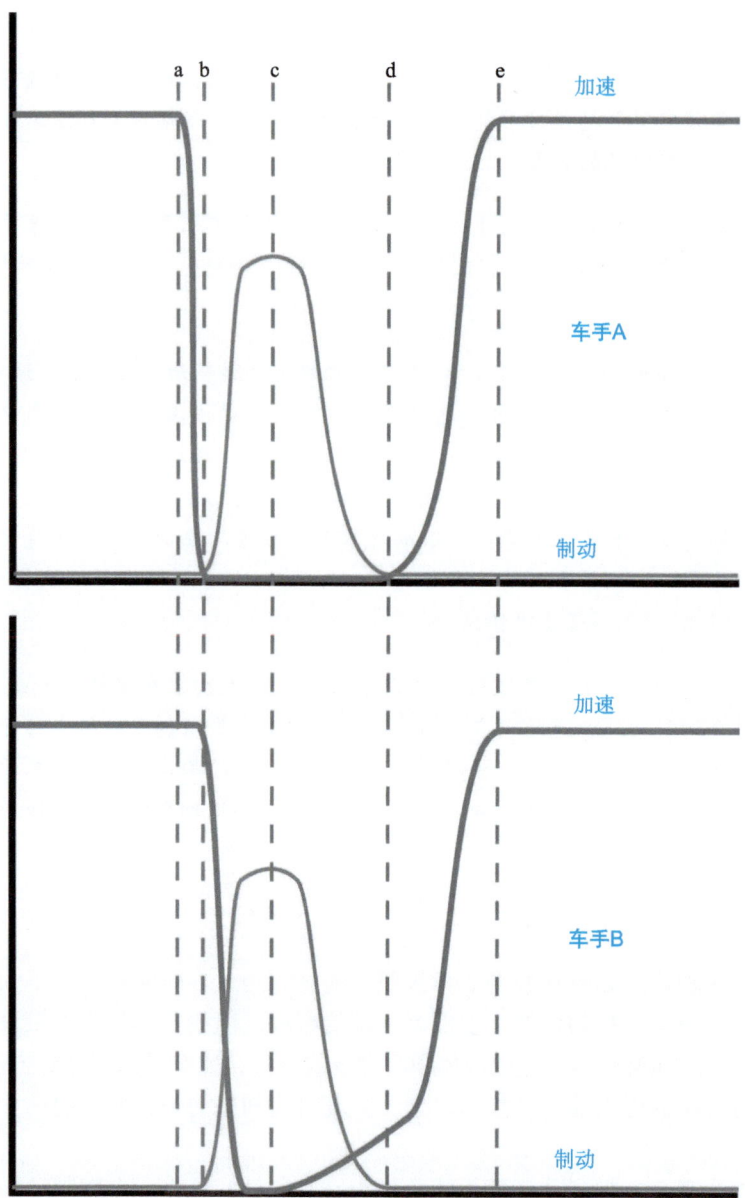

图7-6　加速-制动曲线图描绘了两位车手在长直道结束时的操作特点。车手A用右脚制动，车手B用左脚制动。如图中所示，右脚制动浪费时间。将右脚从加速踏板拿开再移到制动踏板的过程需要一定时间（图中的a点到b点）。而左脚制动则没有浪费时间，从加速踏板到制动踏板的切换可以即刻完成

其实，完全可以将制动的结束与加速（挤压加速踏板）的开始实现重叠，做到一点延迟也没有。如果操作正确，还可以实现重心平衡点的无缝转移。这样不仅节省时间，还能使赛车获得更好的平衡。

如果使用左脚制动，还可以在完全踩下加速踏板的同时，通过左脚制动来稍稍改变赛车的速度和平衡。我并不建议经常这样做，因为会使制动器过热。如果你需要在快速弯道入弯时让赛车的前轮更好地"咬住"地面，那么可以在踩住加速踏板的同时，用左脚快速短暂地挤压制动踏板。或者，如果只是想稍稍降低速度，但又不想减小发动机动力，也可通过这样的左脚操作来实现。

用右脚制动的车手还能具备很强的竞争力吗？当然可以。例如，达里奥·弗朗奇蒂就使用右脚制动，除非在椭圆赛道上比赛。在 1999 年 10 月 /11 月期的 *Race Tech* 杂志文章中，弗朗奇蒂表示："如果需要，我可能偶尔在某个弯道用左脚点一下制动，但是很少。这里（芝加哥椭圆赛道）我用了左脚制动，脚下感觉不够。当快要抱死的时候我能感觉到，但我的左脚肯定没有右脚灵敏。我是个传统车手。"当然，我们在想，如果弗朗奇蒂早几年学会左脚制动会怎么样。

车手需要在椭圆赛道上采用左脚制动技术。不过，很多车手在公路赛上从来不用左脚制动，尽管左脚制动在不需要降档的快速弯道上同样好使。另外，在驾驶涡轮增压赛车时，左脚制动也很有用，因为右脚可以一直踩在加速踏板上，使涡轮增压器保持运转并且减少加速延迟。不过，采取左脚制动时要小心，不要制动过度。

对于左脚制动，尤其是在椭圆赛道上，<u>车手常犯的一个错误是在加速出弯时轻轻踩着制动踏板</u>。这样不仅浪费时间，还会导致制动片过热，因此绝不要这样做，一定要注意这点。

制动技术

你可能要说，对于可以左脚制动的赛车来说当然没问题，但我的赛车不允许左脚制动。确实，很多赛车不能进行左脚制动。这可能是因为左脚无法放过去，或者变速器不允许无离合换档。如果用左脚踩离合，就无法用左脚制动，至少是不能长时间使用。

然而，仍然可以从我介绍的这个技术中学到些东西。左脚制动的基本优势是使从制动到加速的转换尽可能平顺，尽可能地无缝衔接。即使你必须使用右脚制动，这仍然是你追求的目标。

松制动踏板的速度和入弯时结束制动的时机是决定入弯速度的两个最重要的因素。

在接近弯道时踩制动踏板以减慢车速的过程中，车头会出现点头现象。此时，重量转移到前轮胎。车头点头会使前减振弹簧压缩。当把脚从制动踏板上移开时，弹簧回伸，将车头弹起。同时，重量从前部向后部转移。如果在开始转入弯道那一刻，脚离开制动踏板的动作太快或太突然，车头就会失去重量，很可能导致转向不足。

> 在恰当的速度上慢慢地（相对来说）、轻轻地松开制动踏板有三个好处：
> - 使车前部保持负荷（重量转移到前轮胎），有助于赛车在转弯时积极响应。
> - 有助于较早给油。由于在转入弯道时前部有载荷，赛车能更好地旋转，因此不必等待或过多地调节油门。随着赛车向顶点旋转，可以尽早重新给油并保持加速。
> - 显然，如果逐渐松开制动踏板，就能以更快的速度入弯。此时，由于以上两点，赛车能够应付更高的速度。如果想以相同的速度入弯，但是却快速且突然地松开制动踏板，那么前部就会变得无负荷，赛车很可能会转向不足（无法向顶点旋转），从而降低车速，并使加速点延后。

当然，松制动踏板的速度也不能太慢。如果松开得太慢，转弯时就会有过多重量转移到前轮胎上，这会导致赛车入弯时转向过度。或是因前轮胎过载而转向不足，因为此时已经超出了轮胎的负荷，轮胎罢工并开始滑动。

松制动踏板的方式决定赛车的平衡性以及操控特点。车手常常抱怨赛车在入弯后总是转向不足，导致自己无法比较早地给油。或许他们需要做的只是让脚离开制动踏板的速度再慢一点。

关于如何在接近弯道时候制动，人们的第一反应是制动得越晚、越用力（达到轮胎极限）越好，而且在每个弯道上都应该这样。然而，这个说法并不一定正确。当接近弯道时，制动太猛会导致赛车"点头"，此时赛车在入弯时的抓地表现又能好到哪儿去呢？

对于有的赛车和弯道，需要采取比较轻的制动，不要达到100%的轮胎负荷。在接近有些弯道时，最好不要让赛车"点头"。这需要通过试验来判断。如果赛车在入弯时转向不足，可以尝试让循迹制动多一点或少一点，看看是增加前轮胎负荷管用，还是减少前轮胎负荷管用。另外，有的方程式赛车和原型跑车对倾斜很敏感，也就是当赛车距水平和平衡状态较远时，其空气动力学特性会受到不利影响。

循迹制动的量还影响过弯线路。循迹制动越长，越可以尽早入弯。循迹制动越短，就必须更晚入弯。原因在于循迹制动有助于赛车旋转，可避免在出弯道时无路可走。早一点转弯的优势是能以更快的速度入弯。入弯越晚，转弯就越急，意味着你必须稍稍放慢速度。显然，这些都是一般规则，但大多数时候都管用。

一些车手普遍犯的错误是制动太早。这不仅仅是过早降低车速的问题，还会产生其他影响。如果制动太早，到达入弯点时你会感觉已经把速度降得足够低了，而且确实如此。问题在于，此时往往是在入弯点之前。这样，你在转弯之前会松开制动踏板，使赛车前部失去负荷。转弯时，赛车无法按照车手希望的方式做出响应，要么转向不足，要么感觉没有响应。此时，车手头脑得到的信息是"我已经处在极限了"，这个信息会导致车手一次又一次地以慢速度过这个弯道，除非能认识到问题。很多车手都这样，尤其是在适应新赛道和新赛车时更是如此，最后变成程式化的错误。我说的并不是非常早的制动，而是 5ft⊖或 10ft 的距离就能导致很大的问题。

一定要认清应该在什么时候松开制动踏板。如果在开始转弯之前就松开了制动踏板，那说明制动太早了。

制动练习

可在日常驾驶中练习制动技术，看你是否能通过调节制动，使自己无法感觉到汽车完全停止时的确切点。建立制动感觉，灵敏接触很重要，尤其在牵引力较差的条件下更是如此。

平时在街道上驾车时，你可以在汽车停止时松制动踏板，训练脚部的灵敏性和控制能力，以便能够以理想的速度和精巧的技术准确、有效地松制动踏板。如果在赛道上用左脚制动，你就需要在街道上练习。驾驶自动档的车便于练习这项技术，手动档则有些难度。

即使平时驾驶手动档汽车，也可以练习用左脚制动。每次行驶到不需要降档的转弯路时，用左脚制动。不过，这并不是安全的日常驾驶技术，因此，你可以在停车之前挂到空档，再用左脚制动。

你的主要目标是让制动尽可能地平顺，制动时也不需要用很大力量，挤压（很快速）和松开制动踏板应该像呼吸一样自然。

用脚转向

大部分人认为驾驶赛车时主要用手来转方向，使用方向盘控制赛车的方向。真正快速的车手懂得，用脚控制赛车方向的情况与用方向盘控制赛车方向的情况一样多，甚至更多。

你要学会利用赛车的平衡性控制转向幅度，用脚操纵赛车方向，以调整赛车旋转的多与少。换句话说，就是使用制动踏板和加速踏板在弯道中的不同点改变赛车的平衡性，以使赛车转弯。

具有讽刺意味的是，极限状态下需要更多地用脚使赛车转向，而方向盘却成了制动工具，每次转动方向盘都会降低速度（图 7-7）。

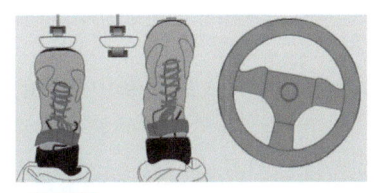

图7-7 极限驾驶时需要更多地用脚来转向。有趣的是，在极限驾驶状态下，方向盘更多地是作为制动器。想开得更快，你就需要在手与脚之间进行无缝的权衡，使用脚平衡赛车，同时方向盘的转动量要尽可能小

当然，如果想要开得快，你就需要控制转向不足和转向过度的量，以便根据需要改变赛车的旋转幅度。旋转在这里是什么意思呢？假设在空中垂直俯瞰赛车，把赛车看作钟表指针那样旋转。有时候需要让赛车旋转得多一些，例如通过急弯的时候。有时候赛车旋转过大会导致严重的转向过度，车手便不得不拼命地加以控制。当然，赛车调整对赛车在赛道上的旋转幅度和旋转速度均

⊖ 1ft=0.3048m。

有影响，但重量平衡的管理方式同样也起着很大的作用。

如果能正确管理重量转移，就能以很小的方向盘转动幅度来让赛车在过弯时做出自己想要的旋转和指向，这也是最重要的一点。方向盘转动量越小，前轮越正，速度损失就越少。如果你能使前轮更多地指向正前方，并利用重量转移和平衡来控制赛车过弯时的轨迹，你的速度就能更快。另外，方向盘越正，你越能更早地踩加速踏板，从而获得更高的直线速度。

速度揭秘

要想提高速度，应管理好重量转移。

下面分享我的一次真实经历。20世纪90年代初，我参加拉古纳塞卡印地赛车比赛。我们当时的预算很低，以至于我不得不放弃练习赛，以避免损耗发动机。不过，我仍希望通过练习赛得到一些收获，因此我来到赛道边上，从尽可能多的位置和角度观察其他车手比赛。

直到现在，当时的画面在我头脑中依然很清晰。我站在栅栏外，在3号右手弯的外侧位置观看。我是练习赛开始后10min来到这个位置的，因此车手的速度都已经提起来了。前8位或前10位车手经过这个弯道时的线路和速度都差不多。随后，又有一辆赛车接近弯道，转弯比其他车要早很多（相对来说）。当时我的想法或许与你现在的想法一样，那就是：转弯太早，会在弯道出口无路可走，也许会撞车。我刚要往后退，以防撞车时溅起的泥土飞到我脸上，然而，赛车刚好在顶点之前旋转车身，而且车手显然已经踩在了加速踏板上并呼啸着驶出弯道，速度与其他车手一样快。我很震惊！这是怎么回事，他犯了这样的"错误"是如何逃脱惩罚的？更令人吃惊的是，这位车手的名字是马里奥·安德雷蒂。我站在相同位置看他下一圈如何跑。你猜怎样？他依然这样过弯。然后，一位名叫迈克尔·安德雷蒂的年轻车手也采用了类似的方法，而且成为练习赛中最快的车手。

我继续研究这个问题，并意识到马里奥和迈克尔并没有比其他车手输入更多的转向角度，但是他们总是比其他人早一点转向。我通过分段时间数据发现，他们在通过这个弯道时与任何其他车手一样快或者更快。其实，他们所做的是控制赛车的平衡，这样就能比别人早一点转弯；而且在到达顶点之前旋转赛车，便能够与其他人一样早地踩加速踏板。这样做的好处是，最开始转弯时不会那么突然，能够将入弯速度提高一点点。

在接下来的几个赛季中，我从赛道旁和驾驶室学习安德雷蒂和其他车手的技术。在当时的系列赛中，我开的赛车并不是最强的，但我会抓紧在赛道上的每一秒时间尽可能多地学习。因此，我透过驾驶室观察安德雷蒂、Bobby Rahal、Rick Mears、Al Unser Jr.、Nigel Mansell（尼格尔·曼塞尔）、Jimmy Vasser和Paul Tracy等优秀车手如何驾驶印地赛车，我所看到的内容是其他人绝少有机会目睹的。我永远不会忘记这样宝贵的学习经历。

对于那天马里奥和迈克尔所使用的技术，我此前或多或少已经知道一些，而且自己肯定也经历过，否则在赛车道路上我也不会走这么远。任何能够赢得比赛的车手都知道可以通过赛车的平衡来改变赛车的方向。但从那天起，我更加专注于这项技术，它帮助我和我的学生开得更快。

另外，几年以后我又站在相同的位置，注意到另一位车手也在使用与马里奥和迈克尔相同的驾驶风格。或许，这位车手把这个技术又提升到了新高度，至少他能以更快的速度入弯。这位车手的名字是胡安·巴布罗·蒙托亚。

这是个有趣的挑战。在过弯时需要转动赛车，但方向盘的转动幅度还要尽可能地小，以避免摩擦降速。为此，应通过改变和管理赛车的重量转移来改变赛车的方向，并根据需要，在赛道的每个弯道上使赛车旋转得多一点或少一点。

提高速度的关键在于释放制动踏板的时机和速度。若能找到正确时机和速度，就能以最小的方向盘转动幅度来使赛车旋转或转弯；另外，这个时机和速度对于每辆车、每个弯道都不一样，而且随着条件变化，圈与圈之间或许都不一样。

在结束这个话题之前，我需要说清楚一件事情：在经过一圈，甚至通过一个弯道的过程中，减小赛车转向角的最简单方法是减慢车速，如果你开得足够慢，就能明显减小转向角。但显然这不是你的目的。驾驶时，需要弄清楚你是否是因为开得慢才减小了转向角。正确的应该是在不降低入弯、弯中和出弯速度的前提下，减小转向角输入。

速度揭秘

方向盘转动越小，速度越快。

8 过弯技术

每条赛道都有自身的特点。有多少条赛道就有多少种形状和布局——椭圆赛道（短的、长的和高速赛道）、专用赛车场，以及各种长度的临时赛道（建在街道或飞机跑道上）。即使是两条布局相同的赛道，也会有不同感觉。

对赛道的熟悉程度以及如何适应赛道在很大程度上决定着你的表现。

对于每个弯道，你的目标说起来很简单，只有两点，但做起来就难了。

- 在弯道中花的时间尽可能短。
- 通过提早加速获得最大出弯速度，将直道速度最大化。

通常，实现其中一个目标就意味着要牺牲另外一个。换句话说，要实现最快圈速，就要降低弯道速度以提高直道速度，或者牺牲直道速度以提高弯道速度。这取决于赛道的具体布局以及赛车的性能特点，窍门在于找到最佳折中点（图8-1）。

过弯折中

前面已经介绍过，要成为优胜车手，就要持续发挥轮胎和底盘的牵引力极限（牵引力圆的极限）以及发动机极限。几乎任何人都能在直道上极限驾驶赛车，只需发挥发动机极限即可。获胜者与失败者之间的真正区别在于制动、过弯和加速出弯时的极限驾驶。

图8-1 如果弯道是最大挑战，那么直道的速度快慢往往最为重要。越快跑完直道，就能越早面对下个弯道的挑战

图片来源：Shutterstock 商业图库

大多数比赛的胜负都由车速最慢的地方（弯道）决定。直道超车比弯道要容易得多。因此，直道上的速度越快，你就越能超过更多车辆，赢得更多比赛。因此，弯道驾驶的最重要目标是为了尽可能地提高直道速度。

这里，最考验技术的是确定最合适的过弯速度和线路，以便能够以最短的时间过弯，同时还要确保在接下来的直道上实现最大加速度。这正是冠军的优势所在。

获胜者几乎一直能将赛车保持在牵引力圆的极限位置上，尽管极限位置会随赛道条件和赛车状态而变化。例如，我在前一章提到过，空气动力不断改变极限。赛车的行驶速度越高，空气下压力越大，因此产生更大的转弯力。同时，发动机的加速能力随着速度的提高而降低（在低档位和低速下，发动机具有很大的相对功率，可以加速到或接近轮胎牵引力极限的位置；而在很高的速度下，发动机不具备足够的功率加速到牵引力极限）。因此，牵引力圆实际上是随速度的变化而变化。速度越高，圆的顶部越平，两侧（转弯力）越宽。你要能读懂这些变量，以确定不同时刻的性能极限在哪里，让赛车尽可能地接近极限。这很大程度上取决于经验。

过弯时一直保持在牵引力圆上，这似乎是提高速度唯一要做的事情。然而，驶过弯道的方式可能产生变化，牵引力圆上不同点的保持时间也可能变化。而且，如何确定过弯的线路非常重要，这也是提高速度的关键点之一。

需要学会的一项重要技能是确定在牵引力圆的不同点上的最佳保持时间。例如，有一位车手几乎将全部时间都放在纯转弯部分，速度基本不变；另一位车手则花更多时间在制动和加速部分，只是稍稍改变了过弯线路。两位车手都是一直让赛车处在极限状态，一个可能在通过单个弯道时更快，另一个可能在进入直道时更快。

关键是确定哪个过弯线路能实现最快的整体圈速，而不仅仅是通过单个弯道时最快。应该将弯道和两边的直道看作单独的问题，而不是只关心如何通过弯道本身，这才是获胜者的法宝。

为了始终确定最佳线路，必须考虑赛道变量，例如入弯之前和之后的直道长度、弯道角度、内半径和外半径、赛道的倾斜角度（负或正）以及路面摩擦系数。另外，还要考虑赛车变量：操控特性、空气下压力、加速与制动能力等。换句话说，最佳方案因弯道的不同而不同；对于同一弯道而言，则因赛车的不同而不同。

深入介绍之前，我们先了解几个基础知识。

参照点

参照点可用来确保驾驶的一致性，还有助于集中精力。例如，转弯时确定具体制动点所花的时间和精力越少，就会有越多时间和精力用来感觉赛车对操作输入的响应。

参照点可以是任何物体，例如路面上的裂纹、边石上的点、路面变化、赛道围墙上的标记、弯道工作站等。不过注意，我并没提任何在比赛中可以移动的东西，例如影子、工作人员等。此外还要注意，参照点并非只是可以看到的图案或东西，也可以是能感觉到或听到的事物。例如，可将赛道上的凸起以及经过墙壁时发动机回声的变化作为开始制动的参照。

过弯时使用的最重要的参照点有三个，按照顺序分别是拐入点、顶点和出弯点（图8-2）。每个点都可以单独详细介绍，但最终目标是将三个点连成平顺的流体线条。

拐入点或许是弯道中最重要的部分，它决定需要如何驶过弯道的剩余部分，在哪里到达顶点和出弯，以及相应的速度有多快。顾名思义，拐入点是赛道中最初转动方向盘入弯时的位置。而且，弯道顶点的选位在一定程度上决定拐入点的位置。

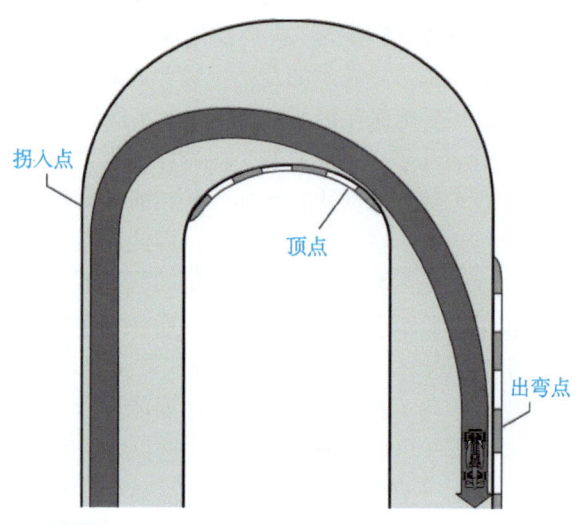

图8-2　在典型的180°发卡弯中给出三个最重要的参照点：拐入点、顶点和出弯点

弯道顶点是指内侧车轮最接近道路内侧时的点或区域。可将顶点看作是弯道中的一个分水岭，到了这个点就不再驶入弯道了，而要开始驶出弯道。顶点有时也被称为"Clipping Point"。

顶点的位置由在哪里入弯和如何入弯来决定，而且其位置影响出弯方式。弯道的理想顶点可以处在弯道中靠前、中间或靠后的位置。

如何判断顶点是否正确？很简单。如果在出弯时必须通过转动更多方向来防止驶出路面，就说明顶点太早了。如果选择的顶点太晚，赛车出弯时就不能使用整个路面宽度，此时距弯道内侧依然太近。

经过弯道的顶点之后，对方向盘唯一要做的操作就是回打方向。若非如此，则很可能是处在错误线路上。最有可能的情况是顶点选得过早，经过顶点之后很少再需要将方向盘转得更紧。

如果顶点位置很完美，赛车会自然而然地驶向出弯点，即赛车距赛道外侧边缘最近的点。要想正确驶出弯道，必须用尽整个赛道宽度，让赛车驶出时到达路面边缘。这样，赛车能够平顺、温和地平衡重量，实现最大加速度。

当我选择了最佳顶点时我能感觉到，此时在弯道出口处，我只能勉强保持在赛道上，同时尽可能早和尽可能用力地加速。如果必须稍微松一点加速踏板才能保持在赛道上，就说明顶点太早了；如果在经过顶点后无法回打方向，就说明顶点太早了；如果在弯道出口处仍有空间，那么说明顶点太晚。

理想线路

通过选取不同的过弯线路,可以调整在牵引力圆的每部分上所花的时间。图 8-3 给出了两条过弯线路。虚线是几何线路,以恒定半径通过弯道。这也是通过该弯道的最快方式。实线表示车手较晚转弯时所走的线路,这条线路开始时比几何线路急,但出弯时能以更大的幅度和半径进入接下来的直道。

第二条线路(即实线)称为"理想线路",会使整体圈速更快。为什么?

之前已经说过,车手不是仅仅考虑某条特定的弯道,而是需要应对由直道连接的一系列弯道。另外,在赛道上加速的时间要多于过弯的时间,因此,出弯速度远比过弯速度更重要。

不要忘了,出弯时第一个加速的车手也会第一个到达直道另一端,也很可能第一个到达终点。过弯的速度并不重要。如果其他人都在直道超过你,那么你就无法赢得比赛。要以能够将直道速度最大化的方式来过弯。

> **速度揭秘**
>
> 在直道上赢得比赛,而不是弯道上。

如果你选择图 8-3 中的几何线路,你几乎一直会处在牵引力圆"纯转弯"部分的极限状态中,在整个弯道中速度基本保持不变。回想一下牵引力圆告诉过我们什么:如果你把所有牵引力都用来转弯,那么就无法加速。因此,对于几何线路,你只有到了弯道完全结束并打直方向盘之后才能开始加速。

如果是理想线路,由于弯道开始时的线路半径比较小,就迫使你以更慢的速度入弯,但也更加轻柔;然后在弯道的剩余部分扩大线路半径,逐渐提高加速度,从而获得更高的出弯速度。更高的出弯速度一直伴随你进入接下来的直道,足以弥补和反转入弯速度较慢带来的劣势。

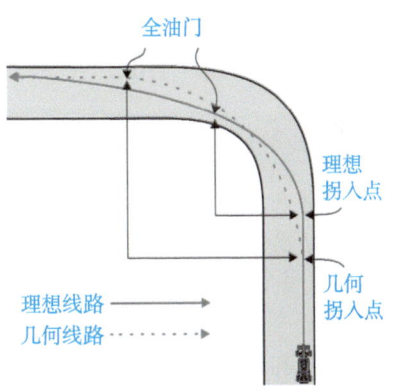

图8-3 任何弯道的有效长度都是从拐入点到全油门点。本图体现了通过顶点延后可缩短多少过弯时间。从图中可以看出,拐入点延后,在其之前多出了多少直道距离用于制动,以及多出了多少直道距离用于获得最大速度

> **速度揭秘**
>
> 出弯速度通常比入弯速度更重要。

通过在理想线路上行驶，你在牵引力圆的最大转弯部分所花的时间更短，在制动和加速极限上所花的时间越长。

确定应该从几何线路上偏离出多少，这是车手面对的更为复杂的问题。如果偏离太多，就会造成拐入点和顶点太晚，意味着在弯道初始部分必须慢速地行驶，这样丧失的时间无法在后面的直道中得到弥补，导致整体圈速变慢。如果线路偏离得不够（拐入点和顶点太早），就会导致较低的出弯速度和直道速度。

没有哪一条理想线路适合所有的车辆或弯道。相同赛车经过不同弯道时需要不同的线路；即使弯道相同，不同车辆经过时也需要不同线路。

这之间的差异很细微，或许上下只有几英寸，但却足以区分出优胜者和失败者。

速度揭秘

前轮指向或接近正前方的时间越长以及加速踏板踩到底的时间越长，速度就越快。

通常，弯道越短、越急以及两侧直道越长，实际线路与几何线路的偏离程度应该越大，即拐入点和顶点应该越晚。还有，赛车的加速能力越强，拐入点和顶点应该越晚。

很多车手在通过所有弯道时的线路都一样。尽管他们在牵引力极限下驾驶赛车，但不懂如何根据不同条件（弯道或赛车）恰当地调整驾驶线路。这就解释了为什么有的车手驾驶一种赛车或一条赛道时速度非常快，但是坐在另一辆赛车中或驾驶另一条赛道时就很吃力。真正的冠军车手能够快速改变线路以适应赛道和赛车，一直是极限驾驶。

控制阶段

下面来进一步分析过弯技术。车手在弯道中要用脚踩加速踏板或制动踏板，并经过六个活动或阶段：最大制动、循迹制动、过渡、油门平衡、渐进给油和最大加速（图 8-4）。每个阶段的长度和时机会有变化，取决于赛车本身以及弯道的类型和形状。再加上拐入、顶点和出弯参照点，就能总结出成功过弯的方法。

制动只能用来减速，不能加速。如果你想在普通公路赛道上提高十分之一秒以上的时间，就不要只关注制动。制动晚一点，你会赢得很大的优势。踩下加速

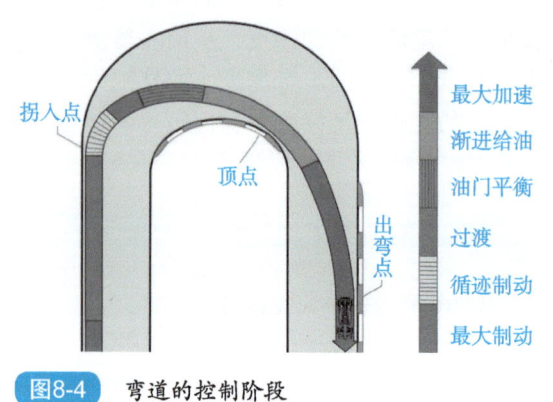

图8-4 弯道的控制阶段

踏板才能赢得更多时间，而不是松开它。

速度揭秘

制动的时间越短，速度越快。

车手们总是谈论制动参照点。他们会相互比较和吹嘘在弯道之前制动得有多么晚。但是，重要的参照点并不是在哪里开始制动，而是在哪里结束最大制动。制动参照点只能作为备用参照。

制动时应该关注弯道的拐入点，以便判断需要采取多少制动能将赛车降到适合入弯的车速。制动开始时的车速可能不同，这取决于进入直道时的状态有多好，因此参照点需要不断进行轻微调整。你需要分析和感觉车速，并调整制动区域，使自己在拐入参照点上处于正确的速度，从而以理想的速度入弯。

我曾经奇怪为什么我从来不记得弯道之前我在哪里开始制动，以及制动点在哪里。后来我才意识到，我更多地关注需要在哪里完成最大制动、拐入点在哪以及需要降低到多大的速度，而非制动开始点。每位车手都有弱点和强项。我的强项一直是在制动区域，我将此归因于我对制动结束点的关注。

最有争议的控制阶段当属循迹制动。一些"专家"说，绝对不要循迹制动，应该在到达拐入点时完成全部制动并回到加速踏板上。另外一些人却认为，应该在每个赛道的每个弯道处都循迹制动。其实，真相介于二者之间。有些弯道和赛车，应该多多进行循迹制动；而另一些弯道和赛车，应该很少或不用循迹制动。这均取决于具体的弯道和赛车。车手的任务是确定怎样做效果最好，以及调整循迹制动的多少。针对每个弯道和每台赛车如何确定应该采取多少循迹制动？首先需要问自己："赛车拐入弯道的状态好吗？"如果不好，应该多一点循迹制动，在转弯时逐渐把脚从制动踏板上移开。或者，赛车在通过弯道时是否感觉不稳定或不平衡？如果是，那么就尝试在拐入时脚从制动踏板移开并踩在加速踏板上。这种情况下，可能根本不存在循迹制动阶段。

从制动到加速的过渡阶段最有可能影响赛车的平衡性。应该尽可能快地完成放开制动到开始踩加速踏板的过程，使自己感觉不到过渡。应该以最快速度把脚从制动踏板移到加速踏板上。

可以在日常驾驶时练习这个技术，你应该感觉不到脚离开制动踏板并开始挤压加速踏板的这个时间点。

从制动到加速的正确过渡极其重要，必须非常平顺地完成。这也是为什么有的车手入弯时的速度要稍高于其他车手的重要原因。尽管你不能以某个速度使赛车入弯，但并不代表迈克尔·舒马赫或达里奥·弗朗奇蒂也不能。或许因为你没有采用正确的技术，不够平顺，方向盘转得太快，没有使赛车平衡等。如何把脚从制动踏板上拿开非常关键。脚离开制动踏板时要快，不能破坏赛车的平衡性，然后必须非常平顺地过渡到加速踏板上，以至于自己感觉不到脚离开制动踏板后开始加速时的那个点。

回想一下牵引力圆。转向位置和加速位置之间的关系是相互作用的。必须减小转向输入（回打方向）后才能加速。轮胎的牵引力是有限的，因此不能在将全部牵引力用来转向的同时又想使赛车加速。开始加速时必须减小转向输入，否则会把赛车"捏在"弯道出口处内侧，导致赛车打转和降低车速。

假设驾驶同样的赛车，加速开始得最早和最猛的车手会在直道上获得最快速度。我想这足以解释关于渐进给油和最大加速阶段的所有内容。

9 线　路

　　绍如何掌握行驶线路之前，我先介绍一个显而易见的物理知识：弯道速度与弯道半径成正比。

　　这是什么意思？简单说就是转弯半径越大，过弯时的速度就可以越快（图9-1）。反过来，弯道的半径越小，过弯的速度就要越慢。很简单是不是？即使你以前没有考虑过这个问题，我相信在直觉或潜意识里你也知道这个问题的存在。

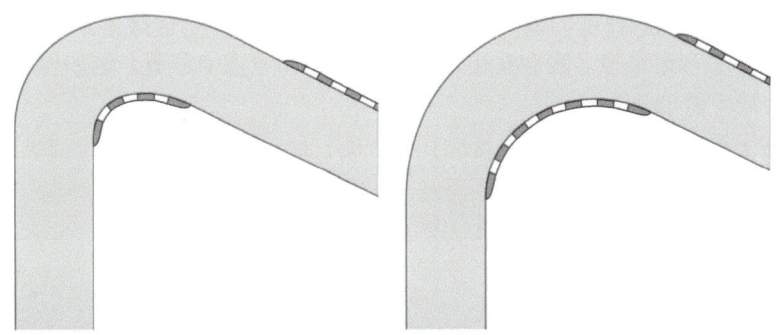

图9-1　哪个弯道能以更快的速度通过？右边的，也就是半径更大的弯道。这个道理同样适用于你的驾驶线路：半径或弧度越大，驾驶速度越快

　　当然，我这里所说的是极限驾驶，是指轮胎刚好处在极限状态，还没有失控和侧滑通过整个弯道。

　　现在，进一步探讨这个物理问题。你在直觉上还应该知道，弯道半径越小或者过弯时的速度越快，你所感觉到的G-力就越大，赛车产生的G-力也越大。另外，你只是从直觉上知道了G-力的存在，但它真正的意义是什么？

　　G-力是指经过弯道时作用在赛车和车手身上的横向力，1.0g等于重力横向（侧向）推赛车。

现在，我们将这两个事实（速度与弯道半径成正比；车速越快或转弯半径越小，G-力越大）放在一个数学表达中：$S=g/R$，其中 S 表示速度（mile/h），g 代表横向 G- 力，R 代表弯道半径（ft）。换句话说，通过弯道的速度等于产生的 G- 力除以弯道半径。

你需要知道：驶过弯道的速度取决于赛车能够产生的 G- 力（这由赛车的机械和空气动力学抓地力决定，也由车手平衡赛车和实现轮胎抓地力最大化的能力决定）以及弯道的半径（图 9-2）。

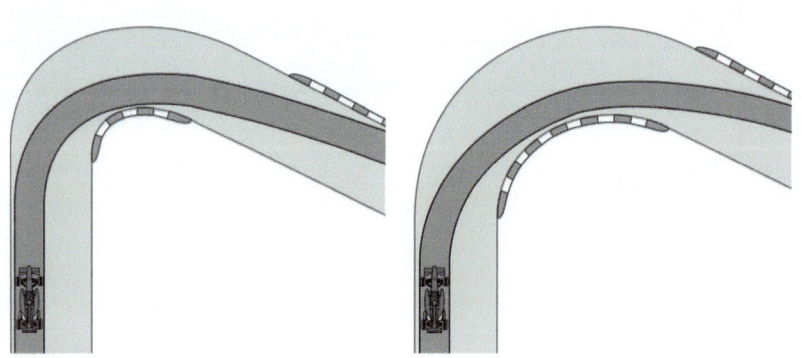

图9-2　比较两个弯道中的顶点。左边弯道的半径比较小，顶点比半径大的弯道要晚。一般规则是：弯道半径越大，顶点越早。为什么？因为你不必过多依赖在出弯时进行快速加速，较大半径允许你在通过弯道时维持更高的速度

在驾驶方面，实现速度的最大化可以从两个方面着手：平衡赛车（将轮胎牵引力最大化）和增加弯道半径。我会在出弯道、入弯道和弯道中章节介绍如何平衡赛车。现在着重介绍弯道半径。

使用最大半径通过弯道意味着按照几何线路行驶。这条线路可通过圆规画出，使用赛道表面的每一寸，以不变的半径从外侧边缘到内侧边缘，再回到外侧边缘（图 9-3）。

如果因为没有使用全部赛道宽度而使转弯半径减小，最高速度就将显著降低。例如，进入弯道的位置与赛道边缘相距 1ft，转弯半径就会减小 1%。在有些赛车场中，1% 意味着 0.5s。0.5s 有多么重要？我想你肯定已经明白使用每一寸赛道宽度是多么重要了吧。

我们回到几何线路上。尽管几何线路是通过每个弯道的最快方式，但对于整个赛道来说却不是最快线

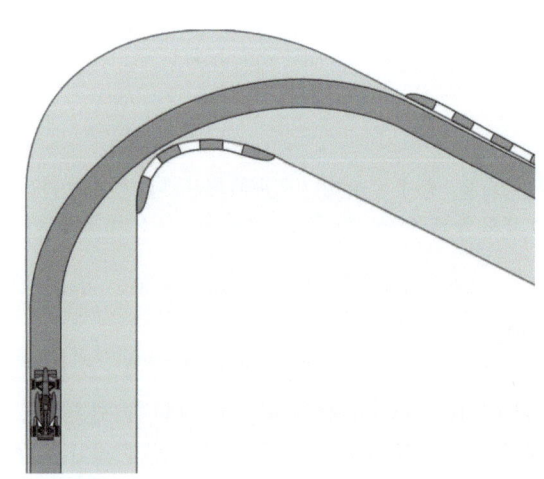

图9-3　几何线路是单独通过某个弯道的最快方式，但对整个赛道来说却不一定是最快方式

路。原因在于弯道过后还有更为重要的因素：直道。如果你参加过赛车比赛，那一定知道在直道超车远比在弯道容易。不太容易注意到的事实是，提高直道速度能争取更多时间，即缩短用时。换句话说，在直道上开得快远比在弯道上开得快要重要。

显然，这并不代表要以龟速驶过弯道，而是采用能够最大程度提高直道速度的过弯方式。你需要选择一条与几何线路不同的线路，一条能够更早加速的线路，我们称之为"理想线路"。大多数情况下，这样的线路意味着拐入点、顶点和出弯点较晚（图9-4）。

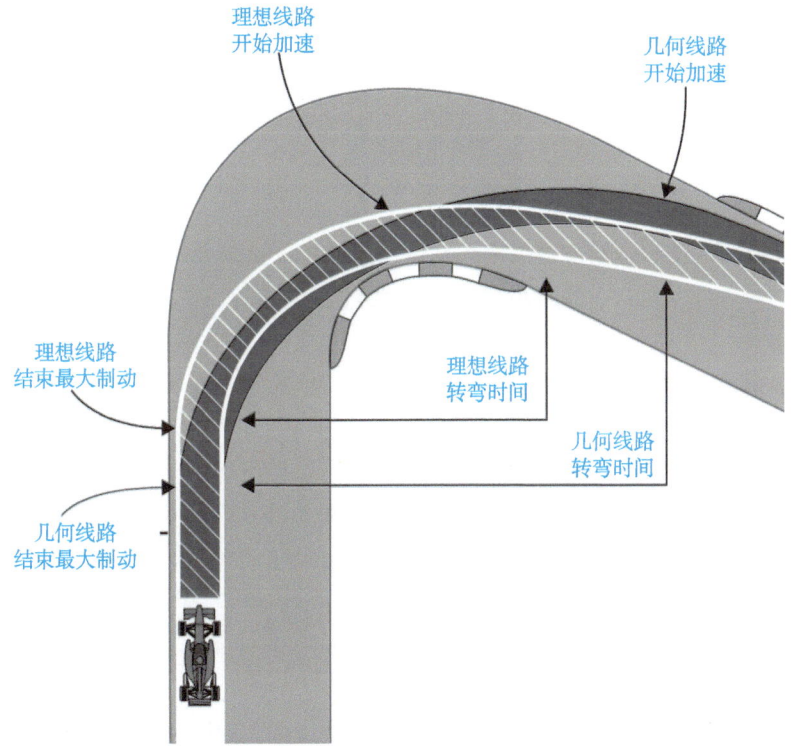

图9-4　以理想线路（白色条纹线路）驾驶，由于初始半径小，因此需要以慢一点的速度进入弯道，但这样可以更早地开始加速，在接下来的直道上获得更快的速度。另外，过弯的总时间缩短，制动和加速时间加长

拐入点、顶点和出弯点较晚的线路具有以下优势：

- 在弯道中花的总时间更短。你在什么时候对赛车的控制最强，是直道还是弯道？我们难道不是已经确定了半径越大开得越快？处在弯道的时间缩短就等于处在直道（或至少是接近直道）的时间更长，而且这也是你能得到的最大半径。
- 可以更早加速。脚越早回到加速踏板并开始加速出弯，在接下来的直道上就会越快。

- 晚一点制动，可以更长时间地在直道上维持车速。由于你转入弯道的时间更晚，因此弯道前直道的有效长度变长，因此可以更长时间地保持车速。
- 可以更好地看清弯道。这个优势在多数场地赛道上并不明显，因为你的视线不会受阻；但如果是街道赛，墙壁位于转弯内侧，这时就会完全不同了。

不过，除了这些优势以外，还存在一个劣势。由于拐入得比较晚，因此通过弯道初期时的线路半径比较小。这意味着较低的速度。但是，这点速度损失是值得的。没错，你不得不在弯道初期跑得慢一些，但你可以更早加速，在接下来的直道上将损失再弥补回来。

你已经确信在弯道中使用较晚的顶点能获得优势，现在来考虑另一个问题。这套弯道分析理论以及晚顶点线路对于每个弯道都适合吗？不一定。让我来告诉你一个一般规律：

速度揭秘

弯道越快，所选的线路应该越接近几何线路；弯道越慢，所选的顶点应该越晚，线路与几何线路的差距应该越大。

我们仔细分析一下为什么这样。

速度的变化

从入弯到出弯的速度变化趋势越大，越需要使赛车指向更直的线路以便进行加速。换言之，越是慢速弯道，顶点就应该越晚。入弯时需要挂一档或二档的弯道，必然比挂四档或五档的弯道产生更大的速度变化，因此，前一个弯道的顶点要晚于后一个弯道的顶点。

基于目前对弯道半径与速度的理解，还可以将这个一般规则解释为：半径越小，顶点越晚；半径越大，顶点越早，越接近几何线路。比如，慢速发卡弯的顶点比快速大角度弯道的顶点要晚。

再次，其原因与速度的变化有关。对于发卡弯，你需要用力加速出弯，此时速度变化比较大。通过高速弯道时的速度变化则没有这么大，因为在高速行驶下，赛车的加速能力会降低。

如果无法理解，就问自己一个问题："赛车从 100mile/h 到 110mile/h 的加速度能否与 50mile/h 到 60mile/h 的加速度一样大？"显然不能。任何汽车，无论发动机转矩有多大，在低档位的加速都要比高档位的加速更快。

针对慢速弯道的策略是让拐入点和顶点晚一点，当需要急加速时使赛车行驶线路的半径逐渐增加（更直的线路）。对于快速弯道，则需要采取更早的拐入点和顶点，以便在弯道中保持更高速度。

另一个需要考虑的因素是最初拐入时有多急。显然，如果拐入点和顶点比较晚，就必须以更小的半径转弯，这就意味着降低速度。对于比较快的弯道，最初拐入时就要缓和一些，能够以更高的速度入弯。

如果使用较晚的拐入点和顶点，那么方向盘的转动速度以及循迹制动的量和时间都与拐入快速弯道的技术有很大差别（图 9-5）。

G- 力迷

大多数参加赛车比赛的人（包括我自己）都是 G- 力迷。我们对 G- 力上瘾，非常喜欢坐在驾驶席上身体被向侧面和后面推以及被安全带勒紧的感觉。G- 力越大，感觉越好。对于在赛道上比赛的车手，这是件好事，因为前面已经说过，G- 力越大，速度就越快。然而，并非总是如此。事实上，有两种方法可以让你感觉到更大的 G- 力。

- 提高速度，这是赛车比赛的目标之一。
- 减小弯道半径；过弯线路的半径越小，感受到的 G- 力就越大。

因此，为了满足 G- 力瘾，你可能会有意或无意地收紧弯道半径；或者，至少不会以放松 G- 力的方式驾驶。这种情况经常发生在弯道出口位置，表现是没有回打方向盘以便让赛车驶出。

最终目标是只通过提高速度来增大 G- 力。事实上，驾驶理想线路的目的之一就是尽量减小 G- 力，以便随后通过提高速度来增大 G- 力。

让我们再次回到这个折中点：增加转弯的半径能够更快速地通过弯道；拐入点/顶点越晚的线路（弯道开始部分的线路半径越小），开始加速越早，直道速度越快。难点在于针对每条赛道的每个转弯找到最佳折中点（即理想线路），这也是赛车驾驶中最大的挑战。

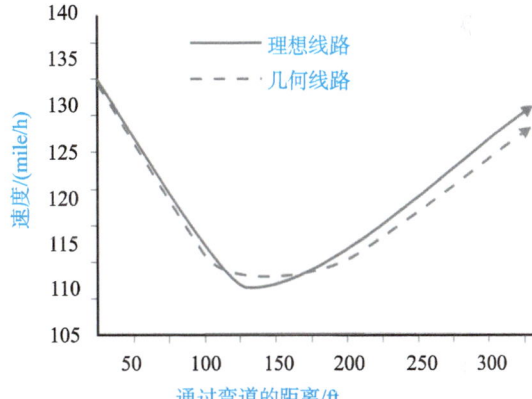

图9-5　图中给出了弯道中不同位置的速度。几何线路（虚线）通过弯道的速度更快；理想线路（实线）在弯道开始部分有一点慢，但可以更早地加速，从而获得快得多的出弯速度。出弯时的速度优势在接下来的直道上会继续存在并放大

10 弯道优先级

赛道上的有些弯道比其他弯道更重要。要想提高圈速和赢得比赛,就要知道应该在哪里开得快以及在哪里相对放慢速度。

排出弯道优先级

为赛道上各个弯道排出优先级,重要原因有三个:

- 学习赛道时很难同时研究所有弯道,而每次只研究一两个弯道就要容易得多。研究好了第一个弯道之后,再接着研究其他弯道。如果你知道哪些弯道对于整体圈速最重要,就可以集中精力首先研究这些弯道。
- 有时候赛车的调整必须更有利于某个弯道。这种情况下最好针对最重要的弯道调整赛车。
- 即便你很熟悉某个赛道,也仍要不断尝试寻找新的或不同的驾驶方案来实现更高车速。为此,有时候必须以牺牲某个弯道的速度为代价来提高另一个弯道的速度。如果你知道哪些弯道最重要,也就知道哪些可以妥协,哪些不可以。

有两种方法可以判断哪个弯道最重要:第一个方法是看哪个弯道对实现最快圈速最为有利,第二个方法是看哪个弯道难度最大。

老规则认为,后面直道距离最长的弯道对于整体圈速最为重要;新规则认为,最重要的弯道是能以最快速度进入长直道的弯道,毕竟有些赛道中的直道部分几乎一样长。此时应如何判断哪个弯道最重要? 如果40mile/h的发卡弯后面的直道略长于另一个弯道后面的直道,而且第二个弯道的过弯速度为80mile/h,这种情况下,对快速弯道的改善能够实现更大的时间优势。因此,并非只是简单地看哪个弯道后面的直道距离最长。

速度揭秘

首先关注最重要的弯道，最后关注最次要的弯道。

挑战最大或最难也是判断最重要弯道的一个衡量标准。通常，难度最大的弯道会让你的单圈用时获得最大改善。为什么？因为最难的弯道也最有可能成为距"完美驾驶"最远的弯道。还有，如果你觉得这个弯道难走，那么竞争对手也可能这么认为，这意味着，如果你能将这个弯道做到完美，就能在竞争对手身上获得最大的时间优势。

> 当你分析赛道时会发现只有三种弯道类型：
> 1. 通向直道的弯道。
> 2. 直道过后的弯道。
> 3. 连接两个其他弯道的弯道。

有些人相信通向直道的弯道对单圈速度来说是最重要的弯道，其次是在直道过后的后接小段直道的弯道，最不重要的是弯道之间的弯道。艾伦·约翰逊于1971出版的 *Driving in Competition* 一书让这种排序方法变得非常流行（图10-1）。

这里面的原因在于直道更容易通过，而且在大多数赛道上的加速时间要多于过弯的时间，因此一定要尽可能地提高直道速度，以便充分利用在加速上所花的时间。通向直道的弯道可以决定你的直道速度，如果不能尽早加速，就会在随后的直道上落后。

这种弯道类型分析与排序方法是个不错的起点，但如果想获胜，还需要知道更多内容。

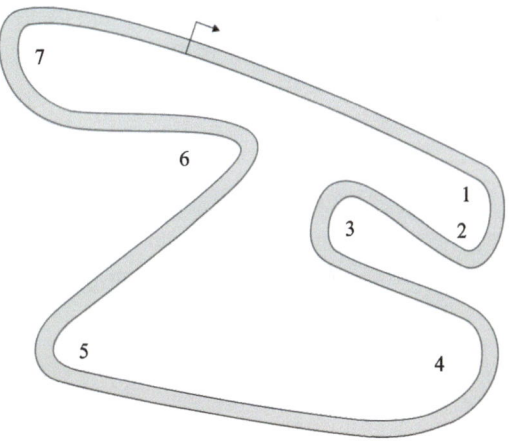

图10-1 观察这张赛道图，哪个弯道最重要？是弯道7吗，后面直道距离最长这个？还是弯道4，通向长直道的最快弯道？没错，应该是弯道4。哪个是赛道上最次要的弯道？可能是弯道2或弯道3，因为它们后面都没有很长的直道

速度揭秘

要想获胜，必须先知道需要在哪里快速行驶。

在快速弯道上比在慢速弯道上得到的或损失的都要多得多。在快速弯道上，由于赛车的加速能力降低，因此即使是1mile/h的损失，在快速弯道弥补起来也要比在慢速弯道难得多。

举个例子，将过弯速度50mile/h左右的慢速弯道与过弯速度120mile/h的快速弯道进行比较。如果因为失误在慢速弯道损失5mile/h，此时，将速度从45mile/h增加到50mile/h对于赛车来说比较容易，但将速度从115mile/h增加到120mile/h就没有这么容易了。

最快弯道之所以是最重要的弯道，还有一个原因在于很多车手都惧怕快速弯道。大多数情况下，慢速弯道最容易学会。越早熟练掌握快速弯道技术，就能越早占据优于竞争对手的有利条件。

因此，最重要的弯道是通向直道的最快弯道，其次是通向直道的速度第二快的弯道，以此类推，一直到通向直道的最慢速弯道。

接下来应该考虑直道过后的弯道——后面没有可用的直道。同样，也是从最快弯道开始一直到最慢的弯道（图10-2）。

最后考虑将其他弯道连接在一起的弯道，关注通过这类弯道时的速度。

分析赛车在哪里的表现最佳，因为赛车在有些弯道上的表现要优于其他弯道。你需要权衡决定是否需要改变赛车的设置来适应某个更重要的弯道。再次重复，首要的任务是让赛车能够在通向直道的最快弯道上表现最佳。

速度揭秘

最重要的弯道是通向直道的最快弯道。

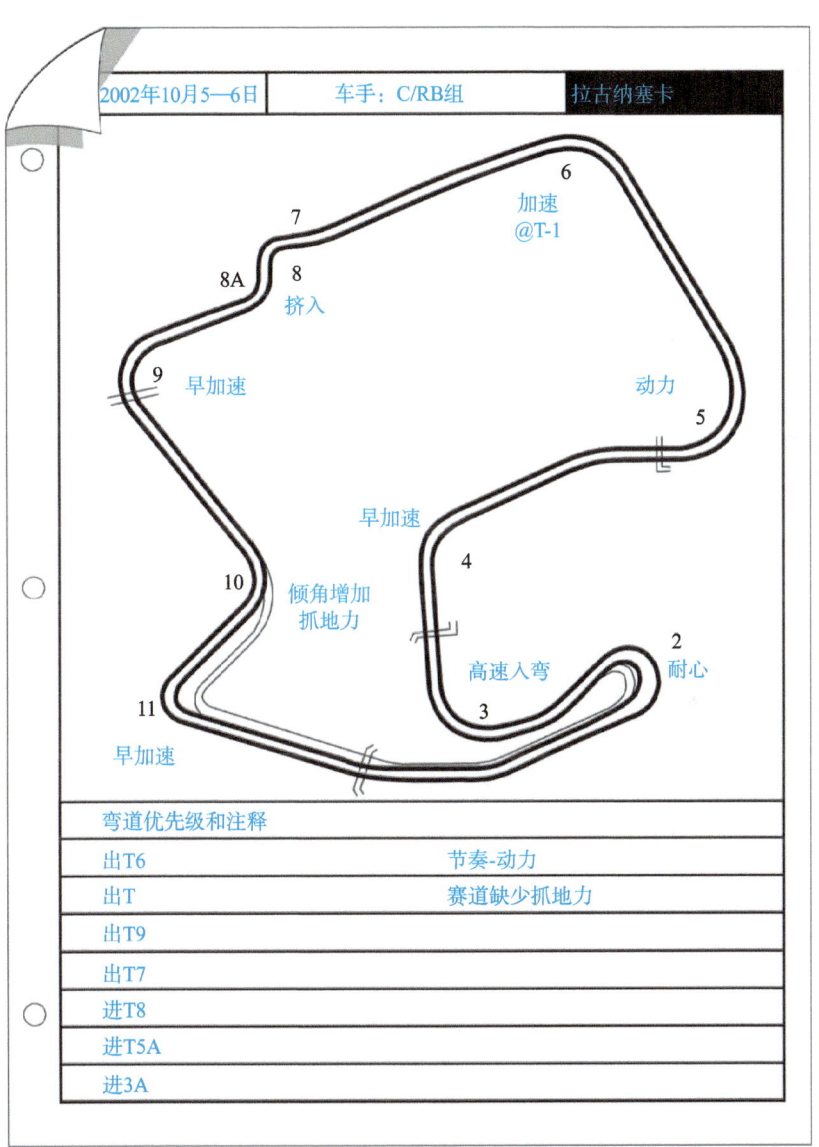

图10-2 下赛道之前，先写出弯道优先级以及关于这个赛道的其他注释、想法或办法

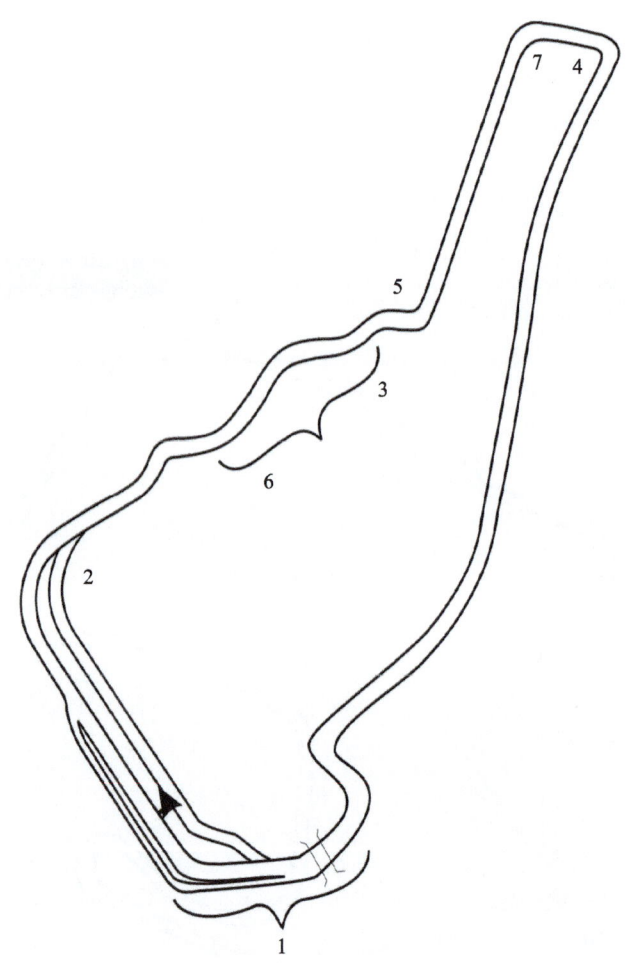

图10-3 图中根据弯道的类型和过弯速度,以及直道的长度,将亚特兰大赛道的弯道进行了优先排序,这样便于根据驾驶风格和赛车的设置情况来确定应该重点关注哪几个弯道

11 不同弯道，不同线路

对于通向直道的弯道（图 11-1），理想线路应该是顶点比较晚的线路（顶点大概位于弯道三分之二的位置），这样可以在弯道中非常早地加速。

对于任何通向直道的弯道，最好的方法是早制动，在拐入时调整好赛车的平衡，然后急加速进入直道。

当直道后面接一个弯道，而且弯道后面没有可用的直道时（可用的直道是指长度足以超车或被超车的直道），顶点要早。这是因为在弯道出口位置得不到多少优势，因此需要尽可能发挥入弯时的直道速度优势。换句话说，就是以弯道出口速度为代价尽可能长时间地保持直道速度。为此，制动要尽可能晚，选择较早的顶点，继续制动进入弯道，并针对弯道后面的赛道调整好赛车状态。

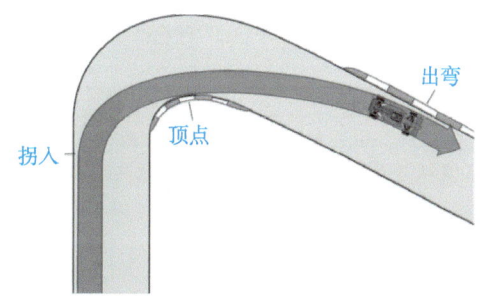

图11-1 在通向直道的弯道上驾驶时，最重要的是保证进入直道前的出弯速度。这意味着要使用较晚的拐入点和顶点（大约位于弯道中三分之二的位置），早加速，并在出弯时使用整个赛道宽度。驾驶同等赛车的前提下，首先开始加速的车手在直道上的速度会更快

现在，你肯定要说："有很多直道后面的弯道其后还是直道。"没错。这种情况下，驾驶方法与通向直道的弯道相同——选择较晚的顶点。同样，直道速度依然最重要。通向直道的弯道总是比直道过后的弯道更重要。这就是为什么你不会遇到太多这种类型的弯道。不过，这种弯道确实存在，你需要认清它们，并且在遇到的时候知道如何应对（图 11-2）。

最后一类弯道是复合弯道，有两个或更多转弯连接在一起，如图 11-3 所示。通过这种弯道的原则是为通向直道的最后一个转弯做好准备。这个转弯的驾驶方法与驾驶

通向直道的弯道所用的方法一样，选择较晚的顶点。这类弯道中的第一个转弯并不重要，而且必须用来为最后一个转弯做好准备。应采用平顺、柔和的节奏过这种组合弯道。

每次过连续弯道时，主要考虑的应该是最后一个转弯。进入直道前的出弯速度一定要快。这样，在通过复合弯道时，利用直道前的最后一个转弯来最大程度地提升过弯表现。

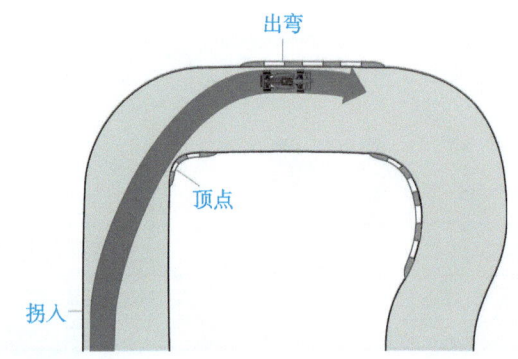

图11-2　对于直道过后而且后面没有直道的弯道，你的目标是制动进入弯道，以让弯道之前的直道尽可能长。在经过顶点并将车速降到足够低之后，收紧转弯半径，向着出弯点行驶

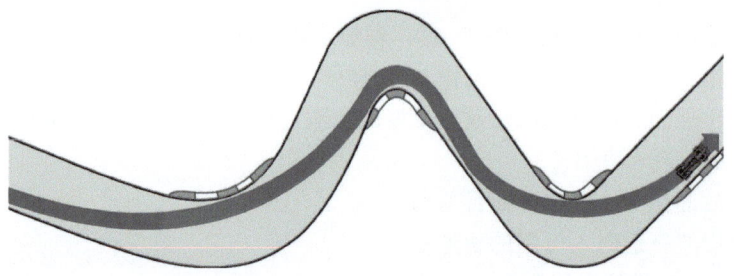

图11-3　如果中间弯道连接另外两个弯道，你的关注点应该是进入直道之前的出弯速度。这通常意味着要以"连接"弯道的线路为代价，尽可能增大前一个和后一个弯道的速度

过弯速度

是不是希望有一个公式能计算出每辆赛车和弯道的最优速度？确实有。轮胎公司、一级方程式车队和几个印地赛车团队就使用复杂的计算机仿真程序，根据过弯速度来确定轮胎的配方和结构以及底盘设置。在输入数百个赛车和赛道变量之后，计算机会确定赛车达到极限时的理论速度。有意思的是，优秀车手总是能够比计算机得出的理论速度更快。因此，通过每个弯道时到底能达到多大速度，还是要由我们自己来发现。

使用简单的数学方程式并知道一些基本信息（转弯半径，轮胎与路面的摩擦系数，并假设赛道没有倾斜角度），就能计算出近似的最大理论过弯速度。显然，这里面的实际价值并不大。你怎么可能在过弯的同时准确监视车速呢？不过，这个数学计算的确能指出一个重要事实。

举个例子，假设有一个90°的右手弯，最大理论过弯速度是80mile/h。如果不使用整个赛道宽度，比如进入弯道时距赛道边缘1ft，出弯时距边缘也是1ft，这样就会减小转弯半径，使得最大理论过弯速度降低到刚过79mile/h。即便速度只降低了1%

多一点，但 1min 单圈用时的 1% 就是 0.5s 多的时间。不使用全部赛道会浪费如此多的时间！

这个例子说明了使用每一寸赛道的重要性，以及理想线路对于过弯速度是多么关键。

除了精确的过弯线路以外，还必须建立起灵敏的牵引力和速度感，因为这是最终决定过弯速度的因素。请记住：增大过弯半径可以有效提高在弯道中的速度，反之亦然。

胜利因素的优先顺序

看看有哪些因素能够将胜利者与失败者区分开来，并以此作为学习如何极限驾驶的指南：

- 对于初级车手，获胜与失败的决定因素是什么？线路，一直选择理想线路。
- 对于俱乐部车手，获胜与失败的决定因素是什么？弯道加速阶段，踩加速踏板有多早、有多猛。
- 对于职业车手，获胜与失败的决定因素是什么？入弯速度，能以多快的速度进入弯道，而且不耽误加速阶段。
- 区分伟大车手与其他车手的因素是什么？弯中速度，通过弯道中部时的速度有多快。

你在试图以风驰电掣般的速度通过每个弯道的弯中部分之前，必须认识到，伟大车手之所以伟大，是因为他们首先掌握了完美的线路、加速阶段和入弯速度。也就是说，要想学会极限驾驶，甚至成为伟大的赛车手，学习过程必须遵循这个先后顺序。

12 学习赛道

在做到持续极限驾驶之前，需要很好地熟悉赛道。这不仅意味着知道每条弯道的走向，还意味着需要知道关于赛道的每个细节。有些赛道需要花费很长时间来学习；有些则简单得多，只需要很少的时间。

在"读"赛道时需要考虑赛道的表面（沥青路面还是水泥路面、凸起、路缘等）、转弯半径（减小、增大、不变、急弯、大弯等）、道路倾角（正、负或无倾斜）、高度变化（上坡、下坡和坡顶）和直道的长度（短或长）。

对于不熟悉的新赛道，最开始驾驶所有弯道时都采用较晚的顶点。如果你发现弯道比想象的更急，那么就能为你在弯道出口留有一点额外空间。随后，在接下来的每一圈里都将弯道的顶点往前移（变得更早），直到在弯道出口开始驶出赛道为止。然后，再回到可以加速出弯并且保持在赛道中的那条线路，这就是理想顶点。

弯道的倾斜角度是最重要的考虑因素之一。前面我说过，弯道的半径决定过弯速度。但是，就对过弯速度的影响而言，弯道的半径没有倾斜角度重要。

当驶到具有正倾斜角度的弯道时，应该尽量早地进入倾斜部分，在上面保持尽可能长的时间。这意味着与没有倾斜角度的情况相比，需要更早一点进入弯道。**很多车手低估了倾斜弯道产生的附加牵引力效应，车手应利用好倾斜角度，使其对自己有利。**

对于倾斜角度为负的弯道，需要尽可能缩短处在倾斜部分的时间。另外，倾斜角度从赛道顶部到底部可能会有变化，因此要近距离查看赛道。驶过弯道时有可能注意不到倾斜角度的存在，所以一定要到赛道上走一走，详细记录赛道变化。

要留意赛道的上坡和下坡部分，它们对赛车的牵引力极限有很大影响。你需要发挥坡度变化的优势，尽可能缩小不利因素。请记住，上坡时，赛车的牵引力大于下坡，因为向前的运动会把赛车推向赛道表面，增大四个车轮的垂直载荷。你的目标是在上坡段尽可能多地采取制动、转向和加速，在下坡段尽可能少地采取这些操作。

把路面变化记录下来，尤其是弯道中部的路面。你可能需要改变线路，以便充分利用抓地力最大区域的优势或者减小该区域的劣势,让大部分转弯发生在抓地力大的路面,并在抓地力小的路面直线行驶。

比赛进行一段时间后,路面上会积累很多轮胎橡胶渣、石子和尘土等杂物,可能就在理想线路的外面。这些杂物会使路面变得很滑,应尽量远离这些区域。有时为了让后车超车,不得不偏离原来的线路,进入有杂物的路面,这样轮胎会粘上一些橡胶渣和石子,当到达下个弯道时,轮胎的抓地力会因此而大大减小,所以一定要小心。通常,经过一两个弯道之后,这些杂物就会被自动清理掉。

步行勘察

步行勘察是一种有效的赛道学习方法,有助于在比赛时开得更快。很多车手都这样做,但他们经常与一帮朋友一起走,错把这当成了社交活动。我的建议是自己走,或者与另一位能给你建议的车手一起走,这样能更好地学习和记住赛道。步行勘察赛道时的观察线路和角度一定要与从驾驶席看到情况的完全一致,甚至需要蹲下来观察赛道坡度和柏油路面的变化,从驾驶位置的高度观察赛道的情况。

在驾驶过一些赛道之后,这个工作会变得容易很多。每次勘察新赛道,某个弯道可能会让你想起另一个赛道上的弯道。你可以将原有的信息用在新的弯道上,这就是经验的作用。

我步行勘察赛道已有很多年,但从未在实际驾驶赛道之前就步行勘察。我发现,如果在没有任何实际驾驶体验之前就步行勘察,会建立错误的驾驶想法和观点。例如,有个弯道在步行时看似是三档弯道实际上却是四档弯道。这样一来,在真正开始学习赛道之前,我不得不先抛弃错误的想法和观点。

因此,我首先查看赛道地图,以便在头脑中弄清方向。然后,在第一次练习赛中在各个弯道上尝试不同档位,而且首先重点关照最重要的转弯。一天快要结束时,我会行走赛道以便研究细节,就赛道表面、倾斜角度、参照点以及可以安全开出赛道的区域等方面,判断我的想法和观点是否正确。如果有可能,我会驾驶普通汽车以很低的速度在赛道上跑几圈,这样有助于记住每个细节(图 12-1)。

图12-1 学习赛道就是将每个小标识、凸起、颜色变化以及每部分赛道的形状都认清并记在头脑中。你的参照点数据库越大,赛道学习效果就越好

图片来源:Shutterstock 商业图库

学习赛道

学习新赛道时,你需要解决两个问题才能做到持续极限驾驶:

- 发现和调整理想线路。
- 在理想线路上以牵引力极限驾驶赛车。

通常，按照以下顺序学习新赛道最为简单：首先确定线路，然后极限驾驶（图12-2）。

图12-2　骑自行车是一种很好的赛道学习方式。在感觉赛道形状、凸起和坡度变化方面，骑自行车比步行效果更好，并且有时间将微小细节记录下来

图片来源：Shutterstock 商业图库

在赛道上探索理想线路时，重要的是使用全部赛道，这意味着需要将赛车开到赛道边缘。在弯道入口位置（拐入点），比较容易将赛车开到离赛道边缘仅几英寸的位置。在顶点处，你需要正好位于内侧边缘或路缘。在出弯道时，将车开到距边缘 2ft 的位置，甚至可以使用路缘或者让一个车轮压在边缘上以知道感觉如何（注意，这时你的行驶速度相对较慢）。

我听到很多车手说，他们总能找到正确的过弯线路，方法就是沿着黑色轮胎印记行驶。这是错误的方法。黑色轮胎印是车手试图收紧线路或做修正时留下的——可能是采取大幅度转向，发生转向不足；或者控制赛车的后部以防侧滑（转向过度）。步行赛道时可以沿着黑色轮胎印记走。印记最后通常会偏离到赛道外或旋转回到赛道内。理想的过弯线路通常正好位于黑色的轮胎线路以内。因此，你可以使用黑色轮胎印记作为参考，但不能随着印记走。

学习赛道时要强迫自己使用每寸赛道，并使这成为一种习惯，成为程式化的潜意识行为，这点非常重要。随着速度的提高，赛车会自然而然地驶向赛道边缘。如果驾驶理想线路，就不会抑制赛车。应该让赛车在出弯时"自由行驶"。如果在出弯时抑制赛车，就会大大增加赛车旋转的概率，并会因摩擦而降低车速，或者无法足够早地踩加速踏板。

在进入新赛道学习的第二个部分（极限驾驶）之前，必须使理想线路成为习惯。驾驶理想线路必须成为潜意识行为。车手很难同时专注于两件事——线路和牵引力。对于牵引力，车手需要判断牵引力的多少，以确定自己是处在极限状态中，还是能再提高一些速度或加速更早、更用力一点。

在理想线路成为习惯或潜意识行为之后，才能开始尝试极限驾驶。这里的关键点是感觉牵引力的多少。每圈都需要在驶出每个弯道时提早一点加速并且使加速更猛一点（应记住弯道优先顺序：后接直道的最快速弯道……）并感觉牵引力的多少。不断将加速时间提早，直至没有赛道可走，或者直至赛车出现过大的转向不足或转向过度。记住，赛车必须有一点侧滑（转向不足、转向过度或中性转向），否则就说明没有极限驾驶。

图12-3　对于有些赛车，使用内侧轮胎压过路缘有助于增大外侧轮胎的载荷，增加外侧抓地力。当然，这取决于路缘的大小和形状。此外，在路缘上行驶通常能让弯道更直，增大弯道半径

一旦感觉在加速时接近极限（理想线路），就可以逐渐提高入弯速度。从最快的弯道开始一直到最慢的弯道，每圈都将入弯速度提高一点，直到无法让赛车以自己希望的方式朝顶点拐入，或者赛车在前三分之一至一半的弯道范围内出现过大的转向不足或转向过度，或无法像之前那么早地开始加速为止。

在改进加速阶段或入弯阶段时，不要忘了，如果你感觉已经达到了极限，就不会再提高速度。然而，这有可能是目前你使用的技术所导致的极限，只要稍稍改变一下技术，也许就能更早地加速，或者以更高的速度入弯，并且提升极限。例如，你感觉在出弯道加速时赛车出现过大的转向过度，此时，你是因为当前踩加速踏板的方式而达到了极限。但如果踩加速踏板时再平顺一点、再渐进一点，赛车就有可能更平衡，就不会出现如此大的转向过度。再比如，对于某个弯道，你的入弯速度越来越快，直到在拐弯时出现转向不足，你是达到了当前操作所建立的极限，但如果你在转弯时再多施加一点制动力（使前轮保持更多载荷），或者转方向盘时再"干脆"一些，或许赛车根本就不会出现转向不足。

这里的要点是，不要因为赛车出现一次滑动就认定赛车已经达到了最终极限。一旦习惯了当前这么早的出弯加速时机或这么大的入弯速度，就可以尝试几圈，看看通过稍稍改变操作技术是否已经无法让赛车按自己的要求行驶。

入弯速度与出弯加速是相联系的。如果入弯速度太低，你会倾向于通过急加速来弥补时间损失。急加速可能超出后轮胎的牵引力极限，导致转向过度。如果入弯速度

快点，你就不会这么猛地加速，也不会注意到转向过度。

当然，如果入弯速度太高，就会导致加速太晚，从而降低直道速度。

> 总结一下学习新赛道的策略：
> - 线路：以较低速度驾驶理想线路直到成为习惯性的、潜意识的行为（在周末练习赛中难以实现，因为有很多其他赛车）。
> - 弯道出口加速：逐渐将加速位置提前，直到感觉到牵引力极限为止；先处理通向直道的最快弯道，最后是最慢弯道。
> - 入弯速度：逐渐提高入弯速度，直到感觉到牵引力极限为止；先处理最快弯道，最后是最慢弯道。
> - 评估并改变（如有需要）操作技术：尝试加速时更循序渐进一点或更突然一点；循迹制动多一点或少一点；拐入时更干脆一点或更缓和一点；稍稍改变线路；只要能使加速更早，入弯速度更高就可以。

驾驶线路

晚拐入点和顶点、早拐入点和顶点，或者中等拐入点和顶点，使用哪个？这个问题没有固定答案，最终要由自己来判断。

如果你已经具有一段时间的赛道驾驶经验了，那么你所驾驶的线路要么是别人告诉你的，要么是你自己觉得这条线路正确（图12-4）。

图12-4　很多车手在第一次研究新赛道时都会犯的一个错误是，过于强调"学习赛道"，强调弯道走向哪里，以及过弯的线路是什么。如果他们将注意力放在极限驾驶赛车上，就会自然而然地获得关于赛道的这些信息

显然，如果你过弯时的驾驶路线是别人告诉你的，你就只能寄希望于这个人说的是对的，否则你就有麻烦了，最好再向其他人寻求建议。因此，我建议你还是通过第二种方式来确定线路。当然，对于初学者来说，找一个可信的人为自己提供指导是个不错的选择，但是最好能尽快自己感觉出来哪条线路正确。

这是否意味着通过"感觉"这种方法总能找到完美线路并且不会出错？绝对不是！实际上，如果只依靠一种感官，不很完美的线路也经常会感觉很好。例如，很多车手拐入弯道比较早，因为这样在视觉上感觉正确。他们注意弯道内的顶点，并且自然而然地转方向盘驶向那里。虽然视觉上是正确的，但是当在弯道出口位置外侧，轮胎开出赛道边缘的那一刻，视觉上的感觉就没有这么好了！

应使用三种感官输入来"感觉"什么是正确的，赛车才能告诉你应该驾驶什么线路，而且会比较明显和直接，不会很细微，但前提是要集中注意力。我所说的集中注意力指的是对你所看到、感受到和听到的要敏感。

复习

结束本章内容之前，让我们看一个快速学习新赛道的计划：

- **准备阶段**——查看所有能得到的信息，例如赛道地图、车内视频、计算机模拟游戏以及熟悉赛道的人所写的驾驶描述。寻找这些信息的最佳地点是赛道网站，还可以在网上搜索，最后是计算机游戏。准备阶段的主要目标是尽可能地熟悉赛道的方向以及可用的参照点。这个阶段的目的并不是要做很多定论，例如把从车内视频中挑出来的每个小细节都记住。除非你驾驶的赛车与视频中的赛车完全一样，否则只能将视频中看到的参照点作为参考来使用。某个车手使用这个拐入点，并不代表你也应该这样用，无论他的赛车与你的赛车是否类似。你可以将其作为参照点，但必须进行调整（在参照点之前或之后拐入），这点是关键。再次强调，准备阶段的作用是为了让自己能够在判断赛道方向，以及最初可使用什么参照点方面投入尽可能少的精力。

- **海绵效应**——在前几个练习环节中，需要重点做的是尽可能多地吸收赛道信息，就像海绵吸水一样。尽可能多地使用参照点，并专注于驾驶参照点时候的具体感觉。利用一两个练习环节专门吸收更多的视觉信息，然后吸收更多的动觉信息（感受、平衡和 G- 力），最后是吸收更多的听觉信息。

- **记录阶段**——每个练习环节过后都要在赛道地图的相应位置上记录所做的具体操作（换档点、开始制动的位置、结束制动的位置，以及恢复全油门的位置等），以及吸收的所有参照点（路面上的每个裂纹、每个路缘的形状和位置、工作站、指示牌、天桥、赛道表面变化、路面上的标记等）。

- **心理意象**——经过一个或多个练习环节后，应回想在准备阶段和实际驾驶中获得的关于赛道的所有信息，并在头脑中重放。心理意象阶段做的重放次数越多，效果越明显。换句话说，即能够更快地学习赛道，并且开得更快。

- **驾驶赛车而非赛道**——最后是时候停止考虑赛道，把精力放在赛车的极限驾驶上了。通常，如果极限驾驶赛车，即使偏离了线路，也比在理想线路上未发挥赛车极限时的速度要快。这个阶段你需要忘掉赛道，而是以自己的记忆来驾驶赛车。你要能意识到赛车和轮胎距极限有多远，但不需要有意识地思考赛道的方向在哪里以及参照点在哪里。如果前面几个阶段你都做得很好，那么此时赛道应该已经完全编入了你的头脑中，现在就可以触发记忆发车了。

13 出弯道

"**如**果不知道目的地在哪里，就永远也到达不了目的地。"这句格言很好地诠释了为什么我要在介绍入弯阶段之前首先探讨出弯阶段。

对于任何弯道而言，出弯阶段的目标可以总结如下：最先开始加速的车手也会第一个到达直道的另一端，而且很有可能第一个到达终点线。这就是弯道出弯阶段的目的——将后面直道上的加速最大化。

100% 轮胎规则

你肯定已经知道，轮胎牵引力可用来制动、转弯、加速或实现组合效果。实际上，你可以使用100%的轮胎牵引力制动，或使用100%的轮胎牵引力转弯，或使用100%的轮胎牵引力加速，但不能同时使用100%的轮胎牵引力转弯和100%的轮胎牵引力加速。如果使用100%的轮胎牵引力转弯，那么用于加速的轮胎牵引力连1%都没有。只能从轮胎上获得100%牵引力，一点都不能再多（图13-1）。

这里，重要的是将制动、转弯和加速进行重叠，而且不超出轮胎的100%极限，这是提高速度的关键，也是最终目标。

图13-1　轮胎用来做三件事：制动、转弯和加速。可以将轮胎的所有牵引力都用来做一件事，也可以在极限范围内同时做两件事

要想做到极限驾驶，必须在整个赛道上使用轮胎的全部牵引力。采取弯道前的制动时，要将100%的牵引力用来制动。当到达拐入点并开始转动方向盘时，必须放松制动踏板，将一部分制动牵引力变成转弯牵引力，也就是从100%制动/0%转弯过渡到50%制动/50%转弯，再过渡到0%制动/100%转弯。在一定时间里（从不到一

秒钟到几秒钟不等），你会以100%的牵引力转弯。随后，当回打方向时，将转弯牵引力变成加速牵引力。

速度揭秘

只能使用100%的轮胎牵引力，并尽可能100%地使用。

出弯阶段的关键：在回打方向或将赛车开出弯道的过程中，可使用轮胎的牵引力进行加速。越早开始加速，直道上的速度越快。

还记得前面介绍的关于G-力迷的内容吗？为满足对于G-力的需要，车手经常潜意识地使转弯弧度的保持时间比必要时间更长一点。换句话说，就是没有及时回打方向以使赛车按照半径逐渐增大的线路行驶。赛车处在小半径线路上的时间越长，感受到的G-力越大，但是行驶速度越慢。

因此，你需要回打方向盘，让赛车自由驶出。如果你能始终考虑这个概念并记住100%轮胎规则，那么就更有可能做到持续极限驾驶。

当驾驶椭圆赛道或驶过有水泥围墙的弯道时，一个要点在于：出弯道时越是试图让赛车远离围墙，最终越有可能撞到围墙。正确的做法是回打方向，让赛车出弯道时尽可能地靠近围墙（图13-2）。

在弯道中，何时以及如何开始加速对于出弯阶段也起着关键作用。一般原则是加速越早越好。然而，对有些赛车而言，恢复踩加速踏板时需要多一点耐心。这种情况下，过早开始加速会减小前轮胎负荷，导致赛车转向不足，因此不得不减小油门来控制赛车。

对于其他赛车而言，几乎从拐入弯道的那一刻起就需要快速地恢复挤压加速踏板。你需要试验赛车，看看在每个弯道中哪种方法好用。

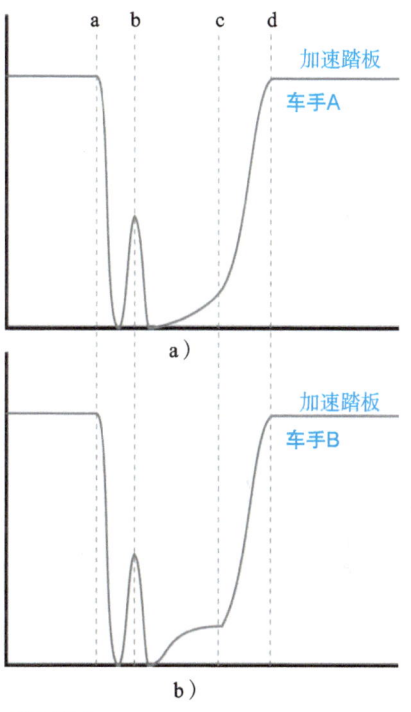

图13-2　图中是两位车手过相同弯道时的油门曲线图。两位车手在弯道结束时在相同位置松开加速踏板，并在相同位置点加速踏板降档。注意，他们在恢复踩加速踏板时的操作有一些不同。车手A（图a）很出色地踩下了加速踏板；车手B的操作则有一些不同：踩加速踏板更早一些，然后完全踩下。大多数情况下（不是全部），车手B踩加速踏板的方法会使圈速更快。很多情况下，提早踩加速踏板还有助于平衡赛车和提高弯中速度

另一个需要记住的要点：如果赛车没有行驶到赛道边缘，那么浪费的每英寸赛道都意味着速度损失。如果外侧轮胎没有咬住路缘或压在路缘上，或者轮胎的外侧半英寸宽度不能越过赛道边缘，就无法达到最快速度（图13-3）。

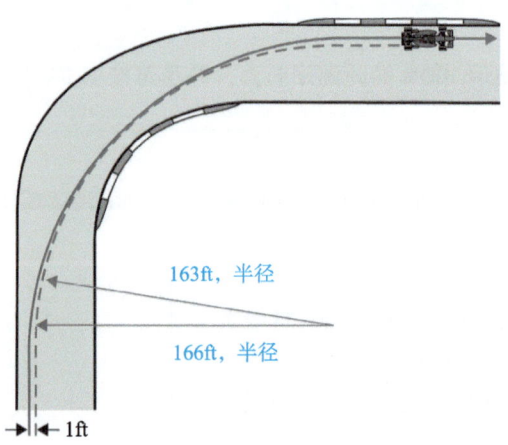

图13-3　如果不使用全部赛道宽度，就会降低速度。入弯和出弯时，赛车即使距离赛道边缘仅一英尺也会显著减小弯道半径。本例中，弯道半径减小了3ft，意味着通过弯道的最大理论速度减小了0.5mile/h。这听起来不多，但如果每个弯道都这样做，就很有可能每圈浪费零点几秒的时间

速度揭秘

每寸被浪费的赛道都意味着速度损失，因此要使用全部赛道宽度。

14 入弯道

相比出弯阶段，入弯阶段的难度通常更大。Paul van Valkenburgh 曾经说：加速驶出弯道过程中挤压加速踏板并保持轮胎最大附着力，就像走钢丝；进入弯道时确定并设定赛车速度，就像蒙着眼睛跳上钢丝绳。

从技术上讲，入弯阶段开始于拐入点，本章中，我还将介绍接近弯道、制动和降档。

新车手得到的第一个建议往往是："慢速入弯，快速出弯。"只是有些车手做得太过了，因此这成了一些车手速度慢的原因。为什么？因为很多车手没有以足够的速度进入弯道（图 14-1）。

最终，你需要将进入弯道的速度提高，再提高，直到对出弯加速时间点产生不利影响为止。如果入弯速度太高，以至于不得不将加速时间点延后，这时就需要降低入弯速度了（图 14-2）。

图14-1　入弯非常关键。如果入弯速度过低，即使是低1mile/h，也可能根本无法弥补这个错误，无论赛车的功率有多大

举两个例子说明入弯速度不理想会有什么后果。首先，假设入弯速度比理想值高出 1mile/h 或 2mile/h。尽管超出得并不多，但这肯定会使踩加速踏板和加速时间点延后。如果入弯速度对加速时间点产生不利影响，就要稍稍慢一点入弯。出弯速度通常比入弯速度更重要。

假设入弯速度比理想值低 1mile/h 或 2mile/h，会有什么影响？有两种可能。第一种是失去动量，这也是危害比较小的一种可能。无论驾驶的是 60 马力的 Formula Vee 赛车，还是 900 马力的冠军方程式车赛，每次车速降低，都需要一些时间加速回原来的车速。如果车速降得过多，就需要更多时间恢复速度，也就很可能会被竞争对手拉开距离。

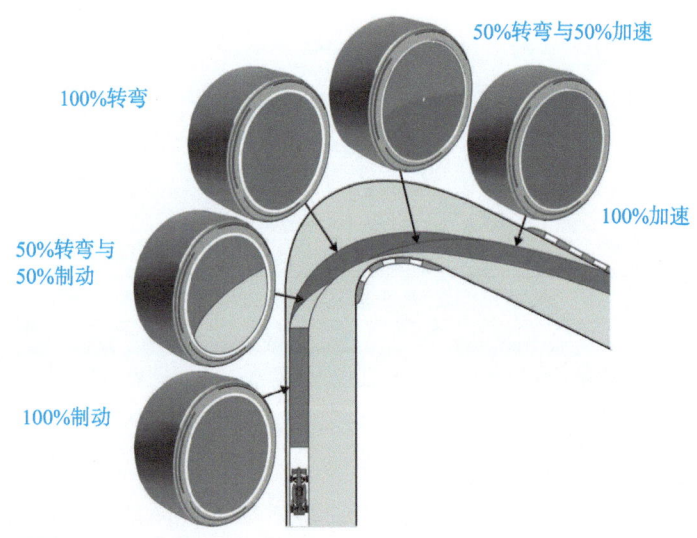

图14-2　以足够的速度进入弯道

赛车入弯速度过慢的第二个影响是速度问题的转移，这个影响危害更大而且更难认识到。在下文会再详细介绍这个问题，但基本概念就是：如果入弯时的速度过慢，车手就会自然而然地想通过急加速回到原来的速度。这样加速经常导致后驱车发生动力转向过度，或导致前驱车发生动力转向不足。

从这两个例子中可以看出正确的入弯速度是多么重要。要获得合适的入弯速度，你需要有准确、灵敏的牵引力感知能力，以及细致的速度感知能力。除此之外，还有几项技能可以改善你的入弯速度。

延迟制动

当问及在一般赛道上将圈速提高 0.3s 以上应使用的最佳策略是什么，大多数车手的回答是"晚点制动"。

这是最佳策略吗？回答之前先问自己一个简单问题："弯道之前为什么要制动？"答案是，拐入弯道之前你需要降低到一个心里预期速度；你以速度"x"接近弯道，要在拐入弯道前制动到速度"y"，需要"现在"以"这样"的力度开始制动。简言之，就是通过制动把车速降低到你所认为的最大入弯速度。

考虑到这点，你认为大多数车手或是你自己会通过什么方式来实现延迟制动？是的，晚制动，并且更用力地制动，因为需要在入弯之前将车速降低到速度"y"。事实上，除非你改变对于入弯速度的预期，否则晚制动必然会导致更用力地制动，而你的入弯速度完全不变。更用力制动经常会导致制动锁死，最好的情况就是将制动起始点延迟一个车身的距离，使进入弯道的速度和以前完全相同。这样做最多也就是将圈速提高百分之几秒的时间。

然而，如果你能调整一下对入弯速度的预期，例如提高到"y+2"mile/h，就能自然地晚一点制动，且无须更用力地制动。这样能提高入弯速度，在一个弯道上就能将圈速提高十分之几秒的时间（图14-3）。

> **速度揭秘**
>
> 入弯速度比晚制动更重要。

因此，不要单纯地延迟制动，还要调整对于入弯速度的预期，实现自然而然地晚制动，并以更高的速度入弯。这才是获得速度明显提升的要领。

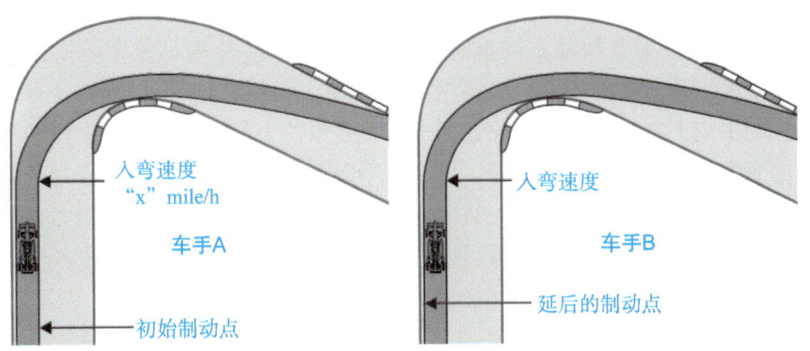

图14-3 将两种速度提升方案进行对比。车手A延迟制动，并且更用力制动，入弯速度完全不变（"x" mile/h）。车手B也延迟制动，但制动力度不变，入弯速度提高了2mile/h。单纯延迟制动获得的提升幅度小，提高入弯速度实现的提升幅度大

旋转弯和稳定弯

入弯时需要做多少循迹制动还取决于弯道是"旋转弯"还是"稳定弯"。通常来说（并非总是这样），"旋转弯"更短、更急、更慢，"稳定弯"更长、更快。

在很多快速弯道中，最佳驾驶方式是从转入弯道的那一刻开始一直踩加速踏板，也就是不采取循迹制动。为什么？因为这样赛车的平衡性更好，处在稳定状态。如果进入弯道时采取循迹制动，然后再变为加速，那么赛车的重量分布就会发生变化。当过弯时，赛车重量从前部转移到后部。赛车稳定后，重量不再从一个车轴转到另一个车轴，此时具有更大的牵引力或抓地力——更高的过弯极限。

这对于具有较长弯中阶段的弯道来说尤为重要，因为要花更多时间在弯道中行驶，因此过弯时的抓地力就更为重要。相反，在几乎没有弯中阶段的短急弯道中，旋转或改变赛车方向的能力要比过弯时的抓地力更重要。这种情况下需要更多地采取循迹制动。循迹制动能够让你更快地旋转赛车或改变方向。

假如在每个弯道中都能一直加速，而不需要减速和旋转赛车，那么你肯定会这样做，因为这样赛车会获得更大的总体牵引力，通过弯道时能保持更高的速度。然而，

这是不现实的。对于有些弯道而言，主要目标应该是改变方向。这些弯道属于"旋转弯"，主要挑战在于使赛车转向。对于其他弯道而言，主要目标是保持尽可能高的过弯速度。这些弯道属于"稳定弯"。

> **速度揭秘**
>
> 稳定弯采取的循迹制动应该更少，加速应该更早；旋转弯采取的循迹制动应该更多，这样有助于赛车转向。

转向技术

显然，入弯阶段需要转动方向盘来让赛车转向。很多年来，关于车手如何转动方向盘的讨论不绝于耳。有的人说，应该用弯道内侧的手向下拉动方向盘，还有的人认为应该用外侧的手向上推方向盘。提出这两个矛盾建议的人都是赛车驾驶学校的教练，都是这方面的专家。两种方法各有利弊。用一只手向下拉方向盘通常会更省力，但是灵敏度和准确性（平顺性）差一点；用一只手向上推方向盘更准确，但是更费力一些。

听到这样的争论已有很多年，我自己以及我的学生都尝试过这两种方法，但我认为这种讨论完全是浪费时间。赛车驾驶是两只手的工作！如果你只用一只手做大部分工作，就会丧失力量和精度。一只手向上推的过程中，另一只手应该向下拉；一只手向下拉的过程中，另一只手应该向上推。这才是平顺转动方向盘的正确方法。

在接近弯道时，转动方向盘的方式有很多。你可以慢慢转动方向盘，或者快速转方向盘。你可以开始时慢速转动方向盘，然后逐渐加快转动速度，或者正相反。你还可以使转动幅度大于实现赛车指向所需的幅度，然后再快速回打方向。你可以让赛车以一定弧度入弯，或者让入弯更为"干脆"。你的手上动作可以慢一点或快一点（图14-4）。

那么，哪种转方向盘的方法正确？我认为没有绝对正确的方法。这完全取决于弯道的类型、赛车的操控特性和自己的驾驶风格。将我提到的方法进行组合，或许还有更多方法。

有些弯道需要快速、突然地转弯，其他弯道则不用。有些弯道需要逐渐加快方向盘的转动速度，有些则正好相反。关键是需要针对特定的弯道和赛车使用最适合的方案。为此，你需要调整驾驶风格。很多车手只擅长一种方向盘转动方法，而不会调整自己的风格，这就是为什么有的车手更擅长快速弯道而不擅长慢速弯道（或相反）。

现在给出另一个一般原则。

> **速度揭秘**
>
> 越是慢速弯道，顶点越晚，就越需要快速、干脆地转动方向盘；越是快速弯道，就越需要慢速转动方向盘，使赛车以较大弧度进入弯道。

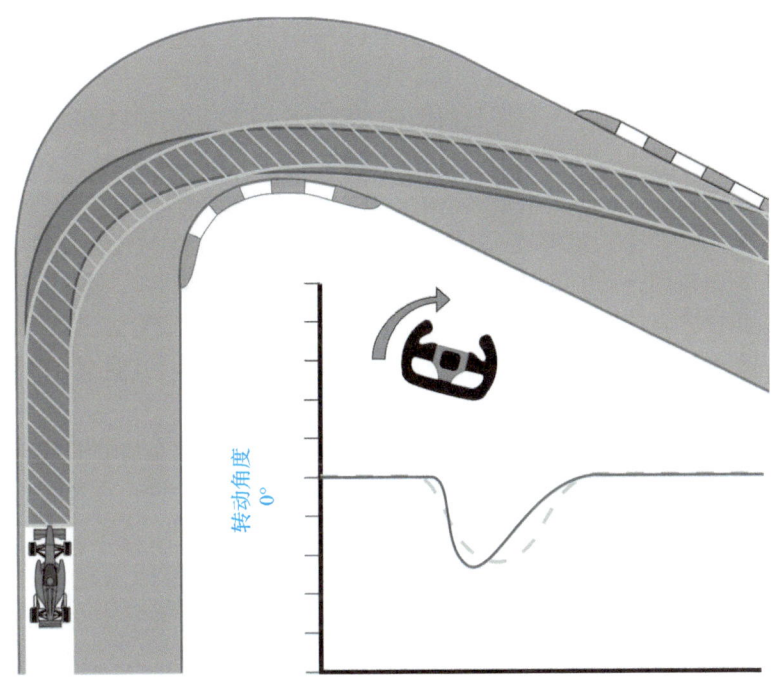

图14-4 两种入弯技术的比较。一位车手以较大弧度平缓地进入弯道，另一位车手采用更为干脆和突然的入弯方式。哪种更好？这要取决于赛车和弯道

1999 年 8 月 /9 月期的 *Race Tech* 杂志引用前 F1 车手约翰尼·赫伯特的话，介绍他在进入弯道转方向盘时的技术风格。

> 我的风格是，尽管弯道中很平顺，但转弯很急，使用这套轮胎，我一般会立即失去抓地力。因此，慢速弯道中产生的转向不足比我需要的更多。快速弯道没有问题，因为有下压力。你开得越慢，情况越差，因此必须要非常平顺。去年，我可以使用前轮胎作为制动来降低一些速度。但是，这套轮胎的沟槽更多，无法这样做。轮胎是在摩擦地面，但不能停止，只发生转向不足。这超出了轮胎的牵引力极限。
>
> 我需要找到正确的操作。但这种操作不是我的本能。我习惯于比较猛地入弯，但这样会造成过大的转向不足。这说起来很容易，"是的，就这样做……"然而，这样是为了获得优势。你不可能通过减慢速度来避免转向不足，那样就太慢了。你必须以较快甚至更快的速度过弯，但要平顺。

对于这种情况，关键是要意识到自己转动方向盘的方式，然后调整到最佳方式，而不是说"这就是我的风格，我不想改变它"。当然，这并不意味着在入弯时将所有精力都放在如何转动方向盘上。如果这样做，就很可能会撞在弯道外侧的墙上！应该放松地意识到自己在做什么。通常，你可以在驾驶之前、驾驶之中和驾驶之后问自己几个有助于

建立意识的问题，这样就能在潜意识里知道自己在做什么。最重要的是，这样你就能够采用最适合这个弯道的方式来转动方向盘。

要想正确转动方向盘，关键要认清怎样的感觉是理想的，并且能够意识到自己当前所做的操作。你可以在日常驾驶时练习如何意识到方向盘的转动方式。如果你在街上练习得足够多，那么在赛道上这会成为一种习惯。在拐入弯道时问自己：方向盘转动得是否足够轻柔，是否足够慢？方向盘转动速度是否在拐入时慢，然后逐渐加快，还是相反？方向盘的转动幅度是不是比赛车到达指定位置所需的转动幅度更大，必须在顶点之前回打方向？是否已从顶点回打方向并释放赛车让其朝弯道出口行驶？

问题问得越多，理解就会越深，越能意识到自己的操作。这种意识会建立起积极、准确的方向盘操作技术。

如今，具有卡丁车背景的车手越来越多，因此有必要指出驾驶卡丁车与驾驶赛车之间的区别。对于很多卡丁车来说，一种确保前轮抓地力和顺利入弯的技术是大幅猛打方向盘，然后快速回打方向到一定位置上，以让卡丁车按照所需的线路行驶。虽然这种方法适合卡丁车的结构和悬架特点，但我不建议在任何赛车上使用。这是卡丁车手在开始驾驶赛车之初就要改变的习惯之一，否则他们可能永远无法发挥出全部的赛车驾驶潜力。因此，如果你在驾驶赛车之前具有丰富的卡丁车驾驶经验，就一定要注意自己的方向盘使用技术。

速度变化

现在该解决速度变化的问题了，这也是车手最常犯的错误之一。

过弯时改变速度可能会导致你误认为自己是在极限驾驶，而实际上是你人为制造了一个低极限。下面举例说明。

假设能够以 80mile/h 的速度进入假想赛道的弯道 1，即在拐入点刚开始转动方向盘的时候，你以 80mile/h 的速度行驶，并且可将这个速度保持到顶点位置，顶点过后开始加速。赛车在整个弯道中都处在牵引力极限，速度若再提高 0.5mile/h，赛车就会出现过大侧滑，导致速度降低或打转。

如果以低于 80mile/h 的速度进入弯道会发生什么情况？例如，将拐入点的速度降低到 78mile/h。进入弯道时，牵引力感觉告诉你赛车没有处在极限状态；还有一些牵引力可以使用。因此，你的右脚会踩下加速踏板，赛车开始加速。要知道，这完全是在潜意识的层面发生，而你并没有意识到自己正在这样做。

尽管以 78mile/h 的速度入弯并没有极限驾驶，但差得并不多。此时，轮胎很接近牵引力极限，距抓地力降低并出现过大侧滑的状态不远。此时，若开始加速，后轮胎（后轮驱动）就要接受更大的挑战。记住，你只能发挥轮胎 100% 的极限，不能再多。如果你使用 99% 的后轮胎牵引力以 78mile/h 的速度过弯，随后开始加速，那么此时加速所用的牵引力很可能会超过 1%。实际上，当右脚踩加速踏板时，加速所用的牵引力很可能达到 5% 或 10%，结果就是后轮胎超出极限，赛车开始转向过度（可能很轻微）。

这种情况下，你的感觉是正在极限驾驶，甚至略微超出极限。你的速度仅为78～80mile/h，并不是所能达到的最高速度。你认为处在极限状态，这在一定程度上是正确的，不过，这是人为制造的较低极限。

我们看到，从78mile/h到80mile/h的速度变化导致轮胎略微超出了牵引力极限，人为地制造出一个较低极限。如果以80mile/h的速度入弯，通过牵引力感觉可以知道自己处在极限状态。这样就会合理地使用加速踏板，以极限状态加速出弯道（图14-5）。

不必要的速度变化还会导致过多的重量转移，使赛车出现过度的不平衡。当牵引力感觉告诉你需要更高速度来使轮胎达到极限时，你会踩下加速踏板，并使重量转移到后部。是的，这或许有助于后轮胎获得更大的抓地力以增大加速牵引力，但这还可能导致出现过多的转向不足。最终的结果是一样的：通过感知牵引力知道前轮胎超出极限，这样你就不会再提高速度了（甚至会降低速度）。

这就是为什么入弯速度如此关键。如果进入弯道的速度太慢

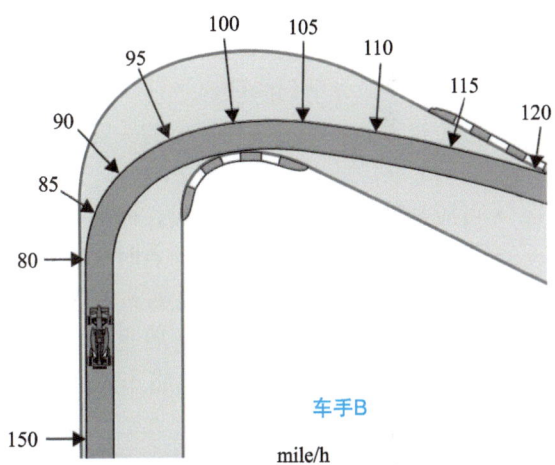

图14-5 比较车手A和车手B。两人以同样的速度接近弯道，都是150mile/h。车手A在拐入点将车速降到78mile/h入弯，立刻感觉赛车没有处在极限，因此踩下加速踏板。这导致赛车出现轻微的加速转向过度，因此，车手A轻轻缓和油门以进行修正，随后恢复给油并加速驶过弯道剩余部分，其在弯道出口的速度为115mile/h。车手B以80mile/h入弯，赛车处于极限，然后，平顺地加速通过弯道，在弯道出口的速度达到120mile/h

（低于极限），然后试图通过加速来补偿，就可能制造一个新极限，这个极限低于以理想速度入弯时的极限。因此，入弯速度决定了速度感知能力的重要性。只有具备很好的速度感知能力，才能准确估计速度，进而以正确速度进入弯道。

伟大的赛车手在经过每一圈的每个弯道时，都能将与理想入弯速度的偏差控制在

0.5mile/h 以内。水平稍差的车手的入弯速度偏差为 1～5mile/h，或者更多，圈与圈之间会有不同。除非具备精细并且始终如一的速度感知能力，否则你永远不会确定哪种技术或赛车设置有效。因此，速度感知练习非常重要。

> **速度揭秘**
>
> 过弯时速度的变化越小，速度越快。

动量

很多车手共有的一个错误是，入弯时（尤其是快速弯道）把车速降得过低。为什么会这样？原因有三个：

- 可能是"慢近，快出"的习惯已经根深蒂固。"慢速驶入弯道，快速驶出弯道"，这是车手最先学到的理念之一。不过，问题出在你可能永远不会超越这个建议。这个技术已经深深印在了你的头脑之中，以至于不能接受**真正的高手所使用的方法：快速驶入，更快速驶出**。
- 可能是过于关注制动开始点，而不是制动结束点。如果注意力完全集中于在哪里开始制动，那么到达制动点时很有可能会猛踩制动踏板（尤其在你想把制动开始点移得更深一点时更是如此）。如果猛踩制动，就很可能会制动过度，把车速降得过低。相反，如果将眼光放在弯道里面，关注准备在哪里释放制动踏板（制动结束点），就可能不会将车速降得过低。你将会设定在理想入弯速度。
- 可能是没有看到弯道中足够远的距离。如果视线没有落到赛道和弯道中足够远的距离上，那么驾驶时就像连点。这样，你是从一个点行驶到下一个点，用这些参照点确定赛道路线，而不是计划好要去哪里以及到达时的速度是多少。所有操作都是被动反应，没有事先计划。实际上，如果你向前看得不够远，也就无法计划。

无论是哪种原因导致降速过多（也可能是两种因素甚至三种因素的结合），都说明思维程序不正确。你没有建立起设定正确入弯速度的思维模型。改善这个问题的唯一方法就是改变思维程序。通常的做法是首选采取有形的变化，然后用思维程序提供支持（后面会详细介绍）以使其变得根深蒂固，成为一种本能。要有人帮助你认识到需要提高入弯速度，专注于制动结束点，或着眼于弯道中更远的位置。你需要练习足够多的次数来掌握这个技术，然后形成更高入弯速度的思维模型。对有些车手来说，这个过程相对比较快，但对另一些车手来说则很痛苦、很缓慢。

设定入弯速度的技术是通用的。将任何赛车的入弯速度降得过低都会产生麻烦。过低的入弯速度会导致出弯速度也过低。当然了，物极必反，如果入弯速度过高，出弯速度也会比较低。这也是"慢入，快出"这个原则的形成原因。遗憾的是它被过分夸大了，这个原则本身很好，但过犹不及。

入弯时，赛车速度降得过低会出现如下问题。第一，失去动量。降低车速是很糟糕的事情。每次将车速降低，就需要努力恢复速度。因此，速度降低得越少，赛车就越容易恢复速度。第二，速度降得过低会引起刚刚介绍过的速度变化问题。如果赛车入弯时的速度降得过低，即使只低了 1mile/h 或 2mile/h，你的本能反应会认为赛车还有一些牵引力，并使用这些牵引力。你会更用力地踩加速踏板，导致发生以下两种情况中的一种：转向不足或转向过度。转向不足是由过多重量转移到后部导致的；转向过度的产生原因是后轮胎（后轮驱动赛车）超出极限，导致动力转向过度。如果没有将车速降这么多，你就不会受本能影响以至于如此用力地踩加速踏板，最低速度与出弯速度之间的差别也会更小。问题的根源就在于最低速度与出弯速度之间的速度差，这个速度差越小越好。

15 弯道中

我之前提到过，弯中阶段是区分冠军车手与好车手的重要阶段。在迈克尔·舒马赫的鼎盛时期，他通过弯中阶段的速度（不会对入弯和出弯速度产生不利影响）是他获得速度优势的主要因素。舒马赫在弯中阶段的风格、技术和能力甚至有助于其他弯道阶段。

那么，舒马赫究竟做了什么使他能够在通过每个弯道时都比其他人快 0.5～2mile/h？我很希望能够说"我知道他的'秘诀'到底是什么"，但遗憾的是我不能。我所知道的是这里面最重要的因素在于舒马赫平衡赛车的方式。尽管与他的线路选择也有一点关系，但正如我们已经探讨过的，几乎每位 F1 车手都解决了线路问题（图 15-1）。

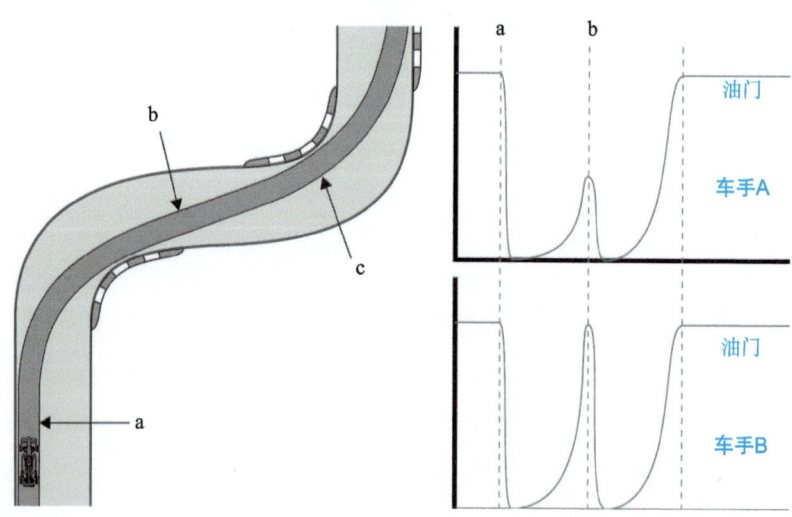

图15-1　小动作能实现大改善。例如，比较这两个油门曲线图。在两个转弯之间，车手A使用不足半程油门，车手B采用了短暂的满程油门，猛推了一下赛车。在这种情况下，这个短暂的满程油门可以将此阶段的用时缩短0.3s

如果你亲眼观察过舒马赫驾驶，可能已经注意到我所说的内容。如果像我一样有幸站在赛道边缘附近，你就能看到他的赛车的姿态（前后与左右方向倾斜）变化不像其他赛车那么大，他的赛车更加平衡。

舒马赫是如何做到的？由于不可能跟着他进入驾驶室，所以我只能猜测他的脚法已经接近完美。他用左脚挤压制动踏板，然后松开制动踏板并开始用右脚挤压加速踏板，这一系列动作无缝衔接，非常平顺。我猜测他的这两个动作之间有些许重叠，即还没有完全离开制动踏板的时候就开始挤压加速踏板。因此，既没制动也没加速的时间肯定连 1ns 都没有。我敢肯定重叠时间也不会很长，否则他应该是一位踩制动很猛的车手，但他并不是。根据我在赛道旁边的近距离观察以及杂志中刊登的关于舒马赫驾驶风格的采集数据来看，这个假设还是站得住脚的。要想证明它，唯一方法就是当时能够与他坐在一辆赛车内。

舒马赫的弯中能力还与他的转方向盘技术有关；该技术也使舒马赫在赛道上任何的位置都更快速。他握方向盘的动作非常轻，就像没抓握方向盘一样。从车内摄像机可以看到，有时候似乎只是他的手指在碰方向盘，手掌都没有与方向盘接触。当然，考虑到F1赛车的抓地力以及通过方向盘的反馈力，只用手指转方向盘来控制F1赛车，需要很大的力量才能做到。舒马赫是众所周知的世界上最强健的车手，或许也是赛车历史上最强健的。

由于采取轻巧、灵敏的方向盘握姿，因此舒马赫能够从方向盘上获得更多反馈。每当你紧握方向盘并收紧手臂肌肉时，大脑从方向盘获得的信息量（振动、方向盘的力反馈感觉等）就会受到限制。

通过方向盘反馈能获得很多的牵引力感觉。如果反馈被限制到一定程度，就无法很好地感知轮胎具有多大的抓地力以及是否处在极限状态。

舒马赫的力量是支持其驾驶技术的关键因素之一。有力量作为基础，他在控制方向盘时就可以更加放松手臂。如果你的肌肉得到放松，就会有更多反馈信息抵达大脑。大脑获得的反馈越多，你的技术就越好。因此，这就得出了轻握方向盘的第二个好处，即平顺、精确、渐进的转向输入。

速度揭秘

快速的弯中速度源自恰当的入弯速度、赛车平衡和较早的出弯。

平衡赛车

当没有重量向前转移（制动情况下），没有重量向后转移（加速情况下），以及没有重量横向转移（过弯情况下）时，汽车处在平衡状态。这是汽车的机械平衡。

为什么赛车平衡如此重要？因为赛车平衡比不平衡具有更大牵引力，牵引力越大，速度也就越快。

空气动力学平衡是另一个必须考虑的因素。有些赛车处于不平衡状态、车头下探、车尾下沉或滚转姿态时，空气动力学下压力就会受到影响。底盘下侧与赛道的斜度发生变化时，从前到后的下压力分布会发生明显变化。这样还会降低总体下压力。赛车平衡越好，具有的牵引力就越大，行驶速度也就越快（图15-2）。

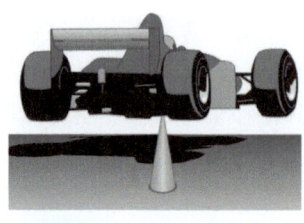

图15-2　极限驾驶需要尽可能地使赛车保持平衡，就像将赛车平衡地放在一个点上

如何才能比对手更好地平衡赛车呢？这需要平顺地操作控制装置，任何操作都不能太突然，否则会破坏平衡性。另外，还要具备很好的身体平衡感，以便感知赛车的平衡性。例如，脚下操作就非常关键。如果不能平顺、快速、无缝地在加速踏板与制动踏板之间来回切换，赛车的平衡性就会降低。

出色的平衡感或许是舒马赫能高速驶过弯中阶段的最后一个原因。他具有极佳的平衡感，不仅是身体的平衡，还包括对赛车的平衡感。

平衡赛车以实现最大弯中速度，还与接近和进入弯道时所采用的制动技术有关。为什么？如果强力制动，使得入弯时车头下潜，赛车的平衡性对于弯道的剩余部分就不够理想。如果在接近弯道时用力制动，然后在入弯时缓和制动以使赛车恢复平衡，这样弯中速度就会更高，无须在接近弯道时把速度降得过低。

你可能认为我把舒马赫说成了一位超级英雄，实际上，其他一些车手在这方面做得也很出色。例如，Alex Zanardi 在参加 Champ 赛车（全球方程式冠军赛车）和印地赛时在平衡赛车方面就极为出色，尽管其在 F1 比赛中有过困难时期。赛车运动记者乔纳森·英格拉姆就对此做了细致观察，并在 2000 年 2 月 17 日 On Track 杂志的 "Inside Line" 专栏中进行了评述：

> 从 Champ 赛车过渡到槽纹轮胎和碳纤维制动器想必是个很大问题。Zanardi 在 Champ 赛车中的高速度不仅仅是因为制动晚和使用铸铁制动器，还在于入弯时的制动力度更轻。这就是为什么他的动作看起来如此与众不同，经常以意想不到的速度在弯道中部行驶。但现在轮胎接触面减小而且使用碳纤维制动器（需要更强的摩擦来提高到工作温度），因此 Zanardi 在美国的成功难以重演。

我认为他在 F1 处境困难并不是因为技能或水平下降，而是无法像以前一样发挥。为什么？这更多地与他在团队里的舒适度以及缺乏调整行为特性（在第 27 章详细介绍）以适应团队环境的能力有关。如果在新环境中感觉舒适，那他在驾驶威廉姆斯 F1 赛车时同样可以开出驾驶 Champ 赛车时的速度。

过渡

如果在弯道中不能无缝地从制动过渡到加速，就永远无法具备很高的弯中速度。这又是左脚制动可以发挥优势的一个地方，因为左脚制动更容易实现制动到加速的无缝过渡。使用左脚踩制动踏板、右脚踩加速踏板，通常会有一点重叠，从而使过渡更加平顺。

制动踏板到加速踏板的无缝过渡使赛车更加平衡，能实现快速的弯中速度。

需要不断练习加速 – 制动 – 加速的过渡，直到使蒙着眼睛坐在车上的人感觉不到制动结束点和加速开始点在哪里，这就是我所说的无缝过渡。如果用右脚制动，就需要在日常驾驶中反复练习右脚离开制动踏板并移到加速踏板上的动作，直至做到非常平顺为止。

16 眼力

驶赛车时至少 90% 的响应和动作都是针对从眼睛获得的反馈以及报告到大脑中的内容而做出的。尽管是用手和脚来控制赛车,但这都需要通过眼睛告诉大脑才能完成。因此,好的眼力对于赛车驾驶来说很重要。

眼力与视力有区别。视力可以测量,而眼力是用眼睛进行感知的行为,通过练习能获得好的眼力。

显然,你需要看着想去的地方,而不是看不想去的地方。赛车会驶向你眼睛所看到的位置。

> **速度揭秘**
>
> 眼睛盯着要去的地方,而不是盯着不想去的地方或当前所在的地方。

将眼光集中在设定好的赛车过弯线路上,不断尝试看透弯道,看到弯道出口。这是驶向理想线路的关键所在。很多车手花过多时间(可能是任何时间长度,甚至零点几秒)关注他们不想去的地方,例如路缘、围墙以及赛道边上的其他物体,最后他们往往真就开到了这些地方。

赛车所指的方向并不一定是你要去的方向。例如,当接近弯道时赛车指向正前方,但你要去的方向是进入弯道,而非正前方。因此,你要看到弯道里面,找到顶点以及更远的位置,然后有意识地将头转向这个方向,赛车就会朝这个方向行驶(图 16-1)。

只用眼睛看着要去的地方还不够,这是我在培训一位学生的时候认识到的。我告诉他应该看着要去的地方,结果他到了拐入点突然朝弯道内侧他所看的地方转动方向盘。当时我没有告诉他,不仅需要看着想去的地方,头脑中还应该有一个抵达那里所需经过的路径或线路。现在我是这样教学生的,这样才能以平顺的弧度过弯(图 16-2)。

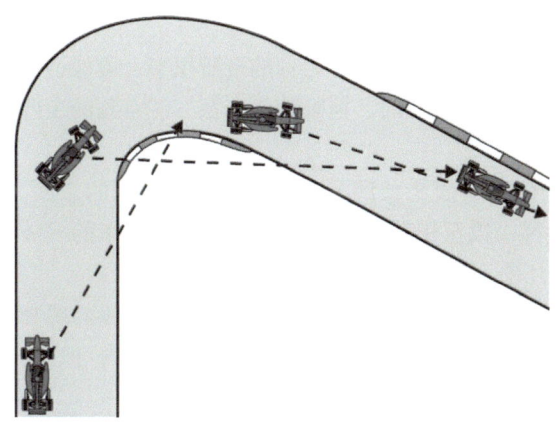

图16-1 经过弯道时,你在到达拐入点之前就应该看到顶点以及顶点后面。你要首先知道自己去哪,才能知道在拐入点需要使方向盘转动多大的角度。朝着弯道里面看得越远越好

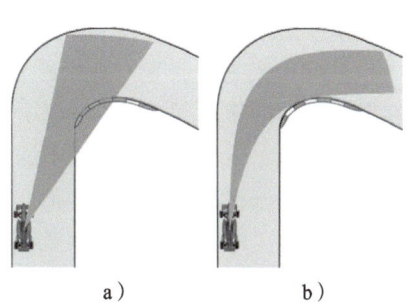

图16-2 当接近弯道时,视野通常是受限的,眼睛只能看到正前方(图a)。但是,你需要在头脑中看到一个绕着弯道的弯曲视野(图b);头脑中要刻画出一条赛车需要经过路径

你越熟悉赛道布局,就越有思想准备:总是向前看,计划好过弯线路。如果一个转弯没有走好,忘掉它,继续着眼于剩下的赛道。你现在所在的位置不重要,不要看现在的位置。赛道上现在发生的事情是由很长时间以前的操作决定的,现在要做的是计划好后面的线路。

速度揭秘

尽可能地提前看和想。

需要反复练习才能让自己比现在看得更远并且感到舒适,因此,现在就应开始在街道上练习。你会惊叹于这对你的帮助有多大,以及获胜者的视线看得有多远。

驶过弯道时,要让自己的头部保持正直。很多车手错误地认为必须让头向弯道里倾斜才能成功。头部向弯道内侧倾斜不会给操控带来优势。观察最优秀的摩托车赛手:他们向弯道内倾斜身体时,头部会尽可能地保持正直。这是因为他们知道大脑习惯于以正常的垂直姿势通过眼睛接收信息,而不是倾斜成一个角度。因此应坐直,让头部保持在正常位置。转弯时,头部可以左右转动,但是不要倾斜。

不要只专注于前面或后面的一辆车,应看得更远些,注意进入视野的所有物体,要始终集中注意力。不仅要看得更远,还要想得更远。

最优秀的赛车手不用看就知道周围发生什么,他们在这方面能力超凡。第六感也好,超常的周边视野也罢,他们凭借经验在高速驾驶时能够注意到的信息之多实在令

人惊讶。类似于人的视野，我把这称为车手的感知域。

还记得第一次快速驾驶或从山上往下滑雪的情景吗？开始你的视野很窄，就像透过望远镜看东西一样。但是，当你开得越快或滑得越快时，视野就会变宽，注意到的东西也就越多。

就我个人来说，我有几次在我的侧面或后面注意到了本来不可能看得到的东西。在肾上腺素的作用下，我的感觉异常敏锐，以至于我清楚地知道后面那辆赛车的具体位置在哪里，尽管它在后视镜中的投影几乎不存在。

当我第一次驾驶印地赛车时，所有事情的发生速度是如此之快，以至于我的感知域变得很窄（就像我第一次驾驶福特方程式赛车和大西洋方程式赛车时那样）。但是，在适应了这个速度之后，我的视野和感知域又扩大了。

在赛道中高速驾驶，这有助于让自己适应高车速和扩大感知域。不过，你也可以在日常驾驶中加以练习。驾驶时始终让自己看到和感知到周围的一切事物，并使用反光镜和周边视觉留意后面和两侧的车辆，试着预测它们要做什么。

能够知晓周围状况是赛车手最重要的能力之一。如果车手在驾驶时必须思考，就起不到效果。具备这种能力不仅感觉非常好，还是成功的关键。它会随着经验而来。

要想具备优秀的眼力，你需要让目光关注想去的地方，看得更远，使用周边视觉。

17 雨天比赛

雨天比赛显然比干燥条件下的比赛更危险，平顺驾驶和集中精力再重要不过了。加以练习，并调整好精神状态，就能在竞争中获得非常大的优势。

个人而言，我喜欢在雨中比赛。很多年里我开的赛车并不具有竞争优势，因此雨天就成了我的均衡器。湿滑赛道上容易发生车轮空转，即便对手的赛车功率很高，通常也发挥不出作用，因此使赛车性能变得均等。我对雨天的心理状态是积极的，我的一些对手则是消极的。我喜欢雨天，他们厌恶雨天，这样我就占据心理优势。

湿赛道线路

雨天比赛的一般原则是在其他人没有走过的线路上行驶，也就是脱离理想线路，找到抓地力最大的路面。由于赛车长年在赛道的特定部分行驶，因此这部分赛道表面变得十分光滑，孔隙中填满了橡胶和油污。雨天不要行驶在赛道的这些部分，而是找到颗粒明显的粗糙路面。为此，有时候需要在弯道外侧行驶，或者弯道内侧，甚至在正常线路上来回穿插行驶。

当然，最终肯定要穿过理想线路。此时，尽量让赛车指着正直方向，以降低赛车打转的概率。

在雨中，由于转弯牵引力的减小量要大于加速和制动牵引力的减小量，所以应该选择一条更

图17-1　出色的雨天车手并非是天生的。他们要不断练习，让自己能够在雨天感觉赛车极限，实现平顺驾驶，并找到可提供最大抓地力的赛道表面，以便在雨天中开得更快

图片来源：Shutterstock 商业图库

能让车直线行驶的线路。这意味着拐入点更晚、更急，顶点更晚。

比赛过程中，雨经常会停止，赛道开始变得干燥。此时，要寻找和选择最干燥的线路。干燥线路每圈与每圈之间有很大的不同。随着赛道变干燥，雨胎变得过热并开始损坏。这种情况下，可试着在直道上驶过小水坑以使轮胎冷却。

由于水往低处流，因此在倾斜弯道上最好在弯道上部行驶。同样，找到可提供更大牵引力的路面。另外，要小心路面变化和喷漆的路缘，这些地方比周围的柏油路面更滑。

速度揭秘

找到抓地力最大的路面。

雨胎

湿滑路面上轮胎最佳偏滑角小于干燥路面。干燥路面上轮胎最佳偏滑角为6°~10°；湿滑路面上可能是3°~6°。这意味着在雨天驾驶时，轮胎的偏滑量小于在干燥路面上驾驶。

最佳偏滑角范围的减小还意味着抓地力与无抓地力之间的过渡区变细了。此外，一旦轮胎失去控制并开始侧滑，由于减慢车速的摩擦力更小，因此难以使赛车降到一个能让轮胎重新获得牵引力的速度上。这就是为什么当赛车在湿滑赛道上打转时经常感觉赛车又重获了速度，这是因为减速率太小。

雨胎的"渐进性"通常小于光头胎。当雨胎达到其最大牵引力极限（最佳偏滑角）并开始放松抓地力时，这个过程比渐进性较强的干胎更快速。换句话说，雨胎在失去控制之前发出的警告要少一点，如图 17-2 所示。

出现过大偏滑时缺少降低车速的摩擦力；雨胎的渐进性较低——这两个因素决定了在雨天从进入弯道那一刻起就要让赛车侧滑。无论如何轮胎到一定程度还是注定要超出"无偏滑"范围，开始侧滑。这会让你感到出其不意，你认为一切在掌控之下，但事实却是：坚持……坚持……突然失控。

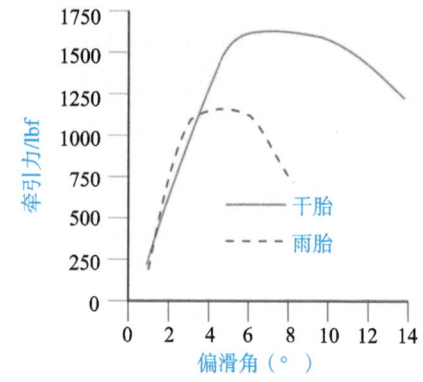

图 17-2 图中为雨胎和光头胎的偏滑角/牵引力关系曲线，从中图中看出雨胎的"渐进性"较差。雨胎达到极限和失控都更快。显然，雨胎的抓地力较小，因此其牵引力极限低于干胎

侧滑和平衡

进入每个弯道时让速度略微比预想的快一点，可使赛车转向不足。为此，最初你

要采用很少或不采用循迹制动。赛车侧滑时，通过踩加速踏板来保持赛车的速度。如果赛车的调整正确，你可以轻缓地使赛车从转向不足过渡到轻微转向过度，始终使轮胎保持偏滑。稍加练习，你就可以恢复循迹制动（提高初始拐入速度），在整个过弯过程中使四个轮胎的偏滑量相同，利用加速踏板控制转向不足到转向过度的平衡，通过收油或给油来旋转赛车，进而控制赛车的方向。

使赛车在过弯时始终保持侧滑，就不会有出其不意的感觉，因为你知道赛车在侧滑。实际上，赛车几乎应该一直保持侧滑。**注意，侧滑不要太大，应该平顺、受控地侧滑。**

速度揭秘

如果感觉赛车像是在轨道上，则很有可能是开得太慢了。

赛车在湿滑赛道上也会像在干燥赛道上那样建立过弯姿势。建立过弯姿势的这个点就是所有因转向力而造成的重量转移都已发生的那个点。换言之，当赛车在弯道中倾斜到了它所需要的程度时，就建立了过弯姿势。这在雨天也会发生，就像在干燥赛道上一样，只不过重量转移的总量会少一些（转向力比较小）。需要有更敏锐的感觉才能在雨天感受到过弯姿势的建立。

应使赛车一直保持侧滑，就像对待其他技术一样，你需要循序渐进地练习，不要试图第一次就让赛车以很大的侧滑通过弯道。然而，也不要一圈接一圈地没有任何偏滑地驾驶赛车（就像在轨道上）。每圈都试着将入弯速度提高一点点，直到通过轮胎偏滑感觉到速度过高为止（此时，如果速度再提高 0.1mile/h，就无法控制偏滑量）。

速度揭秘

在雨中，初始动作要慢，反应动作要快。

最开始转向时要尽可能地平顺和轻缓，以便让轮胎逐渐建立转向力。不过，当赛车开始侧滑时，不要等，应该快速利用方向盘控制侧滑。

加速踏板和制动踏板的使用方式在干燥路面上十分关键，在雨天则更加重要。每次加速出弯时，挤压加速踏板的速度比在干燥路面上时要慢。如果在弯道中需要松开加速踏板，应该轻轻松开，不要突然松脚。这可能是雨天赛车打转的最常见原因。平顺和轻柔是雨天驾驶的关键。

雨天踩加速踏板需要更加平顺，挤压的量要恰到好处，获得足够的车轮空转即可。踩得过多，要么车速慢（出现过多的车轮空转，无法加速），要么赛车打转；踩得过少，车速太慢。要牢记牵引力极限。

如果出现小幅侧滑或打转，最好的做法是尽可能少地操作。这就像开着普通汽车在结冰的桥面上行驶，此时基本没有牵引力，无论你做什么都不起作用，不仅没有正面作用，还可能会产生不利影响。

换档要平顺。弯道中应该比平时高一个档位，例如平时在某个弯道中用二档，雨天就要用三档。这样能减小驱动轮的转矩，不容易出现严重的车轮空转。

滑水板效应

滑水板效应是指轮胎无法切过赛道表面的雨水并开始在水面上滑行，这也是雨天驾驶最难以处理的一个方面。导致该问题的因素有三个：水量，轮胎花纹的深度和效果，以及赛车行驶速度。下大雨时要做好应对滑水板效应的准备。

控制滑水板效应的窍门是尽可能少操作，并保持轻柔。这种效应很像在冰上驾驶，操作越少，"幸免"的概率越大。不要完全把脚从加速踏板上拿开，因为发动机的制动效果以及向前的重量转移可能会造成后轮偏滑。无论如何不要踩制动踏板，因为制动只能导致更快侧滑；也不要试图完全加速驶过。

发生滑水板效应时转方向盘也很危险。想象一下赛车滑过水坑表面时，前轮指向一定角度（就像是要转弯）；当到达水坑另一侧时，前轮胎重新获得牵引力，而后轮胎仍在水坑表面，没有牵引力；赛车前端随前轮胎而动，后端则向侧面打滑，导致赛车打转。因此，当出现滑水板效应时，一定要让方向盘指着正直方向。

雨天准备

必须针对雨天改变底盘和悬架设置。一般来说，你需要一辆更软的赛车：更软的弹簧、减振和防倾杆（很多车手在雨天完全断开防倾杆）。这样有利于提升整体抓地力并有助于更好地感觉赛车状态。雨天向前的重量转移更少，而且前轮制动更少，因此如有可能，应该将制动力分配向后偏移。另外，还可以增大尾翼的下压力以及调节胎压。如果下小雨，就使用较低胎压；如果下大雨，就应该增大胎压（使胎面微微凸起），有助于避免滑水板效应。

雨天比赛最难、最危险的方面就是能见度变差。跟随其他车辆时，不要跟在正后方，而应稍稍向两侧偏一些，以避免视线受到水雾阻挡。应该尽一切可能确保具有较好的视线，可在比赛前除去车窗和头盔面罩上的雾气；市场上也有很多防雾产品，有的还真管用。

雨中驾驶有更大的挑战，因而也更有乐趣，只要你专注于变化的条件并保持平顺、准确地驾驶即可。我记得几年前读过一篇关于尼基·劳达（Niki Lauda）的文章。文中，Niki Lauda 称自己在避免头盔面罩起雾方面具有先天优势，原因是他长着龅牙。当他戴着头盔呼吸时，呼出的气体会远离面罩朝下走。自此，每当面罩要起雾时，我就会故意向下呼气。另外，雨天比赛之前我总是会为头盔安装一个全新的面罩。旧面罩时间长了会吸收水分，更容易起雾。与旧面罩相比，新面罩效果出奇得好。

18 竞赛技能

超越，被超越，追逐抢位，这些就是竞赛的所在。有些车手开得很快，但不会比赛；有些车手会比赛，但不是很快。要想获胜，显然要做到二者兼备。而且，做到二者兼备所需的技术并不总是相互补充的。

也就是说，你必须先学会快速驾驶，然后才能比赛。很多车手从来没学会如何快速驾驶，原因在于总是忙着与其他车手比赛。还有些车手速度很快，但从来不学习如何比赛，如何超越，如何保护自己的位置等（图 18-1）。

图18-1　超车的一个最重要的部分是把自己放在一个能使自己占据赛道控制权的位置。把赛车置于其他车手能轻易看到你的位置，你就拥有了线路

图片来源：Shutterstock 商业图库

竞争对手

我把其他赛车视为赛道的一部分，因此，随着我与其他赛车的相对位置发生变化，赛道也就不断变化。如果你能专注于自己的表现而非竞争对手，就能在比赛中更加成功。如果你把对手的赛车当作是赛道布局的变化，那么你就会更加放松，并可达到自己的最佳表现。

你要知道周围的所有事物和人，这很重要，尤其在有很多赛车的时候更是如此。要训练自己，使自己在集中精力的同时能够注意到周围的其他事物，可在日常驾驶时练习。将注意力集中在自己要去的地方，同时试着注意周围的所有其他车辆，尤其是那些无法直接从后视镜中看到的车辆。这个能力可以决定你仅仅是一名快速车手还是一名伟大的竞技车手。

超车

在超车和被超车时，无论如何都要改变线路，这是比赛的一部分。如果幸运，你可以使这个过程对自己有利，而非对自己不利。当超车和被超车时，目标是使偏离理想线路的程度尽可能地小。

养成在练习赛中尝试驾驶"超车线路"的习惯——也就是你认为在比赛中有可能超越对手的地方。利用练习赛的时间测试赛道，以掌握"离线"线路。

超车时的一般竞赛原则是超车车辆有责任做出干净、安全的超越。如果超车车辆超过慢车大约一半或一半以上的距离，而且入弯时位于内侧，线路就是超车车辆的。重申一次，这是一般原则。"大约一半"是个模糊概念。

> 超车的方法或位置有三种：
> - 接近弯道时比对手晚制动
> - 直道超车（有可能是你的赛车更快，进入直道之前的出弯加速更快，或者借助滑流）
> - 弯道超车（难度最大）

超车技术中最重要的方面是"呈现"自己，确保自己处在一个让对手可以看到的位置。如果在入弯时处在对手内侧，就没必要完全超过他（图18-2）。如果你试图进入弯道中过深的位置以完全超过对手的赛车，那么就过火了，并可能出现三种情况：赛车打转；无法正常拐入；或者出弯道时路线过宽而且速度过慢，在直道上被对手反超（图18-3）。你需要做的只是挤到对手旁边，过弯线路就是你的了。只需要让自己的制动与对手的制动相匹配，这时对手对此没有任何办法。

当接近弯道时在对手内侧延迟制动，是否应该在相同位置点拐入？不是。如果这样，拐入就会过早；应该继续直行到弯道里，直至与往常的理想线路交叉并融合为止。这样就能让你处在一个能够比对手更早开始加速的有利位置上（图18-4）。

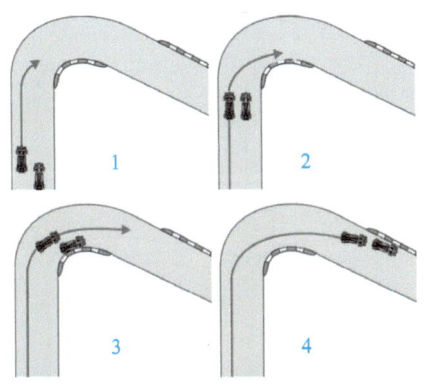

图18-2 入弯前比对手延迟制动的正确方法。如图所示,你需要做的就是在到达拐入点之前位于对手旁边。这样,弯道就是你的了,而对手能做的只有跟随

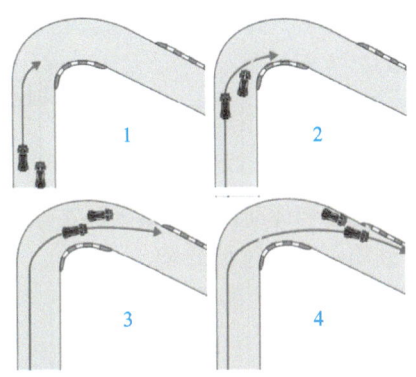

图18-3 比对手延迟制动的错误方法。如果你太过热情高涨并超过对手太多,就有可能在出弯时被对手反超。这很容易发生,因为你入弯时的速度太快,无法回到线路上阻挡对手,也无法比对手更早开始加速

当跟随多辆车进入弯道时,很可能无法像一般情况下那么晚制动。随着前面的每辆车都开始制动,赛车就会在前面堆叠。如果你还像往常那样深入弯道,就会与前面的车追尾。

要想顺利超车,有时候需要缓一缓,以便能够在更容易超车的地方超过对手。我们经常看到速度更快的赛车无法超越速度较慢的赛车,因为它在入弯时车头总是恰好在慢车的内侧。此时,慢车占据过弯线路,因此快车也要跟着降低车速,从而失去动量。驾驶快车的车手应该在入弯之前早一点稍稍降低车速,在自己与慢车之间建立一些空间,这样就能早加速,在弯道中提升动力,以便为容易超车的直道部分蓄积动量。

记住,超车时如果稍稍降低车速,就不再处于极限状态。因此,你可以在赛道上任意改变线路,且不必担心赛车会打转。

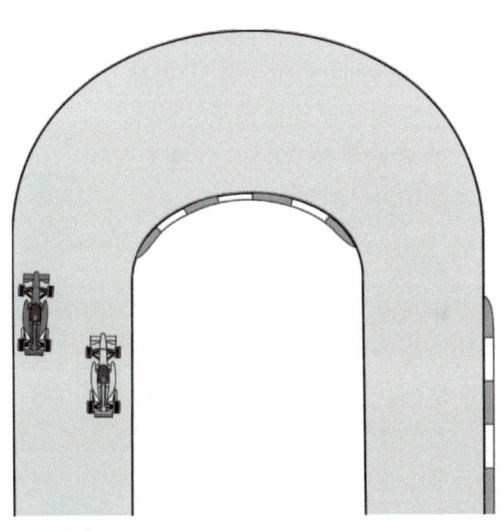

图18-4 内侧的车手势必被外侧赛车阻挡线路。原因有两个:第一,内侧赛车没有位于外侧赛车的旁边,没能"呈现"自己;第二,内侧赛车距赛道内侧边缘太近,距外侧赛车太远,造成外侧车手很难看到内侧赛车。内侧车手应该稍稍松缓制动踏板,让自己位于外侧赛车旁边,并距离外侧赛车更近些(拉近距离还有一个额外的好处,就是当两车真的相撞时,撞击力度会小一些)

速度揭秘

超车时要"呈现"自己。

如果你和你前面的一辆车都要超越另一辆车，就应考虑到将被超越的车手可能只会看到第一辆超过他的车，而不是你的车。要有所准备！

如果明显比后车慢，应该让后车超过，但是要在直道上被超过，而不是弯道上。如果已经进入了弯道，那么这就是你的弯道，你要专注于所走的线路。如果在弯道中改变线路，会扰乱后面的快车，并可能使自己处于危险位置。要有预见性！等到驶出弯道并进入直道后，再指出你想让后车超越的方向，并让其超过。指方向时要快速指出一两个点，然后把手放回到方向盘上，并专注于自己的驾驶（图 18-5）。

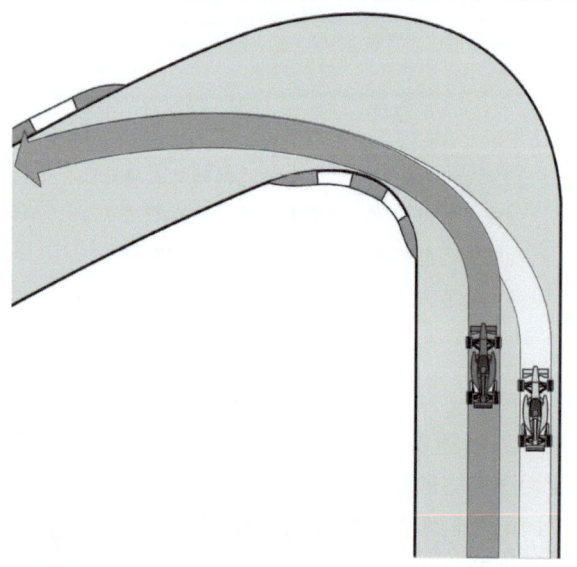

图18-5　通过改变线路超越对手后，应该尽快回到理想线路上

阻挡

阻挡是一个有争议的话题。一般原则是可以通过改变线路来保护自己的位置，但只能改变一次。如果在直道上左右迂回或者在接近弯道时两次或三次改变线路，这就称为阻挡。

我并不认为阻挡是正确的，因为不但危险，而且如果需要通过阻挡把对手挡在后面，那么也就不配跑在前面。当然了，比赛的最后几圈什么事都可能发生，要记住如果撞车退出比赛，那么自己也不会赢得胜利。好的攻击型车手与阻挡者之间的平衡就在一线之间。守规矩的硬派车手能获得很好的名声；但如果是"肮脏"的车手或阻挡者，最终就会付出代价。

你会逐渐了解到能够与哪些车手近距离角逐。通常，这些车手不会做出其不意的事来让你感到大吃一惊。他们都有预见性，不会在你试图超车时突然大幅改变线路。他们可能轻微改变线路，使你在超车时感到受挫，但这也是意料之内的操作。

记住，对于赛道超车没有真正的硬性规定。另外，大部分赛车没有保险（虽然可以买到保险，不过很贵；而且无论是谁的责任，仍要自己承担免赔额部分）！因此，出于尊重和文明，需要竞争对手以及我们所有人"妥当行事"。

19 不同的赛车，不同的技术

驾驶不同的赛车有没有不同？驾驶前驱车与驾驶后驱车是否需要采取不同技术？驾驶中置发动机开轮式赛车与前置发动机量产赛车有没有不同？

既可以回答"是"，又可以回答"不是"。无论你的赛车是后驱车、前驱车、四轮驱动、中置发动机还是前置发动机，都没有关系，这些都是赛车，基本技术是一样的。唯一的区别在于技术使用的时机和使用量的多少，以及理想线路的细微差别。

实际上，两辆后驱车（例如福特方程式赛车与 GT 跑车）之间的区别可能与前驱车和后驱车的区别一样大。

前驱车最大的不同在于：前轮胎完成绝大多数工作——转向、加速和大部分制动，因此很容易使前轮胎过载或超负荷工作。如果超负荷，前轮胎就会过热并失去更多牵引力。

驾驶前驱车在弯道中加速时一定要小心。如果太用力踩加速踏板，就会超出前轮胎的牵引力极限，同时造成严重的向后重量转移，导致极度转向不足。正确做法是平缓地挤压加速踏板。

前驱车有转向不足的倾向（大部分重量在前端），因此在进入弯道时要多一点循迹制动。很多驾驶前驱车的车手采用左脚制动来更好地进行循迹制动。此外，可能还需要在长弯道的中间部分通过"油门转向过度"来控制转向不足。"油门转向过度"是指在弯道中间快速放松或逐渐放松加速踏板，以产生向前的重量转移，从而减轻转向不足。

对于后驱车，可以在经过急弯时快速、大幅地踩下加速踏板，以产生动力转向过度，让赛车后部甩尾通过急弯，但对于前驱车却不可以这样做。如果在前驱车上尝试这种操作，结果只能是加重转向不足。

有人说驾驶前驱车比赛犯错的空间更小，因为必须更加精准。绝对正确，你不能通过加大油门来纠正错误，因为这样通常会让前轮胎过载。

驾驶前驱车出弯道时需要早一点将前轮打正，因为车轮转动时会在前轮胎上产生更大的作用力，减小可允许的踩油门极限。通常，要选择较晚的顶点。

要成为全能车手，关键是能调整或修改驾驶风格或技术，以适应不同类型赛车的微小变化。当从一种类型的赛车改为另一种类型时，有一个非常细微但又很重要的事情需要记住。我将对这个问题加以总结。

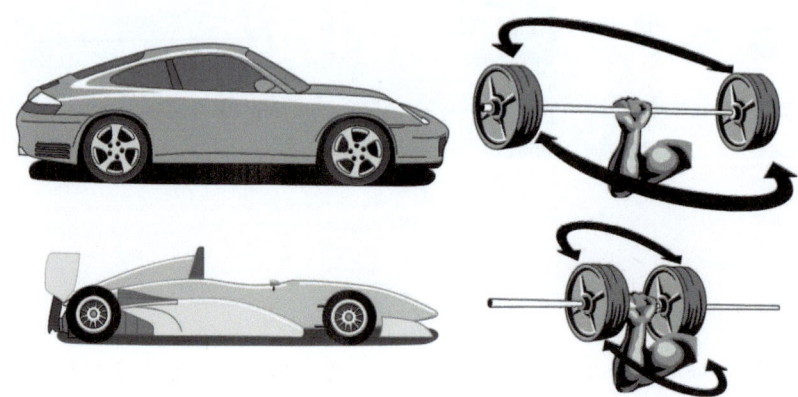

图19-1 将车的惯性极矩比作杠铃。赛车重量越往中间集中，对方向变化的响应就越快、越容易。需要调整驾驶技术以适应赛车的惯性极矩，例如改变最初拐入的时间和动作等。通常，赛车的惯性极矩越大，越需要更早拐入，因为赛车需要更长时间做出响应

想象将每端挂有 10lb 重量的 4ft 杠铃单手举过头顶。使杠铃朝一个方向旋转，然后再朝相反方向旋转。会发生什么？你会感到难以改变旋转方向。杠铃停止向一个方向旋转并开始反向旋转之前，首先会使手臂扭转。

接下来，将两个 10lb 杠铃片向杠铃杆中间移动，直到距离手的两侧各是 1ft 为止。再次旋转杠铃，然后逆转方向。这次改变方向容易多了，是不是？

这个原理同样适用于汽车。汽车的重量分布距离中心越远（例如量产汽车），车的惯性极矩就越大，改变方向就越难。汽车的重量距离中心越近（例如开轮式赛车），车的响应越快，机动性越强。

因此，当驾驶惯性极矩较大的赛车时，赛车需要更长时间来响应初始拐入操作。为了进行补偿，你需要早一点拐入，并且更加渐进地转动方向盘。如果不这样做，你会发现，除非将车速降得很低，否则赛车难以接近顶点。

20 车手的心理和头脑

与心理方面相比，赛车驾驶的身体活动相对简单。换句话说，比赛结果很大程度上取决于头脑表现。Yogi Berra 关于棒球的论述也可以用在赛车上："赛车比赛 90% 在于头脑，剩下的部分在于身体。"

如果想获胜，就要理解心理活动，这不仅有用，还非常关键。

我的目的是为你提供足够的知识，让你能够接受我所推荐使用的概念和工具。如果没有最基本的理解，你就不会相信这些理念，也不会使用它们。接下来，我们以此为框架深入探讨车手的心理。

表现模型

表现模型由我的朋友龙纳·兰福德开发，可用来解释和理解人类如何从事任何活动。下面介绍该模型的使用方法：将主要来自感觉器官的信息输入到大脑——将大脑视为像计算机一样运行的机器，这台"生物计算机"根据我们的软件程序来处理这些信息，并得到输出。在驾驶赛车时，输出内容就是特定形式的行为或反应：使用踏板或方向盘，观察事物，做决定，以特定方式做出的行为，有信心，或成百上千万的其他行为（图 20-1）。

软件或心理程序中包括精神运动技能（不用思考就能做出来的身体行为和运动）、心理状态、决定、行为特性和信念系统。

即使你有一台最先进的超级计算机并装有最好的软件或程序，但如果输入内容质量很差或者数量很少，就无法得到你想要的输出。反过来，如果你给一台处理器很慢的旧电脑输入很多高质量内容，同样也得不到想要的输出。换句话说，大脑和软件（程序）的处理速度决定了输出结果，你的输出就是你的驾驶表现。

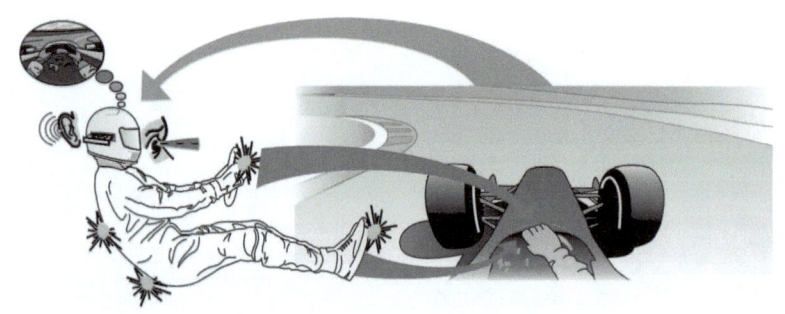

图20-1 车手通过感觉（视觉、动觉和听觉）获得的信息以及他的想法被输入到像计算机一样运行的大脑中。根据大脑中的软件或程序,触发一项精神运动技能。这是一个活动。然后，循环重新开始，对活动做出响应

使用整个大脑

是否感觉有时候自己处于完全开启状态并表现出了极高的水平，有时候却感觉怎么也进入不了状态？这里有一部分原因在于是否较好地使用了整个大脑。当你完全开启并处在最佳状态时，说明你正在使用整个大脑，能够快速、高效地处理信息。当你表现不佳时，就可能只使用一半的大脑，无法快速处理信息。

实际上，通过做一些练习可以加速大脑处理信息的能力，从而更快、更聪明地驾驶。下一章我会介绍大脑的综合运用以及如何提高大脑机能。

感官信息

熟悉计算机的人都听说过 GIGO 这个口号，意思是无用输入、无用输出。这个道理同样适用于我们的头脑：如果输入的是垃圾信息，输出的也是垃圾信息；反之亦然：如果输入的是高质量信息，输出的也是高质量信息。

我们从哪里获得要输入到大脑中的信息？有两个主要来源：感觉输入和思考。感觉输入分为三类：视觉、动觉和听觉。另外，嗅觉只用来发现问题（例如制动器过热或发动机过热），并不能提高你的表现，因此在本书中不介绍。当然，赛道上也不会用到味觉。

显然，驾驶时输入大脑中的多数信息都来自视觉。然而，视觉的确切含义却没有这么显而易见。很多人认为 20/20 的视力就代表具有很好的视觉输入。20/20 视力所体现的中心视觉锐度固然重要，但并非视觉输入中最重要的部分。例如，视觉空间意识、周边视觉、深度知觉以及快速改变焦点的能力对于赛车驾驶来说要更加重要。这就是为什么有些具有 20/20 视力的车手还没有视力较差的车手看到的东西多。

动觉不仅仅涉及触觉，还包括你的本体感觉系统（对身体受力的感知能力）和前庭系统（平衡感）。平衡感对于驾驶赛车重要吗？感觉身体所受 G- 力的能力重要吗？通过方向盘、踏板和座椅感觉振动与反馈的能力重要吗？当然（图 20-2）！

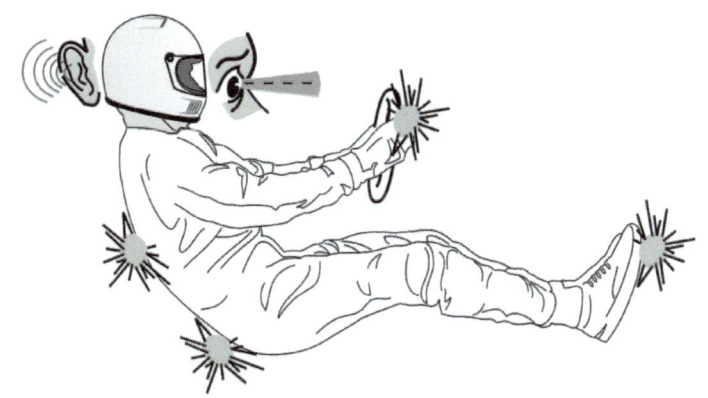

图20-2 车手通过视觉、动觉（感觉、运动、平衡和G-力）和听觉接收感觉输入。大脑要处理的感觉输入质量越高、数量越多，输出质量就越高，车手驾驶得就越好

有人认为听觉输入对于赛车驾驶来说不怎么重要。这是大错特错的！优秀的车手通过耳朵接收很多输入信息。车手在很大程度上借助轮胎发出的声音来感觉轮胎何时处于牵引力极限。他们凭借流经头盔或赛车的气流声音来感觉和设定入弯速度，利用发动机的声音来分辨关于转向角、换档点和牵引力的很多信息。

这里的总体思想就是要尽可能地增加和提高进入大脑的感觉信息的数量和质量，成绩才能更好。

软件

你在车里以及平时所做的一切活动都是大脑程序的结果。这里的程序是指什么？每次进行任何动作时，大脑中与此活动相关的突触都会从一个向另一个发出生物电流。这条通路就成了进行此活动的程序。活动进行得越频繁，程序就会变得越深。

这就像水流过泥土形成的通路。水开始流动时会寻找一条通路。水流得越多，这条通路就会变得越深、越牢固。大脑中的神经通路也是这个道理。对于任何动作练习得越多，程序就会变得越牢固、越深。

有一件事情要说明。车手必须在潜意识（而非有意识）状态下驾驶赛车。为什么？赛车的速度太快，有意识状态下无法有效驾驶。车手在驾驶赛车时不能去想每项技术。如果在直道末尾，车手想："现在该制动了，把脚放在制动踏板上，向下挤压；用左脚踩下离合器踏板；把右手放在变速杆上，向前推；再点一下加速踏板；转动方向盘。"你觉得赛车会驶向哪里？最好的情况是位于队尾，实际上是更有可能撞到障碍物上。

为了强调潜意识驾驶的重要性，我们考虑这个问题：有意识思维的信息处理速度是每秒2000位数据，而潜意识思维的处理速度则高达每秒40亿位数据！毫无疑问，潜意识思维更适合驾驶赛车这样的高速机器。

驾驶时必须依靠和信任你的潜意识程序。这种程序来自哪里？大多来自经验和身体记忆，但也可能来自思维程序，通常称为形象化或心理意象。

大部分车手都会告诉你他们采取形象化这种方法，不过他们中的大多数只是闭上眼睛，思考他们要做的事而已。有效的思维程序不仅仅如此。心理意象实际上是一种"现实化"，要求不仅要使用视觉，还要使用所有感官。不仅要想象一个情景看起来是什么样的，还要想象它感觉起来如何以及听起来如何。在心理意象中使用感官的种类越多，就越能使心理意象更加真实，这种工具也就越有效。

提高驾驶表现的三个要点

根据表现模型来看，提高驾驶表现的要点有三个：

- 更快的处理：大脑处理信息越快速、越高效，驾驶表现就越好。
- 高质量输入：感官输入的质量越高、数量越多，输出就越好，驾驶表现就越好。
- 高质量程序：思维程序（软件）越好，驾驶表现就越好。

这些因素对于驾驶表现非常重要，因此我在接下来的三章中将专门介绍这些关键因素。然后，我会更加详细地介绍心理状态、决策制定、行为特性和信念系统。

21 大脑整合

你肯定知道人的大脑是由两个半球组成。每个半球都有主要职责：左半球负责逻辑、数学、语言和细节，右半球负责创意、直觉、艺术和大局（图21-1）。你如何描述自己？你是以左脑为主吗，即逻辑性强、讲究事实和注意细节？还是以右脑为主，即有创意、直觉强以及善于看到大局？

对于赛车手而言哪种类型最理想？正确答案是"二者兼备"。你必须能够看到细节和大局，逻辑性强并且有创意，讲究事实并且具有较强的直觉。你必须综合运用你的大脑，让两个半球都发挥出最高效力并且协同工作。

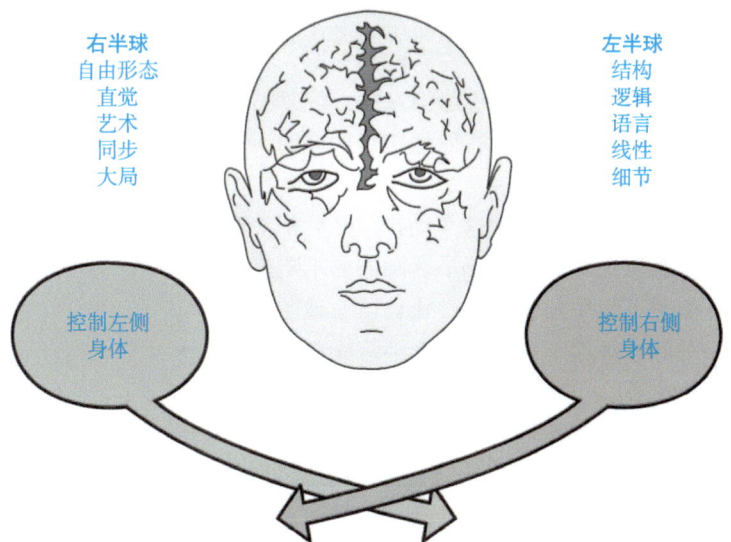

图21-1　大脑由两个半球组成，各有各的职责。当你表现出最佳巅峰状态时，应该是综合运用大脑的两个半球，使它们协同工作

运动学研究人员已经指出，使运动员表现出色的重要因素之一是大脑综合思维。大脑的两个半球之间有一束称为脑胼胝体的神经纤维。脑胼胝体起到通信链路的作用，负责在两个半球之间传送生物电流，就像计算机与打印机之间的连接电缆。通信链路中有一个类似调节开关一样的东西，能够调高或调低两个大脑半球之间生物电的通信量。当通信受限时，人就会表现出偏向左脑型或右脑型的特征。当通信量调高时，就可以综合思维。这样能获得出色表现，以最好的状态驾驶。

左半球控制右侧身体，右半球控制左侧身体。不过，有些人甚至有些车手并不是完全按这种方式行动，也就是通常所说的不够协调。他们的右半球控制右侧身体，左半球控制左侧身体——至少在一定程度上是如此。

当综合使用大脑时，你就能更好地进行全脑思维，而且做动作更加协调。

大脑整合练习

有三个练习动作有助于提高大脑整合的水平。

交叉爬行

之前提到过，大脑的右半球控制左侧身体，左半球控制右侧身体。因此，从身体的一侧到对面侧大脑半球之间应该存在横向交叉通信。如果大脑整合，通信程度就高；如果大脑没有整合，通信程度就低。

几乎任何连接身体一侧与另一侧的身体动作都有助于提高大脑整合的程度。简单的交叉爬行动作是最有效的训练。下面介绍如何做这个动作。

身体站立，右腿屈膝抬起，伸左臂触摸右膝，恢复站立姿势。然后，抬起左腿，用右手触摸左膝，恢复站立姿势。继续交替方向进行，也就是在原地踏步的同时，用相对侧的手臂触摸膝盖（图21-2）。

最开始以比较舒服的速度做这个动作，然后把节奏放得尽可能慢。慢速做这个训练对于平衡感的要求更高，长期做能提高平衡感。然后加快动作，让自己原地跑步，同时用手触摸相对侧的膝盖。快速做这个训练能在上车之前起到很好的热身效果。

这个训练之所以叫交叉爬行是有原因的。幼儿最初学习爬行的时候往往是单侧爬行，也就是右手和右腿向前，然后再左手和左腿向前。先一侧动，然后再另一侧。一个星期以后，大多数幼儿就会改为交叉爬行，也就是右手和左腿同时动，接着左手和右腿同时动。这种交叉爬行运动是大脑整合发展过程中的第一步。

图21-2 交叉爬行有助于"开启"或整合大脑，提高快速处理信息的能力。可在进入赛车之前做一些交叉爬行动作

幼儿如果没有做足够的交叉爬行（通常因为直接从单侧爬行过渡到行走），就会失去在幼年阶段使大脑完全整合的机会。很多情况下，这会导致儿童出现轻微的不协调，甚至形成有些人所说的学习障碍。通过交叉爬行练习，很多儿童能够从学习障碍中恢复过来，在身体上变得更加协调。

每天早上和晚上，尤其是在进入赛车之前，做 30s 至 2min 的交叉爬行。这样坚持几个星期后，你就会知道何时需要做更多交叉爬行动作以使大脑更加整合了。进入整合状态后，你就会感觉更好、更专注。

眼手卧 8 训练（Lazy 8s）

第二种整合训练特别有助于整合视力。大脑与身体之间存在交叉联系，大脑与眼睛之间也存在类似的联系。进入右眼的信息主要发送到大脑的左半球，进入左眼的信息则主要发送到右半球。大脑将处理进入的信息并构造成你所看到的内容。

如果从眼睛到大脑的通信以及从大脑半球到半球的通信受到限制，就会错失一小块画面。以赛车的行驶速度，即使只丢掉很小一块信息也会造成严重的后果。相信我，有很大一部分车手，甚至最高水平专业赛事中的车手，都存在会造成视觉画面不完整的视觉处理问题。很多车手在超车过程中切入两车空当时做出错误决定，或者犯下使圈速变慢或赛车打转的小错误（例如拐入弯道太早，压上路缘等）。这些问题都可能是视觉处理问题所造成的后果，均可通过 Lazy 8s 训练来加以纠正。

下面介绍如何做这个训练。身体直立，水平向前伸出一条手臂，肘关节微曲，竖起大拇指。头部固定不动，用拇指在空中画横卧数字 8，眼睛跟随拇指运动（图 21-3）。

首先使用单手做这个训练，每只手做 20～30s，然后使用双手做。用两只手做这个训练时，应该双手握拳，将两只手的指关节放在一起，两个大拇指交叉成十字。弯曲手臂和肩膀，画横卧数字 8，同时眼睛注视拇指组成的十字。同样，头部保持固定不动。

最开始做这个训练时要让别人观察你的眼睛。看看眼睛运动是否平顺？是否跳过了数字 8 的部分区域。如果是这样，你就可能会丢失视野中这块区域的信息。再有，眼睛运动是否协调？

如果你的眼睛运动不平顺、有跳跃，或者跟随动作不协调，可将横卧 8 动作时间延长为 30s 至 1min，这样会得到改善。即便眼睛跟随数字 8 时的动作方式没有任

图21-3　Lazy 8s训练能改善视觉处理能力，使大脑获得质量更高、更大量的视觉信息。可在进入赛车之前做Lazy 8s训练

何问题，这个训练也同样有好处，因为它有助于大脑整合，尤其是视觉整合。

每天至少做两次这个训练，尤其是在进入赛车之前。很多车手表示，做了这个训练之后立刻就见了成效。他们说这能帮助他们更好地知道周围发生的事情，变得更具洞察力。这项训练显然可以改善进入大脑的视觉信息的质量。

大部分人都认为好视力是与生俱来的，并随着年龄的增大而减退。然而，人们也认为可以通过适当的锻炼来延长身体的健康时间。这同样适用于人的视力。如果锻炼视力，视力就会得到改善，并且更长时间地保持眼部健康和视力水平。

中心法

赛车平衡性对于赛车的整体性能而言非常重要。然而，如果赛车达到了完美平衡，而你的平衡感却不是很好，能将赛车开到极限吗？或者，如果赛车的平衡不完美，你的平衡感也不完美，你能准确知道赛车需要如何平衡吗？

车手的平衡感与赛车的平衡同样重要，甚至还要更重要一些。平衡感可通过中心法来提高。

中心法是武术中的技术。需要在上牙齿后面（容易沾花生酱的位置）用舌尖向前轻轻顶住上牙床。人口中的这个地方是一个重要穴位，能触发大脑整合并提高平衡感（图21-4）。为了让这个动作完全起效，你需要用一只手的两根手指顶住肚脐下面的一个点，将所有能量集中在这个身体中心点上。这个点在武术中称为"气"。

显然，你无法在开车的时候用手按住肚脐。但是，可以用舌尖顶住上牙床，尤其是在赛道上压力比较大的区域。例如，当接近最快速的弯道或者想在弯道前晚点制动时，可以采用中心法（用舌头顶住上牙床），并呼吸。这样，你就可以使大脑更加整合，对赛车的反馈更加灵敏，而且更具平衡。

中心法还具有缓解压力或放松的效果。车手在过度紧张状态下很少能发挥出最高水平。通过中心法，你可以变得更加放松，更快速地了解状况，更持续地处在最佳竞技状态。

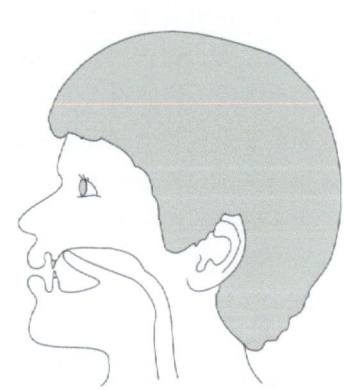

图21-4　为使自己冷静下来并提高平衡感，用舌头轻轻顶住位于上门牙后面的穴位

22 感官输入

速度揭秘

进入大脑的感官信息量越大、质量越高,输出质量就会越高,驾驶表现也就越好。

通过感官(对赛车驾驶而言,主要是视觉、感觉和听觉)进入大脑的每一点信息都会形成一个决策或身体运动。这就类似于公司的财务业绩信息,信息越多,越有助于做出明智的投资决策。同样,比赛过程中知道的信息——例如赛车在弯道中的位置,周围其他车辆的位置,轮胎的牵引力,赛车的准确行驶速度,G-力和振动,发动机和轮胎的声音——越多,你的决定和身体动作就会越好。

手眼协调是赛车驾驶非常重要的一部分。大部分人都同意这个观点,但却很少有人能说出如何提高手眼协调能力。下面先介绍一下什么是手眼协调。信息通过眼睛送入大脑,在大脑中进行处理,然后大脑指挥手或身体其他部位执行相应的操作。通过这样的简单解释就不难看出,为什么从眼睛到大脑的信息数量与质量的改善能够使动作更加协调。

实际上,我们还依赖于手-耳协调,即大脑处理通过听觉获得的信息并指挥身体执行相应操作;以及手-手协调,即送至大脑的动觉或感觉信息。

试想,如果 90% 的视觉都没有了,还能使赛车沿着理想过弯线路行驶吗?如果身体完全与车隔离,无法感觉到任何振动、G-力或底盘倾斜,会怎样?如果耳聋,无法听到赛车发出的任何声音,又会怎样?这些是否会制约你的极限驾驶能力呢?肯定会!

视觉输入

是否考虑过你所看到的是不是与其他人看到的一样?或者,是否考虑过你所看到或认为的颜色，例如红色，是否也是其他人眼中看到或认为的红色？

是否考虑过别的车手看到的东西是不是与自己一样多或者更多？为什么有的车手似乎什么都能看到，知道身边的所有情况，而有的车手则像戴着眼罩一样？

事实上，你所看到的主要是由大脑构造的景象。换言之，眼睛向大脑发送少量数据，这些数据经过大脑处理后变成很多有用的信息。大部分人认为是眼睛为自己提供看到的景象，其实这更多的是大脑的功劳。视觉研究人员已经证明了这个观点。这也就是为什么同样是 20/20 的视力，有人"看到"的就比其他人要多。例如，有些年纪大的车手在视力上不如年轻车手，但是看到的却更多（图 22-1）。

有些车手在后视镜中看到很小块的投影就能确切地知道那是什么。对于其他车手，尽管眼睛看到的东西同样多，但在头脑中形成的视觉内容却很少甚至没有。不经过处理和吸收是得不到信息的，这就是为什么有些车手总能远离麻烦，而有的车手却总是麻烦不断。这是因为他们不能将眼睛发给大脑的少量数据转化成有用的感官信息。

图22-1 把大脑看作是海绵：它的任务是吸收关于赛道和赛车状况的信息。大脑获得的信息越多，与身体的通信就越好。换句话说，大脑得到的高质量信息越多，车手的表现也就越好

有的车手会做出很多错误决定，经常撞车，失去了成为冠军有力争夺者的机会。其问题根源通常就在于缺少高质量的感官输入，尤其是视觉输入。例如，多辆车同时进入弯道，在大多数车手都认为没有超车空间的位置，他们却认为是超车空当。原因就在于在这短短几分之一秒里，他们没能看到整个画面，视觉输入由于种种原因受到限制。在高速的赛车竞赛中，只要丢失一小块信息就会导致错误的发生。

这样就不难理解为什么有些车手犯错误和做的错误决定比其他车手多。我就见过一些车手有 20/20 的视力，但视觉输入却严重受限。

幸运的是，视觉处理能力可以加强。第一，使用上一章推荐的 Lazy 8s 训练。我亲眼见过一些定期做这项训练的车手取得了惊人的成效。第二，通过短时间的感官剥夺训练可以提高灵敏度。

以盲人为例。盲人失去了视觉，不得不开发其他感官功能，因此他们的感觉、听觉、味觉和嗅觉或多或少比视力正常的人更加灵敏。

短时间限制某个感官，就会迫使你增强其他感官功能。当然，这并不是你有意识这样做，而是头脑自发而为之。我有时候会开玩笑说，在赛道上蒙着眼睛比赛，如果能幸存，别的感官功能会得到怎样的提高！

这种方法可用来增强视觉构建过程。如果限制眼睛发送给大脑的信息量，并要

求大脑输出的信息量不变，就需要由大脑进行补充。也就是说，发送给大脑很少的信息，要求大脑输出很多信息。在赛道上，即使视力轻微受限也是很危险的事情。不过，你也可以使眼睛看到的内容量不变，但要求大脑输出比原来更多的信息。这个方法能增强感知能力、大脑的视觉构建能力以及对视觉内容的敏感程度。

不仅要在赛道上采取这种方法，还应该在日常驾驶和其他日常活动中加以练习。例如，在公路上驾车时用眼睛正常观察物体，并让大脑提供尽可能多的信息。让大脑感知路边的所有物体，用头脑将土地、草和树等物体详细记录下来。不仅要记住数量，还要注意颜色、树叶类型和数量、树皮情况，地上主要是泥土还是石头以及经过时候的速度。

不要直接看土地、草和树。应该与正常开车一样看着道路，但是要让大脑领会更多信息，也就是利用眼睛提供给大脑的内容构建更多信息。眼睛所能看到的内容有限，但是大脑对这些内容的使用是无限的。

你要做的是通过练习，使自己能够利用眼睛提供的视觉内容更好地感知周围的一切事物。在日常生活中练习这项技能，可以大大提高赛道上的表现。

平时在街道上驾车时要不断练习，让自己能够注意到所有车辆、行人和其他物体。平时练习得越多，在赛道上就越容易注意到周围的赛车，而且无须分散太多精力。花在对手身上的注意力越少，越能将更多注意力集中在重要事情上，例如赛道条件、参照点、速度和牵引力。

更大的视觉挑战在于看清弯道状况。通常，转弯时视线会受到阻碍，你需要让视线绕过弯道。

速度揭秘

每天练习，提高视觉感知能力。

多年前（20世纪90年代初期到中期），Al Unser Jr. 正处在他的黄金时期，我注意到了街区赛道上他如何在接近弯道时向侧面直立扭转头部，仿佛试图伸出脖子让视线绕过弯道内侧的水泥墙。那时，我并不确定 Unser 有没有这样做或者是不是故意这样做，但看上去确实是如此。现在，我认为他是在拉伸视觉（而非头部或颈部）以使视线绕过弯道，而且是潜意识地这样做。我在想，这有可能就是 Unser 统治街区赛道这么多年的原因之一。

如果在练习时一次又一次有意识地延伸视线（在弯道中看得尽可能远，甚至使用想象力），最终就会成为一种习惯或思维程序，就像 Unser 那样不用有意识地去想。这就像是构建一个思维图像来填补视觉图像中的空缺部分。

动觉输入

感觉和听觉输入与视觉输入的相同点在于，大部分信息都是在大脑中构建的。如果反复练习用手感觉物体，手会变敏感吗？实际上，手本身不会变得更敏感，而是大脑变得更善于利用所接收到的相同数据量建立感觉输出。因此，你最后确实会变得更加灵敏，但那是因为你的大脑变得更灵敏了，而不是手。

我在一场研讨会上做过一次生动的演示，既是为了说明感官输入的重要性，也是为了轻松一笑。我让两位参与者进行一场竞赛。不是赛车比赛，而是看谁在最短时间内穿上女士连裤袜，而且要蒙住眼睛并戴上厚厚的滑雪手套。可以想象，没有了视觉输入和足够的动觉输入，这是相当有难度的。观众则开怀大笑。

经过多场研讨会之后，我已经习惯了参与者完成这个竞赛所需的时间。不过有一场研讨会上，有位学员的用时还不到通常时间的一半，似乎他在穿尼龙袜时根本没有戴手套。比赛结束后这位参与者告诉我们，他是一位牙科医生，整天都戴着手套进行细致操作，而且无法看得很清楚，因此他即使戴着厚厚的滑雪手套也仍然有一定的灵敏度。这种灵敏度就是在长年在视线受限条件下戴手套工作而形成的。

如果练习时戴厚的驾驶手套，真正比赛时（例如排位赛和正式比赛）换成薄手套，动觉敏感度就会提高，从而提高驾驶表现。

这里要说的是，感官输入是可以改善和提高的。你越是改善感官输入，越是具备更高的灵敏度，从而能够更好地在极限状态下控制赛车。关键是训练你的感知能力，很多人在生活中没有真正感知周围的事物，也没能真正感知到他们所看到、感觉、听到、闻到和尝到的东西。

听觉输入

这种方法同样适用于听觉。可尝试在练习时使用强效耳塞，以大幅限制听觉输入。然后，换成常规耳塞，感觉一下获得的听觉输入增加了多少。

试想，驾驶赛车时戴着能阻隔几乎所有声音的强效耳塞。你在赛道上飞驰，升档和降档，发动机高速旋转，轮胎咆哮，制动器发出摩擦声，而你却只能勉强听到这些声音。你努力听发动机声响，不得不更多地依赖转速表来判断何时换档。尽管有声音进入大脑，但是没有往常那么多。你需要再次竭力聆听，以便听到尽可能多的声音。

练习快要结束时，你又找回了驾驶节奏，学会了如何适应听觉输入的不足。事实上，大脑的适应力非常强。经过短短的训练，大脑的表现就几乎达到了限制听觉输入之前的水平，变得更加敏锐。

现在回到车里进行训练，这次使用常规耳塞。这种耳塞用来防止听力受损，戴着它们仍可获得足够的听觉输入。过去，你可能根本没意识到通过听觉能获得如此多的感官输入，但现在可以了。现在你能听到以前从未注意到的发动机节气门的清脆声响。以前通过弯道中间的混凝土补丁时可能从未注意到轮胎发出的声音，这个声音能告诉你什么信息？轮胎的抓地力变了。

这个训练太棒了，驾驶表现极佳！就像在车里变魔术，成效就这么轻松显现，都不需要刻意努力加速。太简单了。没错，这只是改善了一项感官输入，就取得了这样显著的效果。

你所做的就是强迫大脑使用受限的感官输入。在大脑适应了用少量数据输入建立信息之后，就可将感官输入恢复到最高水平。

这里我要给出一个重要提醒。驾驶赛车不做好足够的听觉保护是非常错误的行为，因为短时间内就能造成听力永久受损。你现在应该已经知道了听力降低会对驾驶表现造成多么大的不利影响了。因此，千万不能在听力保护不足或无听力保护的条件下上赛道驾驶赛车。

感官输入训练

有一个相对简单的方法可以提高驾驶过程中感官输入的质量和数量，我称之为感官输入训练。在培训车手所使用的所有"工具"中，这无疑是最有效的方法之一。

首先，在赛道上训练，将接收更多感官输入作为唯一目标。确定这个训练要持续多长时间，再将训练分成三段。每段时间不少于10min，但不能超过15min。

第一段训练，专注于你能听到的一切声音，包括发动机声音、轮胎声音、制动器声音、风噪声等。接收所有能听到的声音。

第二段训练，专注于你能感觉到的一切动觉输入。注意方向盘、踏板和座椅传递的所有振动，赛车前后倾斜、左右倾斜以及后坐倾斜的倾斜量，轮胎达到极限时方向盘变轻了还是变重了，以极限过弯时轮胎的振动或颤动，以及身体承受的G-力。

第三段训练，专注于你能看到的一切内容，增强对所有事物的视觉感知力。发现赛道表面不平整的地方；注意视平线上的事物；注意方向盘及其他汽车部件的振动和运动；扩展视野，以接收更多周边视觉中的内容；如果驾驶开轮式赛车，还要注意前轮胎表面的变化。

为达到最佳效果，可以在每段训练结束后回到维修区并总结。最好是向别人描述你听到、感觉和看到了什么。通过提问的方式促使自己提供尽可能多的信息和反馈。如果没时间在每段结束后都回来总结，可以利用某种通信方式来获知应该何时从听觉训练转换到动觉训练，何时再转换到视觉训练。可以利用无线电或提示板上的信号进行通信。训练结束后将听到、感觉和看到的内容写下来（图22-2）。

这种训练并非一次就可以，而是需要经常进行，尤其是换了新赛车或采用新的赛车设置之后。这绝对应该成为新赛道学习的常规内容。这样做的最终目标是变得对所有感官输入更加灵敏。这有助于更快速地学习新赛道，使你更善于知道何时处在极限驾驶状态，而且能为你提供更多反馈，用以改善赛车设置。

感官输入训练有三个主要优势。

第一，前面提到过，感官信息的质量越高、数量越多，车手的表现就越好。通过专注于某一种感官输入，你会变得更加敏锐，就像失去视觉的人。专注某种感官并隔离其他感官，以使它们变得更敏锐。

第二，感官输入训练的第二个优势是防止车手有意识地快速驾驶或防止车手想得过多。尝试开快往往是徒劳的，因为赛车速度太快，无法在意识层面驾驶。车手必须在潜意识层面驾驶赛车，并在意识层面进行观察和感知。

图22-2 感官输入训练是用来提高极限感知能力的最佳方法之一，有助于车手更好地做到极限驾驶。在短暂的训练过程中，目标是吸收尽可能多的感官输入。训练分成三个部分：视觉训练、动觉训练和听觉训练

你需要一种方法来转移注意力，不要总是想着快速驾驶。转移注意力的最好方法莫过于让头脑的意识层面专注于为大脑提供更多高质量的感官输入。

我曾经教过一位车手跑椭圆赛道，他练习赛的圈速比前一天慢了0.4s，而且此时已对赛车做了几项修改，成绩本应更好才对。工程师通过无线电告诉他比最快速度慢了零点几秒，车队老板让他以更快的速度进入3号弯道。这位车手试图开得更快，但

却事与愿违。最后，当驶出2号弯道时，我通过无线电告诉他在接下来的四圈里只专注于感觉赛车状态。两圈之后，他就回到了前一天的最快圈速，而且提供了很好的赛车反馈，以便让工程师用来调整赛车。

我也可以问他昨天晚上吃了什么，也能起到相同的效果。然而，这样或许能让车手将注意力从试图快速驾驶转移到其他事情上，但却无法为大脑提供更多高质量的感官输入。教练要学会辨别车手何时太过于专注快速驾驶（所有车手都会出现这个问题），然后就可以使用这种方法并取得很好的效果。

第三，感官输入训练能从短期和长期减少犯错误的数量并降低犯错误的程度。

假设车手在开车时经常做"错误决定"，其原因往往是他缺少做决定所需的信息。这就像是决定投资一只股票，却没有关于这家公司的财务报表或年报。

如果你在进入弯道时想插入到另外两辆车的内侧，但却撞车了。表面上看你是做了一个错误决定，你可能会想"我刚才在想什么"？

如果你想知道为什么撞车，就要深挖问题的核心。你可能认为问题的核心仅仅是做了一个错误决定。然而，错误决定的根源在于缺乏高质量的感官输入和信息。

这个例子中，你认为有足够空隙超车，实际上并非如此。你没有获得所有信息。如果能得到更多高质量的感官输入，你的决策制定就会改善。

另外，感官输入训练还能减小错误的影响。经验丰富的冠军车手就一定比不熟练的车手犯错误少吗？我看未必。这二者之间的区别在于，经验丰富的车手更善于将错误的影响降到最小。我就亲眼见过并亲身经历过这样的情况。

当经验丰富的车手犯错误时，例如拐入弯道过早，他或她能够立刻认识到问题，并进行微小的修正，妥善处理错误。当经验欠缺的车手犯同样的错误时，他们可能要在经过顶点时才能认识到错误，此时所需的修正动作就要大得多，有时会导致更多问题，或对单圈用时造成明显的不利影响。

经验丰富的车手是如何更早意识到错误，更早减小错误影响的呢？原因是他们有更多参照点。大多数车手在过弯道时都使用三个参照点：拐入点、顶点和出弯点。对于伟大的赛车手而言，每两个基本参照点之间还存在几十个参照点，无论自己意识到与否。要想成为伟大车手，就要练习吸收赛道的更多信息，这样过弯道时才能看到除三个基本参照点以外的更多点。你需要一条几乎连续不断的参照点路径，而且是在潜意识层面形成。这样，如果在入弯时拐入过晚，那么一英尺过后你的潜意识里就会意识到这个问题，而不是等到了顶点才意识到。越早意识到错误，修正动作就越微小、越有效，错误造成的不利影响也就越小。在这个层面上，很多车手甚至意识不到自己犯了错误。

送入大脑的感官信息量越大，质量越高，你的表现也就越好。前面说过，这类似于计算机术语GIGO——无用输入，无用输出。不同之处在于：这里是高质量输入，高质量输出。

应该什么时候做感官输入训练？应该经常做。当我建议车手做这些练习时，他们有时会说没有时间。因为他们只有一次练习赛，然后就要进行排位赛，所以不想把时间"浪费"在练习感官输入上。这是错误的想法。其实这个时间正应该用来练习感官输入。我们的目标是尽可能快速地学习赛道，这恰恰是一种最佳方法。

速度感知

赛车手最惊人的本领之一是确定进入弯道时所需的速度并把赛车降到这个速度。普通驾驶人平时遇到红灯时也要做类似的操作——向前看并决定现在开始制动，使用合适的压力踩制动踏板，然后停在前方的那个点上。没有人告诉我们什么时候开始制动，街道上也没有制动参照点。

当赛车不完全停止时难度更大，需要把车速降到一个正好处于或接近牵引力极限的速度上，这个速度只能通过直觉来判断。伟大的车手可将误差控制在1mile/h以内，能够让赛车一直保持在极限状态。如果车手在入弯时有时间看速度表，那么这也就没这么难了，问题就是根本没时间看速度表。

如果用测速仪测量一组车手以多高的速度进入某个特定弯道，你会对结果感到惊诧。伟大的车手入弯时的速度差异在1mile/h左右，差一点的车手入弯时的速度变化会达到5mile/h或更多！

当然，这里指的是持续、准确地降低入弯速度，使赛车处于极限状态或非常接近极限状态。几乎所有人都能持续地将入弯速度控制在低于极限速度10mile/h或20mile/h的位置。

只有持续将入弯速度控制在距离极限值1mile/h或2mile/h以内，才能实现最后那十分之几秒或百分之几秒的圈速提升。因此，感知速度的能力特别关键。不经过一圈接一圈的驾驶训练，很难建立起这种能力。不过，有一些练习可以用来加强速度感知能力。

速度感知——尤其是入弯阶段的速度感知——涉及两个方面。第一，要具备能够准确确定理想入弯速度的内在能力，但这并不意味着要知道赛车抵达拐入点时的速度是88.3mile/h。显然这样不会带来任何好处，因为你将要入弯之前不可能去看速度表。这就是为什么我说这是一种内在能力。

第二个方面是，总是能够将车速调整到合适的入弯速度。仅仅知道以多快的速度进入弯道还不够，还需要辨别88.3mile/h与82.1mile/h之间的区别。伟大的车手能够感知1mile/h以内的速度差异。超级明星车手比这还要灵敏得多，总能将赛车调整到那个速度。

没有长时间的赛道驾驶很难练就出色的速度感知能力。为此，我想出了几种用来强化和加快学习过程的训练方法。

第一种方法是在日常驾驶中练习。你需要根据感官输入（而不是看速度表）来估计车速。剪一块用以遮挡速度表的硬纸板，然后上路行驶。当行驶速度稳定到55mile/h时，将硬纸板滑到转速表的位置进行遮挡。然后，进行若干次的加速和减速，最后尝试将车速恢复到 55mile/h 时。将硬纸板拿开,看看准确的程度。反复练习。

也可以先用硬纸板挡住速度表,选择一个想要达到的速度,加速直到感觉达到想要的速度为止。移开硬纸板,看看结果如何。

如果反复做这个训练,就能使结果变得非常准确,更重要的是一致性地判断和建立指定速度。尽管在街道上的行驶速度与在赛道上的速度不同,但这没有关系。我们的主要目标是仅通过感官输入一次又一次地使赛车达到相同车速——相差不到 1mile/h,做到准确一致的速度感知。

另一种提高速度感知能力的技术需要用到雷达测速仪,并在你驾驶赛车的过程中让助手操作测速仪。选择赛道上最重要的弯道,让助手将测速仪的位置摆好,以便在拐入弯道时测量车速(用指示标或路面标记作为参照点)。先开两圈热身,然后再开十圈,目标是以相同速度进入弯道。当然,练习时的车速不能太慢,否则就没有意义了,应该以只比最快单圈速度慢零点几秒为宜。助手可在你刚刚入弯时通过无线电告诉你此时的速度是多少。

图22-3 必须建立对行驶速度的内在感觉并知道针对每个弯道需要将速度改变多少

这个练习的目标是让车手能够以相同速度进入弯道。如果入弯速度的变化超过 1mile/h 时,就需要更多地加以练习。最后,应该做到连续十圈以不变的速度进入赛道的每个弯道,误差在 1mile/h 以内。

然后,将入弯速度提高 2mile/h,感受一下小幅速度提升是怎样的感觉。然后尝试提高不足 1mile/h,感受又会是怎样的感觉。目标是将感知速度与实际速度进行校准。如果你觉得有必要将 3 号弯道的入弯速度提高 1mile/h,你就会更清楚地知道这将是怎样的感觉,并更有可能将速度提高所需的 1mile/h,而非错误地提高 4mile/h。

当然,你也可以使用数据采集系统,缺点是反馈必然延后。通过即时反馈,头脑的学习速度会更快,因此助手提供的实时反馈也会更加有效。

牵引力感知

牵引力感知技能是区分伟大车手与其他车手的一个重要决定因素。

为实现极限驾驶并使用轮胎的每一点牵引力(不超出牵引力极限),必须能感觉或感知到轮胎具有多大的牵引力。牵引力感知就是能够在赛道上的所有点感知赛车具有多大的牵引力,也就是感知赛车是否以及何时处在牵引力极限的能力。

新车手问得最多的问题就是:"如何分辨何时处在极限驾驶状态?"这也是最难回答的问题,因为知道自己何时处在极限驾驶状态,这不仅是极限驾驶的关键,还是车手需要建立的固有感觉。我不认为这是与生俱来的能力,但不否认有些车手在这方面具有天生的本能。然而,任何车手都可以也必须要练就这种能力。

那么，感知轮胎具有多大牵引力的能力从何而来？主要来自你的感官，尤其是感觉、视觉和听觉。

你需要持续不断地感知轮胎牵引力，包括在街上驾驶，这样你的牵引力感知能力才能提高。此外，还可以通过一些特定训练来提高牵引力感知技能。

提高牵引力感知技能的最佳方法是试车场训练。与车手和车队在练习与测试上所花费的金钱相比，试车场训练这种既简单又有效的训练项目所需的花费简直少得不值一提。

我曾经训练过一位大西洋方程式车手，时间长达一年。作为培训计划的一部分，我为他做了一次试车场训练。尽管场地很短，但却是最有成效的训练项目之一。这位车手对于如何控制转向不足和转向过度的理解以及牵引力感知灵敏度均得到了加强。你可能认为自己完全理解了如何控制转向不足和转向过度，或许是这样的。但是，只有经过亲身练习并一次又一次地调整油门和转向输入之后，才能做到真正理解。总之，经过这次试车场训练，我估计这位车手的赛车控制能力至少提高了50%。

这个训练不需要使用功能完备的试车场。就像我训练这位大西洋方程式车手时一样，你只需要一片面积比较大的停车场，路面铺了沥青而且比较平整即可；另外还需要洒水工具（我当时雇了一辆水罐车，间歇地往地上洒水）以及一些锥筒。用锥筒组成一个直径至少50ft的圆圈。然后，驾驶赛车绕着圆圈行驶，逐渐加快速度，直到前轮胎或后轮胎开始失去牵引力为止。在这样的试车场上，你应该能够使赛车在稳定的转向不足或转向过度侧滑状态下至少保持三或四圈。换言之，使赛车保持转向过度漂移状态，即车尾偏出并用油门和转向一圈又一圈地控制车尾。对于转向不足而言同样如此（图22-4）。

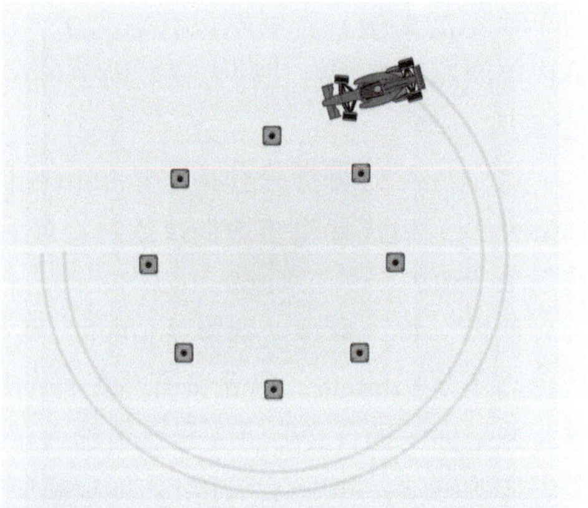

图22-4 在面积比较大的停车场上设置一个临时试车场，用以训练牵引力感知和赛车控制技术。用至少8个锥筒摆成直径至少50ft的圆圈，洒上水。这样就可以练习了

为使训练达到最佳效果，可对赛车进行小的调整。我曾在前轮安装雨胎，在后轮安装光头胎；或者前轮安装光头胎，后轮安装雨胎。对于防倾杆，通常调整或断开即可。你的目标是增强赛车转向不足和转向过度的能力。

我相信赛车驾驶技能可以在日常驾驶中得到提高。你的驾驶速度远远不必达到赛道上的速度，只有傻瓜才会在街道上开那么快。实际上，速度太快有时候往往达不到训练目的。你的目标是在不慌不忙的放松状态下使特定技能和技术成为习惯。这样，当在赛道上时你就会自然而然地使用这些技术，而无须有意识地去思考。

> **速度揭秘**
>
> 通过日常驾驶提高赛车技能。

街道驾驶可提高牵引力感知能力，首先你需要记录轮胎的牵引力。注意轮胎发出的噪声并感觉方向盘。留意从直道进入弯道时这两个因素如何变化。在街道上，轮胎噪声和方向盘感觉都很微小。但如果你能在街道上感知牵引力，那么在赛道上就会更加容易。

做这样一个实验。在街道上驾驶时，首先用整个手握紧方向盘，让手掌与方向盘接触。留意从方向盘上传回的振动。接下来，用手指以比较小的力量放松地握住方向盘。注意方向盘的振动。哪种方式提供的反馈更多？哪种方式感觉到的振动更多？第二种方法！

从中是否领会到了正确的握方向盘方法？希望如此。如果在日常驾驶中练习用手指轻握方向盘，就会逐渐成为一种习惯。没错，有些赛车的方向盘抓握力度可能要超出手指的作用能力。但是，如果你让轻握方向盘成为习惯，就会对任何赛车方向盘采取最轻的抓握力度，从而提高灵敏度和牵引力感知能力。

在我的所有训练内容中，使我的学员进步最大的训练是：牵引力感知训练。你需要将一节训练课程的部分或全部时间用来感知轮胎的牵引力。在赛道上驾驶的过程中，记录通过方向盘获得的振动和反馈。当轮胎侧滑加大时转向变轻了还是变重了？记录轮胎的声音。当轮胎侧滑加大时噪声变大了还是变小了？当轮胎侧滑加大时赛车整体感觉如何？轮胎出现过大侧滑之前会提供多少警告？忘掉其他方面，尤其不要考虑圈速，只感受轮胎在每一寸赛道上有多大的牵引力。

还可以设定从 1 到 10 的评定等级，10 代表轮胎失去抓地力之前的牵引力极限，1 代表在直道上轮胎的抓地力。这样，当在赛道上驾驶时，就可以量化轮胎所具有的牵引力的量。

> **速度揭秘**
>
> 经常通过牵引力感知训练来提高极限驾驶能力。

如果经常做这些训练，我保证你的牵引力感知能力会得到提升，从而做到更持续地极限驾驶。

23 头脑的编程

驾驶过程中所做的一切操作都是思维程序的结果，或是缺乏某种思维程序的结果。这个道理适用于生活的各个方面。

我们以扔球为例。你在很小的时候观察别人扔球，然后父母扔过来一个球，再让你扔回去。你很不协调地设法将球扔向某个方向。这样，你的大脑中就会形成一条代表"扔"这个动作的神经通路。当你再次扔球时，这条通路就会变强；反复扔球，通路会不断变得更强。

最开始扔球时，你必须有意识地想怎么扔。等到了一定程度，神经程序变得足够强时，就不需要再去思考怎么做了，而是在思维程序的支配下自动把球扔出去。

这个道理同样适用于赛车驾驶技术。最初学习某项技术时，你需要有意识地思考如何做。经过反复练习之后，大脑会形成神经通路或程序，这样在赛道上你就能自如地在恰当时间执行恰当的程序。

想象把一杯水倒在一个大土堆上，水从堆顶往下流。第一次倒水时，水沿着阻力最小的路径往下流，形成一条比较浅的通路。这就像第一次做某个动作时在大脑中形成的神经通路。通路有了，但不是很深。第二次从山顶倒水，水可能会沿着相同的通路流下，也可能找到一条更简单、更自然的通路。如果水沿相同通路流下，这条通路会变得更深，就像某个动作做两次之后大脑中的神经通路一样。如果水选择另一条通路，通路构建过程就会重新开始。

如果每年用这个水杯从山顶上倒水几千次，持续20年，水的通路就会变得很深，使水无法从其他通路上流走。这就像是我在加档时控制右脚的神经通路一样。加档时，我需要快速把右脚从加速踏板上拿起，然后再放回去。经过几十万次的重复，已经形成了神经通路。当我第一次驾驶带发动机电子管理系统的赛车时，我不得不改变早已形成的思维程序，因为这种赛车不需要抬脚换档。换档时，我不需要像以前那样短暂地松开加速踏板，而是需要使右脚一直将油门完全踩下，同时向后拉顺序式变速杆。

显然，最开始换档时想要不抬右脚对于我来说很难。毕竟在经过了这么多次重复动作，建立了这么强的思维程序，形成了如此之深的神经通路之后，抬脚这个动作几乎变得与呼吸一样自然了。

好消息是几年以后，新的思维程序已经很好地建立了起来，我无须再花费哪怕零点几秒的时间来思考它。这样，我可以想更重要的事情，例如考虑对过弯线路做怎样的变化，如何调整减振器有助于赛车操控，或者对手与我的相对位置是怎样的。因此，基本驾驶技术应该成为习惯或思维程序，这非常重要，这样才可以将精力集中在更重要的事情上。

速度揭秘

首先建立思维程序。

现在说个坏消息。任何编入大脑中的技术都难以改变，就像我不得不学习如何在加档时不松加速踏板一样。赛车会改变吗？赛道条件会改变并需要不同的技术吗？所有赛车响应都相同并需要相同的驾驶技术吗？这三个问题的答案依次为：是，是，否。这意味着你必须能够快速、有效地修改或改变思维程序。

好消息是：思维程序可以改变。如何改变？采用大多数人所说的形象化，但实际上应该是心理意象。形象化与心理意象之间有什么区别？从字面上定义，形象化只利用一种感官（即视觉）形成构想体验。心理意象则利用视觉、听觉和动觉感官输入。

图23-1 驾驶赛车时所做的操作都是无数头脑程序的结果。关键是要针对任务选择和调整正确的程序

雅克·维伦纽夫在接受采访时，对当时20岁的简森·巴顿与威廉姆斯-宝马F1车队签订2000赛季合约做出了生动评价。

F1对身体的要求要高出10倍，然后是速度方面的考验。当你第一次驾驶速度这么快的赛车时，一切发生的是如此之快。你的心率因此而提高20～30次。这需要时间来调整。你要花更多时间来思考要做什么，而不是立即开始做……你必须立即做出调整，若想变得自然，还需要足够的里程。你可以开出很快的圈速，但是，除非操作变得自然，否则你不可能正确适应设置，也无法完成整场比赛。

维伦纽夫所说的"自然"指的就是潜意识层面的驾驶。除非极限驾驶操作已经成为潜意识行为，否则你就必须将部分精力用于思考当前的操作，而不是关注更重要的事情。

潜意识驾驶

如果有意识地想每个动作和技术，就不可能快速地以极限状态驾驶赛车。赛车的速度太快，根本没有时间思考每个动作。你在高速行驶中无法有意识地做出足够快的反应来操作赛车的控制装置，必须是潜意识行为。

为此，必须像计算机一样为头脑设定程序。如何设定？通过智力和身体上的训练来实现。最初是有意识的行为。头脑有意识地告诉右脚从加速踏板移到制动踏板上，告诉手臂转动方向盘进入弯道等。反复做特定动作，将动作编入到潜意识头脑中。这样，当需要的时候，动作就会自动发生，而不必有意识地去想。

当在潜意识状态下驾驶时，有意识头脑会"观察"你的操作，看看在技术上是否能做一些改进，或者感知赛车的操控状况。当按照"程序"以潜意识状态驾驶时，有意识头脑会观察、感知和解读操作和赛车状态，然后对"程序"（潜意识）做出修改。如果"程序"不能让你以极限状态驾驶，那么持续在潜意识下驾驶也就没有意义了。你的有意识头脑必须不断对头脑的"程序"（即潜意识）进行重新编程和更新。

学习新赛道或适应新赛车时，最开始一定要慢，然后逐渐提高速度。这样，有意识头脑才能跟上赛车的速度，同时对潜意识进行编程。

前面说过，编程过程可通过亲身操作或者头脑的形象化来实现，但是都需要花一些时间。

精神训练法

大脑无法区分真实的和想象的景象，会将所有看到的图像都当作真实的。因此，精神训练法可以用来练习赛车驾驶。这不仅免费，还是唯一能让你做到完美驾驶的方法。

在头脑中想象自己反复地以自己想要的方式驾驶：驾驶完美的线路，极限状态下平顺地平衡赛车，完美的超车。

尽管是在精神上驾驶赛车，也要正确驾驶。车手在精神训练时经常出错误。因此，想象自己以正确的方法驾驶赛车。

精神训练法非常有效，原因如下：第一，很安全，永远不会伤到自己或赛车；第二，可在任何地方训练，不需要赛道或赛车，完全免费。

没有失败的顾虑；总可以按自己希望的那样完美驾驶。如果愿意，每次都可以获胜。

可以在头脑中做慢动作，这样就有时间考虑技术的每个细节，在上赛道之前打磨出完美的技术。

你可以在头脑中演练可能每赛季才会发生一次的事情。但是当事情真的发生时，就会有心理准备，并以最佳方式做出响应。例如，想象"看到"不同的情景：有一辆赛车在你前面旋转，你对此做出响应；有个车手插到了弯道内侧阻止你超车，然后你做出提早加速的准备，并在出弯时超越他。

当我开福特方程式的时候，有位竞争对手同时也是我的好朋友，我们彼此之间在赛道上竞争得非常激烈，比和其他车手的竞争还要激烈，因为我们之间相互信任。比赛结束后，我们会用几个小时的时间谈论自己和其他车手的超车动作，想象如果是另一种情况我们会怎么做。这其实就是在帮助对方在头脑中演练比赛战术和技术，尽管当时我们并没有意识到。那个赛季，我们在头脑中练习了数千次超车，演练了几百场比赛。当真正比赛时，我们超车快速、果断，特别容易，因为已经练习太多遍了。我们因而赢了不少比赛。

比赛之前进行精神训练，能自动迫使你更加专心和专注。

我喜欢用秒表在进行精神训练时计时。如果是很熟悉的赛道，我的头脑圈速与实际圈速相差不足 1s。这说明我的精神训练很准确，意味着我很可能会非常快。

当然，在精神训练之前，必须对要做的事情有一定的感觉。想象自己驾驶以前从没见过的赛车或赛道是没有任何意义的，如果事先不知道背景信息，就可能会以错误的方式练习。头脑中想象一个错误，就会练习这个错误。练习这个错误，就会让错误真的发生。

拐入弯道时，头脑中要知道自己想要行驶到弯道出口的哪个位置。如果你不知道自己要去哪，也就到不了想去的地方。拐入弯道过早是车手常犯的错误之一，原因就在于不知道想从弯道出口的哪个位置出来。

形象化就是对头脑的编程，像计算机编程一样。编程可让你无意识地驾驶赛车，而不是有意识驾驶。

图23-2　如果头脑中无法做某个操作，身体也不可能做到。上赛道之前，用几分钟时间想象要做的每个动作细节

心理意象

通过心理意象建立思维模型是每个体育项目中的每个超级明星都会做的事情。你想成为超级明星吗？还是只想提高能力并获得更多乐趣？不论是哪种情况，心理意象都能为你提供一个模型，用以告诉你如何做，什么时候做，以及为什么做。

心理意象是一种用来建立思维程序的非常强大的技术。有了思维程序，你在做事情的时候就不用刻意去想它们，而是习惯性地自动完成。就像在计算机上启动软件程序一样，思维程序也可以在需要的时候启动或触发。

建立了行走的思维程序后就不用再去想应该如何行走了，同样，也可以建立开车的思维程序。实际上，我们的目标就是要把赛车驾驶技术变为程序，这样就不用再去思考应该做什么了。由于潜意识里已经形成了思维程序，因此你需要做的就是触发或启动它。

当然，可通过身体训练，也就是实操驾驶来建立思维程序。然而，单纯依靠实操训练来建立思维程序存在几个问题：

- 需要花很多钱。

- 需要耗费大量时间。
- 会使部分大脑程序出错。每次犯错误都会让错误成为思维程序的一部分。记住，练习不能让技术变得完美，只有完美的练习才能练就完美技术。如果练习错误的动作，就只会变得更经常犯错误。
- 车手很难从身体上改变驾驶技术。如果尝试做以前从没做过的动作，基本不可能做好。是不是有这种情况，你知道有个弯道可以全油门通过，但却不能让右脚真正做到全油门？要想改变或建立以全油门过弯的大脑程序，唯一的方法就是在思维中改变，而不是在赛道上。
- 有风险。尝试新技术存在犯错误的风险，可能导致重大失误。

借助心理意象在头脑中练习技术则没有任何成本，也不会花费很多时间。你可以把每个技术练得很完美，以便能够在赛道上做出完美的操作。

很多人会问："如果以前从来没做过某个操作，又如何在想象中做到？更别提建立心理意象了。"有道理。如果不知道这个操作看起来、感觉起来以及听起来如何，就很难在想象中做到。这也是我写本书的原因之一：让读者看、听和感觉到如何完美地进行驾驶操作。

心理意象与实际操作相比效果如何？下面通过实例来说明心理意象的作用。阅读下面的描述至少三遍。阅读后，闭上眼睛，缓缓深呼吸，放松，然后想象刚刚读到的描述内容。

首先，舒服地坐在椅子上，把手放在身体前方。闭上眼睛，深呼吸，呼吸速度要慢。放松身体，让肌肉放松。感觉身体浸入椅子中。让身体处在放松状态，使心跳速度减慢。继续缓慢地深呼吸。如果感觉自己快要睡着了，就做两次或三次的快速深呼吸，以使自己回到放松的清醒状态。缓慢呼吸，放松肌肉。

呼吸。放松。

想象前面的桌子上放着一个亮黄色的柠檬——亮色发光的黄色柠檬。

现在，想象用双手拿起亮黄色柠檬。感觉柠檬的形状和柠檬皮的纹理。注意黄色有多亮。

想象把柠檬放回面前的桌子上。桌子上有一把刀。拿起刀，把刀刃放在柠檬上，将它切成两半，听刀片切过柠檬时的声音。

注意柠檬汁滴到桌子上。看刀片上的柠檬汁。看切成两半的柠檬和流到桌子上的柠檬汁。

拿起一半柠檬用手挤。感觉柠檬被挤压，注意柠檬切面上的柠檬汁滴落到桌子上。

把柠檬放到鼻子下面闻一闻。闻柠檬味道的时候深呼吸。

现在,把柠檬放在嘴边,伸出舌头,慢慢舔食柠檬面上的柠檬汁。品尝味道。

好了。当感觉舒适时,慢慢睁开眼睛,使精神回到屋子中。

将这段描述读三遍,然后闭上眼睛,在头脑中想象文字中的内容。尽量想象更多的细节。看、感觉、听、闻和品味读到的内容。

发生了什么?体验到什么了吗?是否感觉嘴部抿起,口中唾液增多?是的,没错。大部分人都会流口水。为什么?因为大脑无法分清真实的与想象的事情。大脑认为真有柠檬汁流入口中,然后触发唾液以稀释柠檬酸。

这个简单的例子充分说明了心理意象的作用。很多超级明星级的运动员都使用它。如果你想使行为发生变化,提高或建立一项技能,就应该把心理意象作为最重要的关键一步。

现在看一些关于心理意象的背景内容。在有关心理意象影响的众多研究和实例中,我选出了以下三个:

- 亨特学院篮球运动员研究:让多名篮球运动员做罚球投篮,计算投篮命中率。将他们分成三组:第一组不做任何练习,无论是身体上还是精神上的训练都不做;第二组每天练习罚球投篮;第三组不投篮,每天只做正确的罚球投篮动作的心理意象。一星期之后检查球员的命中率,得到的结果很有意思。未做任何训练的第一组没有任何提高,这没有什么惊奇之处。每天用身体练习罚球投篮的第二组的命中率提高了23%。最后一组,也就是没有摸篮球,但每天进行心理意象训练的组,投篮命中率提高了22%。与第二组非常接近。
- 苏联奥林匹克研究:20世纪80年代,苏联奥林匹克代表队测试了各种训练方法。来自不同项目的运动员被分成四组:第一组用100%的时间做身体训练;第二组用75%的时间做身体训练,25%的时间做心理意象训练;第三组各用50%;第四组用25%的时间做身体训练,75%的时间做精神训练。精神训练要求运动员每天通过心理意象在头脑中练习他们的项目。最后,提高幅度最大的是第四组。有趣的是,100%做身体训练的那个组的提高幅度最小。
- 尽管不是正式的研究,但这个真实的故事能很好地说明心理意象的作用。一位热爱高尔夫球的美国战犯被监禁五年。打高尔夫是他最喜欢的消遣活动,当然是在战争爆发之前。在被监禁的几年里,他每天都在头脑中很完美地打几局高尔夫球。他在头脑中看到绿色的草地和击出的高尔夫球。他感觉挥动球杆的动作,感觉球杆与球的接触,甚至感觉在球场中走动时鞋底踩过的青草。他听到树上小鸟的叫声、风声、球杆击球声，以及球飞行时的声音。他想象每个细节，想象完美球局看起来、感觉起来以及听起来会是什么样。在出狱后，他做的第一件事就是打高尔夫。尽管已经五年多没碰过球杆，只在头脑中练习打高尔夫球，他却打出了最好的一局。

很多车手只在上赛道之前通过形象化来熟悉赛道或预先演练某个技术。对这些车手来说，他们错失了心理意象的一些最佳用途。车手还应该通过心理意象做以下事情：

- **看到成功**：回忆过去的成功并在以后的比赛中预演成功，这样能建立信念系统。对自身能力的信念是最重要的成功因素，比先天或后天的技能更重要，并可通过心理意象来提高。
- **激励作用**：回忆过去成功时的感受，并在以后的比赛中想象这种感受，以提醒自己赛车的最大乐趣在哪里。事业不顺利时（每位车手在驾驶生涯中都会遇到），将注意力集中在能从比赛中得到什么，这样才会有更出色的表现。
- **完善技术**：用头脑生动地想象某项技术看起来、感觉起来以及听起来是什么样子，这样在赛道上就更有可能使用好这个技术。这些技术可以是具体的驾驶技术、人际沟通技巧或者所需的任何其他技能、技术或行为。
- **熟悉赛道**：利用心理意象在头脑中驾驶几千圈，以便首次学习赛道，刷新对赛道的记忆，或者改进细节。还可以用这个方法准备会议、讲演、媒体采访或其他活动，从而在真实情景中感觉更轻松。
- **触发最佳状态**：回忆过去的成功感受会让人进入最佳心理状态。建立可起到"触发"作用的词或动作，以进入理想状态，从而达到峰值表现。
- **行为编程**：需要在不同状况下采取不同方式的行为。预先演练这些状况并调整行为，以提高理想方式下的行动能力，也就是在需要的时候做到更激烈、更有耐心或者更轻松。借助心理意象调整行为以适应相应的状况。
- **预先计划**：尽管在比赛中任何事情都有可能发生，但仍需要针对尽可能多的情况做预先计划，才能更快速、更准确、更有信心和更轻松地加以应对。预先演练比赛开始时多种可能出现的情况，有助于建立"无论发什么都没关系，我已经准备好了"的心态。
- **恢复注意力**：通过建立心理意象让自己在应对赛道上出现的问题（尤其是转移注意力的问题）之后能立即恢复注意力并继续专注比赛。形成相应的思维程序。当比赛出现这类情况时，就更容易恢复注意力。

运动心理学家定义了两种不同类型的心理意象：认知和动机。

认知型主要是技术和战术上的心理意象，例如线路、制动区域、循迹制动、感知赛车极限、竞赛技能等。动机型主要涉及信念系统、心理状态、比赛时的专注能力、落后时的努力赶超、心理韧性、情绪的控制与使用，以及较好发挥技能与技术时获得的"回报"。两种类型同等重要。每次建立心理意象时，都要在认知型（技术）与动机型(放松、平衡、自信和享受)之间进行平衡。

这两种类型还可进一步划分为以下几种:

- 一般认知
- 具体认知
- 一般动机
- 具体动机

阅读表23-1,了解如何使用每种类型的心理意象。

表23-1 心理意象的类型

	动 机 型	认 知 型
具体	目标和达成:设定比赛或练习的心理目标,使目标变成思维程序的一部分,无须有意识去想	演练具体技能:线路、制动点、踩加速踏板,以及将赛车反馈用于改变底盘设置,等等
一般	冲动控制、自信、心理韧性:建立信念系统(自信)、心理状态和行为特征的思维程序,以及感受出色完成任务时的回报	演练比赛策略:如何处理发车、整个比赛过程中的操作问题、维修区策略等

心理意象可以是"关联的"或"抽离的"。关联是指从方向盘后面看、听和感觉自己的每个动作。抽离是从上方或摄像机的角度看。有人习惯于从关联视角建立心理意象,有人则从抽离视角建立心理意象。

哪种视角更好?有人说两种视角不分伯仲,说不上哪种更好,但我不同意这个说法。抽离的心理意象虽说没有什么问题,但最好还是从驾驶者的角度建立思维程序。从抽离的角度建立心理意象也有价值。然而,关键是要让心理意象尽可能真实,从驾驶室的角度看,就是在座椅上感觉赛车和运动,从方向盘后面听所有声音。我反复强调的一个道理就是:心理意象越真实,整个过程就会越有效。

心理意象包含的感官类型越多,效果就越好。切柠檬的例子就使用了五种感官:看到柠檬(视觉),感觉柠檬(动觉),听到刀切柠檬的声音(听觉),闻柠檬汁的味道(嗅觉),品尝柠檬(味觉)。然而,你真的看到、感觉到、听到、闻到和品尝到柠檬了吗?并没有。这些都是你的想象。五种感官让这个体验在头脑中就像真实发生的一样。如果只用视觉"看"柠檬,就很可能不会流口水,因为体验在头脑中不够真实。

显然,嗅觉和味觉与驾驶的关系不大,但视觉、动觉和听觉则必不可少。大部分声称自己使用心理意象的人实际上只进行了形象化,也就是在头脑中只想象视觉场景,而并没有想象感觉和听到的内容。与形象化不同,心理意象不仅仅涉及视觉场景,这就是心理意象与形象化之间的区别。

除了视觉、动觉和听觉以外,还应该体会尽可能多的情绪和感受。在心理意象练习时,关联的情绪和感受越多,心理意象在头脑中就会越真实,以后也就越容易触发特定的思维程序。心理意象的动机部分对于成功来说非常重要。

很多车手对我说，他们在想象某个情景时无法长时间集中精力；有些车手在做心理意象练习时也就坚持一两分钟。如果你也是这样，说明你是正常人。每个与我聊过心理意象的人都承认也有类似情况。那些坚持练习的车手会越来越好，以至于能专注想象某个情景长达一个小时甚至更长时间。当然，那些因为第一次没做好而放弃练习的车手，永远也提高不了。

Emerson Fittipaldi 赢得印第安纳波利斯 500 大赛的那年，他会在比赛前一天将赛车停在车库里，自己坐在赛车里三个多小时。他说，如果自己不能坐在车里想象这么长的时间，也就不可能在整个比赛过程中确保不会走神。

心理意象需要练习，不要指望立即起效。除了赛道上的课程以外，每天还应最少练习两次心理意象：早上一次，晚上一次。制定练习计划。例如，星期一练习具体驾驶技术的思维程序，星期二练习对自身能力的信念，星期三练习战术，星期四练习心理状态等。心理意象与其他技术一样，需要耐心才能提高。

必须提到一个常见的误区。头脑想着驾驶并不等同于思维程序和心理意象。头脑想着做某事其实是在有意识的层面学习。要想真正学好某个技能，使其成为思维程序的一部分，这并非最有效的精神状态。只有让大脑进入正确的精神状态，才能利用心理意象建立潜意识程序。

那么，建立思维程序时最理想的精神状态是什么？我们首先了解一些背景和理论。医生和学者利用脑电图仪（EEG）测量，定义四种脑电波状态。将一些探针连接到头部，脑电图仪就能"读取"大脑中的生物电活动，从而测量脑电波。脑电波被分成四个等级或状态：

- Beta 状态：大脑主要产生 13 ~ 25Hz 的脑电波。当你处在有意识、思考或者活动状态时，例如阅读本书时，你的精神就处在 Beta 范围内。
- Alpha 状态：大脑主要产生 7 ~ 13Hz 的脑电波。Alpha 状态就是当闭上眼睛、放松、放缓头脑时的状态。进入这种状态后，你会感觉身体放松、肌肉放松，身体沉入座椅中。
- Theta 状态：大脑主要产生 4 ~ 7Hz 的脑电波。入睡之前，感觉自己快要睡着了，但意识不到自己这样做，头脑中还可能闪现奇怪的意象。这就是 Theta 状态。
- Delta 状态：大脑主要产生 0 ~ 4Hz 的脑电波。当睡觉时，头脑产生的大多是 Delta 脑电波。

注意，我从没说过大脑每次只产生一种脑电波。其实大脑始终产生四种脑电波，只是数量不同。当完全醒着、交谈、思考、阅读、驾驶汽车时，头脑产生的大多是 Beta 脑电波，Alpha 要少一些，Theta 更少，Delta 很少。睡觉时，头脑产生的大多是 Delta，然后是 Theta，Alpha 更少，Beta 很少。也就是说，大脑总是产生四种类型脑电波，但每种的量会根据你所处的状态而不同。

这些有什么意义？

要使大脑处在最有效的思维状态下，需要让头脑足够放松，使其进入所谓的 Alpha-Theta 状态，此时大脑主要产生 6 ~ 12Hz 的脑电波。这种状态下的头脑不忙碌，比较放松，但是没有进入快睡着的状态。如果你让头脑再放松，思维再放慢很多，就会进入快睡着的状态。

如果闭上眼睛有意识地考虑事情，头脑会处在 Beta 状态，心理意象的效果就会大大降低。你需要放松头脑和身体，进入 Alpha-Theta 状态，这样你所想象的事情才能更深地印入头脑之中。这就是建立思维程序的方法。

做心理意象练习之前，花几分钟时间让头脑放松、放缓，并进入 Alpha-Theta 状态。这样，你所专注的所有操作在潜意识中就会变得更真实，并能更深刻地印在头脑中，大大提高在赛道上执行该操作的能力。

在家里躺在床上时，头脑进入 Alpha-Theta 状态相对容易。因为各种干扰和比赛压力，在拖车上或在比赛中就会难得多。不过，与人生中的其他事情一样，练习得越多，就越容易。

你是否有过在计算机上安装了软件之后找不到启动图标的经历？如果没有启动图标，计算机程序能有多大用处？显然用处很小！这同样适用于心理意象。

假设你反复练习心理意象并建立以全油门通过某个快速弯道（以前未曾以全油门通过）的思维程序，你可在头脑中很清楚地看到、感觉到、听到。随后在赛道上，你却无法在巨大的思维硬盘中找到这个思维程序，你会很沮丧。因此，需要建立用来启动思维程序的触发器，这与建立心理意象同样重要。例如，建立心理意象时在头脑中说"油门到底"，并且反复练习。念得越多，头脑就越会把这个词与思维程序关联起来，最后到了当念出这个词时你会不由自主地保持油门到底的状态。

即使预先演练成功心态以建立信心或精神动力，也需要专注于建立行为或操作的心理意象。想象自己成功，但要把注意力放在促成成功的因素上：感觉的方式、操作的方式、所处的心理状态，以及所需的技能和技术。

> 最后要指出：不要试图用心理意象来弥补知识上的不足和训练上的不勤奋。心理意象确实能对驾驶表现产生巨大作用，但并不能带来奇迹。

触发程序

假设在计算机上安装了最新、最强大的软件，但桌面或开始菜单里却没有用来启动软件的图标，这就与建立了理想的驾驶思维程序却没有触发程序是一样的。触发程序是指用来激活思维程序的动作或词语。少了它，纵使你有全部的思维程序，也没办法激活。

触发词语或动作应该有特殊含义，或者可形成生动的头脑画面。例如，要触发吸收感官输入的思维程序，可使用"海绵"作为触发词，把自己比作吸收所有信息的海绵。我使用过的其他词语还有"汽车舞蹈""看这个""派对时间""游戏时间""杀戮时刻""启动"和"提升"。触发动作可以是：快速捏一下方向盘，看仪表盘上的符号或消息，或者是车队成员做的手势。你需要一些时间想出合适的词语、短语或动作作为触发程序。

利用心理意象建立思维程序时，应将触发词语或动作作为开始。这样，在激烈角逐的过程中，只要说出触发词语或做出触发动作，思维程序就会立即介入。

计划

了解了这些背景知识，现在提供一个计划：

每周七天，每天进行两次至少 20min 的心理意象训练。尽管可以每周休息一天，但我猜测你的一些竞争对手并不会休息，这意味着如果你休息一天，对手就会获得优势。可以在上午练一次，晚上睡觉前练一次；或者下午练一次，睡觉前练一次；晚饭后练一次，睡觉前练一次。不管选择哪个时间段，两次练习之间的间隔都不能少于 1h。还要确定一个合适的练习地点，最好不要躺在床上，这样在练习时太容易睡着。如果你感觉自己快要睡着了，就做两三次快速深呼气。在椅子上练习就很好，在车里更佳。要确保自己感觉舒服和放松。环境要安静，避免分心。

如果坐在赛车里做心理意象训练，最好把赛车停在千斤顶支架上，这样你可以自由转动方向盘。记住，使用身体越多，越能通过训练把赛道上要做的操作转变成肌肉记忆。如果不在赛车中练习，应该尽可能多地使用"道具"，以使训练更加真实。你可以戴上头盔，手里握着真的方向盘。也可以让另一个人坐在地板上，位于你的前方，把他的脚当作踏板。这种方法非常有效，因为另一个人能提供反馈，让你知道使用了多大的压力和动作的渐进性。使用最新的驾驶模拟器会很美妙，你可以先驾驶一个赛道，然后再做心理意象练习。当然，模拟器还有方向盘和踏板可供使用。心理意象训练越真实，效果越好。

做好进行心理意象训练的准备后，再阅读一遍写好的描述。制定计划的目的是为了确保坚持训练任务，也就是专注于要达成的目标：成为完美车手，处理重要问题，极限驾驶，练习某个赛道或技术等。使思维程序真正起作用的唯一方法是重复足够多的次数。如果偏离了描述中的内容，就无法将训练内容重复足够多的次数。

阅读并记住描述中的内容后，便可以为 20min 的心理意象训练做准备了。坐在适当位置，闭上眼睛，缓慢深呼吸，放松。感觉自己身体放松、肌肉舒展，感觉自己沉入椅子或座椅中。倾听自己的心跳放慢，留意自己的呼吸放缓，变得更加放松。想象自己处在放松状态并沉入椅子或座椅中的画面。呼吸，肌肉放松，呼吸。

目标是进入 Alpha-Theta 状态，以使精神放缓，增强接受能力。头脑中可能会闪现一些奇怪的和不相关的画面。此时接近快要睡着的状态，但仍然足够清醒，能够意识到周围发生的事情。需要 2～5min 来进入这个状态，通过不断练习，这个时间还会缩短。

再次强调，心理意象所涉及的感官越多，思维程序就越有效果。双手握住方向盘

（即使是假想方向盘），移动脚部，感觉脚下的踏板。听发动机的声音、风噪、制动器的声音和轮胎的声音。

呼吸并且放松。每次做心理意象练习时，保持正常呼吸和放松状态。在整个情景中保持放松和正常呼吸的能力是思维程序中的一部分（图 23-3）。

呼吸，放松。现在，可以开始心理意象训练了。

计算机模拟

几年前，雅克·维伦纽夫对计算机游戏和模拟器行业的贡献超出了大多数人的想象。在 F1 的第一个赛季，他经常使用计算机游戏学习新赛道。第一次到斯帕赛道（普遍认为是最难的大奖赛赛道）比赛之前，他在计算机上一圈又一圈地模拟驾驶。到了赛道上，他只经

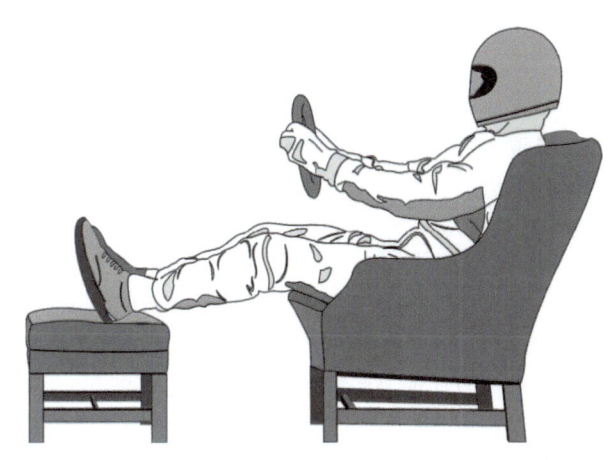

图23-3　为获得最佳效果，应在使用心理意象之前进入放松状态，并且让心理意象尽可能真实。最好戴上头盔，拿着方向盘，听发动机的声音，并感觉赛车

过几圈的练习就取得了杆位（首发位置）。随后，全世界的车手都开始购买计算机游戏。

不得不承认，我并没有花很多时间在计算机上练习，但我希望多利用计算机游戏，尤其最新款的游戏。这些计算机游戏以及更逼真的模拟器确实可以成为非常好的心理意象辅助工具（图 23-4）。

我相信模拟游戏能帮助车手建立虚拟－现实形象化，但也存在一些局限性。首先，就车手所依靠的视觉、听觉和动觉这三种感官输入而言，模拟器对其中的视觉和听觉所起到的效果很好，但是对于动觉却起不到效果。第二，在斯帕赛道上驾驶 F1 赛车，对于在 Thunderhill 赛道（位于美国加利福尼亚州）上驾驶福特方程式赛车能有多大帮助？针对某种类型赛车在某条具体赛道上的思维演练并不一定适用于另一类赛车或另一条赛道。

有些东西可以通过游戏加以练习并在比赛中发挥作用。例如，车手可以练习在一段时间内集中精神，练习对方向盘的灵敏度把握和控制能力；练习如何学习。无论驾驶的是 900hp 的冠军方程

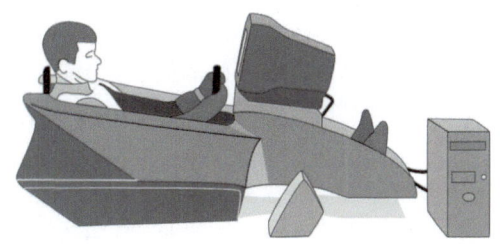

图23-4　计算机游戏和模拟器变得越来越逼真，因此是很有用的训练工具。你可以使用它们提高反应能力，学习新赛道，恢复赛道记忆，练习技术，提高在长时间内的精神集中能力，以及建立思维程序

式、6hp 的室内卡丁车还是计算机模拟赛车,伟大车手与普通车手的一个区别就是能够确定什么有用、什么没有用,技术变化的效果怎样,以及变化是否有必要。

此前,我说过车手必须能够调整性格和行为特性,以适应不同条件,控制和触发理想的精神状态,以及快速做出正确决策。如果使用得当,赛车模拟器肯定能帮助车手在精神上编排和建立这些能力。

总之,我认为车手可以并且应该把赛车模拟作为一种提高赛道表现的工具。就像只在赛道上练习、只研究赛道地图、只依靠心理意象或者只通过卡丁车练习会限制你的学习能力一样,只使用模拟器也不会让你变成世界冠军。然而,如果与其他学习工具结合使用,赛车模拟就会非常有价值。

期望和潜能

期望可能是危险的心态,潜能则是非常好的心态。

期望没有任何方向性。这就好比"我期望在纽约"。这显然无法让我到达纽约,因为没有计划、策略或方向。如果我说:"我的目标是去纽约。"这样自然而然会引导我制订去纽约的计划。

如果你期望特定结果,但是没有发生,你就会感到受挫和失望。这种心态不会帮助你获得想要的结果。相反,如果专注于目标,例如达到最佳表现,你就会有方向可循,更有可能达到预期的结果。

期望存在局限性。例如,参加排位赛,你认为 1∶20.5 的圈速能获得前排首发位置。排位赛过程中,你的成绩从 1∶20.8 提高到 1∶20.6,最后达到 1∶20.5。此时,速度再提高的概率有多大?并不乐观。最后达到了预期圈速,但是你对这个成绩并不满意。然而,如果你在潜意识中设定了这个时间,头脑就只会采取必要措施来达到这个期望值,而不会超越它。如果赛道条件发生变化呢?有的赛道在一个赛事周末就会发生很大变化,每次比赛都变得更快。或许 1∶20.5 这个成绩上次比赛能让你排在前面,但在排位赛中只能排在第四或第五。

克里斯托弗·希尔顿的 *Inside the Mind of the Grand Prix Driver* 一书中对卡尔·威灵格的介绍就是一个很好的例子。卡尔·威灵格在 1994 年驾驶索伯 F1 赛车参加摩纳哥大奖赛时严重受伤。1995 年,在修养了近一年之后,他回到索伯车队做驾驶测试。

由于很少驾驶赛车,因此我有时间调整身体,以便为驾驶训练做准备。我做了大量的注意力练习。随后,去了穆杰罗赛道。这是一次为期两天半的测试。前一天晚上,我想:"1 分 30.4 秒就很好了。"我集中精神,闭上眼睛,想象越过起点进入赛道,并且打开秒表。我在头脑中跑了一整圈,看秒表停在了 1∶30.4。第二天,我在赛道上跑出了 1∶30.4 的成绩。

随后,我对自己说:"这太容易了,明天要跑出 1∶29.3。"同时,亨茨-赫拉德·弗伦岑(威灵格的队友)在穆杰罗赛道全年的最快圈速是 1∶29.0。由于我的驾驶训练很少,因此我认为 1∶29.3 的成绩就可以了。我又坐在酒店房间里,闭上眼睛,启动秒表,在赛道上"驾驶",然后看表。时间是1:29.3。第二天,我跑出了1:29.3的成绩。我知道最好的成绩是多少,这让我期待自己是否还能开得再快些。但是,我出现了一个失误,损失0.3s,只跑出了1:29.3。如果没有这个失误,应该可以跑出1:29.0的成绩。但是,头天晚上我已经将圈速在头脑中固定在了1:29.3,因此也就跑出了这个成绩。如果头脑中设定为1:29.0,也许就不会出现失误,并且轻松达到这个成绩。

正如我所说的那样,期望具有局限性,你很少能超出期望值。威灵格证明了这个观点以及心理意象的强大作用。设定了期望值,就会将结果编入头脑中,头脑会非常有效地运行这些思维程序,有时候又太有效了!在威灵格的例子中,如果他的期望值是1:29.0,似乎就不会出现这个让他损失0.3s的失误。这就是期望的负能量。

速度揭秘

删除期望,关注潜能。

想法

驾驶赛车时你是否想过:这个动作太愚蠢了,或者为什么这个弯道我会转得这么早?这些想法会起到好的作用吗?我很怀疑。事实上,它们的弊大于利。如果驾驶时头脑中有一些想法,应该让它们不具有评判性。

思考过去的事有危险吗?肯定会。如果将部分注意力集中在已经发生的事上,即使是1ns的时间,也说明这部分注意力没能用在当前发生的事上。

你是否能左右过去发生的事?显然不能。如果通过2号弯道时犯了一个错误,总想着这个错误对于过3号弯道是有帮助还是有阻碍?那肯定是有阻碍。因为进入5号弯道时被对手阻挡而心烦,这样是否有帮助?没有。如果出现失误,立即忘掉它。你已经做的或者对手已经做的,对现在来说已经不重要(图23-5)。

你是否能左右将要发生的事?是的。如何做到?通过现在所做的事来左右。将注意力集中在当前,就更有可能达到所需的表现水平,从而实现设定的目标。

头脑中没有任何想法比头脑中充

图23-5 制约赛场表现的最大因素是对自己的信任。必须在内心深处真正相信自己能夺得杆位,才有可能得到。幸好,可以利用心理意象建立对自己的信念

斥各种想法要好得多。练习禅法时，需要让自己头脑空空，具有初学者的心理。如果头脑充满想法，就无法即时、自然地做出反应。

Suzuki Roshi 在他的 *Zen Mind, Beginner's Mind* 一书中写道："如果你的头脑是空的，就可以始终为任何事情做好准备，对所有事情开放。初学者的头脑中存在许多可能，专家的头脑中存在很少的可能。"

使用心理意象或形象化时，这个道理同样适用。在心理意象中，要让自己对任何事情开放，为任何事情做好准备。很多车手问我如何才能形象化比赛的开始阶段，预测每种可能发生的情况。我的回答是，"不能"。同样，对于从未驾驶过的赛车，也无法通过形象化的方式在头脑中做准备。如果不知道某个事物是什么样子，又怎么可能将它形象化呢？

需要使用开放式的心理意象，对任何事情持开放态度。例如，想象自己在比赛开始阶段；如果不能进入内侧，就转到外侧进行超车；如果最开始没有领先，就在第一圈的后半圈赶超。这并非预想每种可能的情况，而是无论出现什么情况，都要做好准备并采取正确的行动。

迈克尔·乔丹是最伟大的运动员之一，他在高压环境下会想起过去成功的心理意象。芝加哥公牛队主教练菲尔·杰克逊在他的 *Sacred Hoops* 一书中写道："乔丹不会试图想象投篮细节。他说：'我清楚我想要的结果是什么，但我不会事先想象该怎么做。1982年，我想投中这个球（乔丹凭借最后一秒钟的投篮使所在的北卡罗来纳大学篮球队赢得了美国大学生篮球联赛冠军）。我当时并不知道将要采取怎样的投篮方式，我只是相信我能投中，就真的做到了。'"

这就是开放式的心理意象：具有空静的头脑，初学者的心理，没有期望。

24 心理状态

心理状态对于车手的表现至关重要。然而,大部分车手对心理状态的控制能力很少,甚至没有。也就是说,他们能否进入很好的心理状态完全是随机的。车手很少有确定的过程或方式能够触发理想的心理状态。

心理状态涵盖很多方面:焦虑、快乐、愤怒、紧张、恐惧、激情、热情和同感等。这些心理状态对驾驶表现起着重要作用。

决定心理状态的因素包括:发生在自己身上的事情、别人对自己说的话、外部事件。这些因素可能是正面的,也可能是负面的。当处在不佳的心理状态时,通常会有糟糕的情绪。我们会说"今天心情很差"或"今早起床情绪不佳"。这就会导致情绪进一步降低,变得一发不可收拾。

车手肯定希望每次比赛时都有很好的心理状态。然而,希望并非是有效的策略。你可以学习如何触发优秀的心理状态。

要想成功,必须控制好情绪或心理状态。如果过于兴奋、紧张、抑郁,感到压力大、心烦意乱或愤怒,就无法处于有效的心理状态之中。这会减慢做决定的速度,导致注意力不集中。

不需要精神激动,而是需要平静、放松和专注。精神激动会导致兴奋过度、头脑效果降低。你需要让头脑保持清静,不要有过多没用的想法。

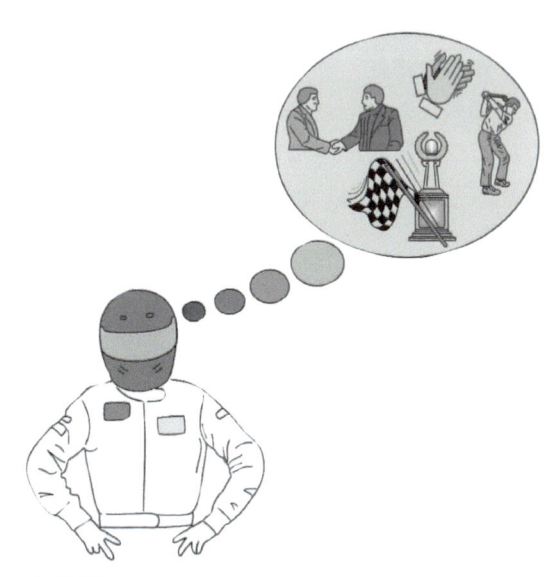

图24-1 回忆过去的成功意象有助于再次获得成功

一旦坐到车里，车外发生的事就不再重要了。重要的是你、赛车、赛道和其他车手，忘掉一切。我想这就是为什么很多车手会觉得赛车是如此放松。他们可以忘掉生活中的一切事情。

优秀心理状态

如何形成优秀的心理状态？最佳方式是在头脑中回忆和重演过往的优秀表现（图24-1）。这里所指的优秀表现并不一定是在赛车比赛中获得，它可以形成于任何场合，例如所参与的另一项运动、积极的业务经验、参与的一项爱好或者一次成功的人际关系体验。

任何可以让人变得非常积极、愉快、有活力和镇定的事情都能起作用。我在培训车手的时候，尤其排位赛之前，会经常用这个方法。我喜欢事先发掘车手过往的出色表现，并让他们在排位赛之前向我讲述他们的经历。有的车手会讲述过去打曲棍球或玩橄榄球时的经历、以往的排位赛或比赛经历，或者成功的业务经历。无论讲述哪种经历，我都可以从他们的神情中看出他们正处在积极的心理状态中。

速度揭秘

回忆过往的成功，以触发优秀的心理状态。

我在培训车手时还喜欢使用另一种方法，那就是让他们以冠军的方式走向自己的赛车，想象舒马赫、弗朗奇蒂等冠军车手是如何走路的。你一定注意到了，有些车手从举止上看就像是去赢得比赛，而有些车手则不是，这主要在于以何种方式呈现自己、如何走路。

如果你效仿舒马赫走路，你的心理状态就会不自觉地更加接近理想状态。将这种方法与过往的成功体验相结合，就会成为一种非常有效的方法。

决策制定

驾驶赛车时不能在有意识的层面做决策，否则你会做出很多错误决定来，因为没有足够的时间去有意识地做决定。决策的制定必须在潜意识层面自然发生。

前面提到过，大脑处理信息的速度在有意识层面是 2000bit/s，在潜意识层面则高达 40 亿 bit/s。因此，驾驶赛车时的任何决策以及任何操作都应该在潜意识中完成。

要想做出好的投资决策，一个关键因素就是具备尽可能多的有用信息。信息量越大，价值越高。赛车手做的错误决定很多都是因为缺乏高质量信息。这些信息来自视觉、动觉和听觉。

如果你能增加和提高进入大脑的感官输入的数量和质量，就可以在赛道上做出更明智的决定。幸运的是，这可以通过感官输入训练来实现。

感官输入训练在提高决策制定方面的效果比任何训练都要好。你的参照点越多，就越能早做调整，所需的调整也就越小。感官信息越多，就越清楚周围发生的状况，因此做出的反应也就越合理。

26 注意力

读 这句话，"不要想粉色大象"。那么，你的头脑中想的是什么？还是粉色大象，对不对？事实上，不想任何事情是不可能的。要想让车手不想或不关注他们不想关注的事情，唯一的方法是让他们关注想要关注的事情。

例如，我教过一位车手，他的领队总在比赛时对他讲："这次不要撞车了；或者，别担心，如果撞了车，我可以把车修好。"这位领队会在车手驶出维修区之前说这些话。这看似是个极端的例子，然而这种事情真的比你想象的要多。这种情况下，车手的大脑会专注什么？撞车！

显然，理想情况是车手周围的所有人都知道自己说的话会影响车手的表现，然而这有时候并不现实。车手必须制定一个计划或策略来应对其他人说的话或做的事。

想要不思考其他人对你说的内容，其实方法很简单，只需要想象一头蓝色大象就行。只要有人说"粉色大象"，你就在头脑中想蓝色大象。需要事先在头脑中设定一个想法。当我说，"不要想粉色大象"时，你应该想蓝色大象。如果做不到，就要多做练习（图26-1）。

重点是预先设定一个想法，用来随时替代其他人有意或无意向你抛来的你不想听的内容。你需要制定一个预定想法，再练习使用它。你的预定想法可以和我的接近。我使用"汽车舞蹈"的方法。每当有人说一些分散精力的话或者使我关注我不想关注的事情时，我就会对自己说"汽车舞蹈"。当我说这句话时，头脑中立刻会出现在湿滑赛道上极限驾驶的画面（这是我喜欢的驾驶体验）。经过多年的练习，这幅画面对我来说已经非常清晰和真实了，几乎能替代任何人所说或所做的任何事。

速度揭秘

设定和使用预定想法。

图26-1 你需要一个策略或程序，让自己在驾车时不要想"大象"。事先准备一个想法，以便在驾驶过程中随时能够触发并专注于这个想法

另外，预定想法对于自己的意义越大，作用就越显著。这就是为什么"汽车舞蹈"对我来说很管用，对你来说可能就不太管用。"汽车舞蹈"能够让我联想到自己和赛车平顺、精确地通过弯道，并与赛车共舞时的画面。

这个理论还有助于决定驾驶的时候眼睛应该看向哪里。尤其是在椭圆赛道或街区赛道上比赛时，让自己不要看或想赛道边上的围墙并不会带来任何好处。当你对自己说"不要想围墙"时，你的头脑真的会把"围墙"记录为信息的一部分。不可思议的是，如果将这个画面或想法放入头脑中，它就会设法让事情真的发生，即使这意味着撞到围墙。

因此，大脑里不要总想着"别看围墙"，而应该想着"看赛车要走的线路"。如果你要做到不想或不看自己不想看的东西，唯一的方法是想或看自己想看的东西。我知道这有些拗口，不过道理完全正确。

专注

专注是保持一致性的关键。如果不够专注，单圈用时就会发生变化。在赛车生涯早期，我总是在比赛之后查看单圈用时，看看变化了多少。如果跑完整场福特方程式比赛之后，单圈用时的差别在 0.5s 之内，那么我会对我的专注程度感到满意。

当身体疲惫时，专注程度会降低。如果你发现比赛最后阶段圈速变慢或者变得不稳定，很可能是你的身体疲劳并且注意力降低了。很多车手在这个时候会将此归咎于赛车，认为是轮胎变差了，但实际上是他们的专注程度降低了。

独自驾驶、努力朝终点前进的过程是比赛中很多车手容易注意力不集中的时候，而这个时候最需要专注。到了比赛的这个阶段，我发现最好的方法是和自己说话，其实就是重新编排思维程序。通常在与自己对话两圈之后，我就会回到潜意识的驾驶状态中。

利用预定想法还有助于集中精力。

车手的专注程度存在一定的极限。当需要将注意力分散到两个或三个地方时，可能轻易地把过多的注意力放在一个特定方面。不过，如果想开得更快，就应该每次解决一个需要专注的方面。在赛道上要避免"哪里都要更快"的想法，因为你的大脑无法一次处理所有事情。最多确定两个或三个能让你提高速度的最重要的方面，然后专注于它们。

防止某事发生所需的注意力要多于使某事发生所需的注意力。不要担心犯错误，要乐于拥抱错误。为抵制错误而投入的注意力越多，例如在弯道出口使赛车远离墙壁或赛道边缘，就越有可能犯错误。要放松！

不要让所犯的错误分散你的注意力。每个人都会犯错误。要从错误中吸取经验，然后忘掉它。当你在赛道上犯了一个错误时，要快速知道为什么犯这个错误，以确保错误不会再次发生，然后专注于下面的事情。这点很重要。

比赛时要专注于驾驶，不要总想着开得更快，也不要担心犯错误。保持放松，让赛车飞驰起来。

行为特性

有人说，每个人都应该得到同等对待。我并不认可这个说法，因为每个人都不相同。我知道这句话的含义是什么，而且也认同每个人都具有相同的潜力。然而，每个人都不一样，具有不同的性格特性，所以应该加以区别地沟通和处理。

性格特征分析方法有多种，其中最受欢迎的是 PDP（Professional DynaMetric Programs）、Performax、Birkman 和 Meyers-Briggs。每种方法都经过了无数次的使用和调整，能非常准确地提供个人的性格特性分析。尽管每种方法所使用的特性集合有一点差异，但是都能得到类似的结果。

有一种性格特性分析方法将人的性格分成四类：

- **强势**：衡量一个人是否强势；衡量范围：从不强势到非常强势。
- **外向**：衡量一个人的外向程度，是否乐于交际；衡量范围：从非常内向到非常外向。
- **节奏/耐性**：衡量一个人以多快的节奏工作，或者多有耐心；衡量范围：从非常没耐心到非常有耐心。
- **服从**：衡量一个人按照常规做事的程度。具体到赛车手，就是车手是否倾向于遵守"规则"，或是他们注重细节的程度；衡量范围：从不太注重细节到非常注重细节。

问自己想处在每种衡量范围的什么位置？是否想非常强势？想外向一些还是内向一些？有耐性还是没耐性？注重细节还是不太注重细节？

每种衡量范围的优势和劣势是什么？如果你非常强势，又恰巧处在耐性范围中的较低位置，那么撞车次数就会比较多，因为你非常具有侵略性，经常试图强行占据有利位置。如果你不够强势，就不会赢得很多比赛，因为你倾向于受其他车手的驱使。

你可能希望外向些，让自己成为媒体的宠儿，以使赞助商获得最大程度的曝光。然而，非常外向的人特别喜欢被别人爱戴，讨厌被别人仇恨。如果过于外向，在赛道上就有可能对竞争对手太好，因为担心他们会不喜欢你。

显然，如果过于耐心，就无法经常获胜；如果不够耐心，就会经常撞车。如果一点都不注意细节，就无法成为优秀的试车员，也不会有持续的表现。如果过多注意细节，车速很可能会比较慢。有些车手特别在意每次都实现完美过弯线路，偏差不超过1in，然而代价就是速度降低（图27-1）。

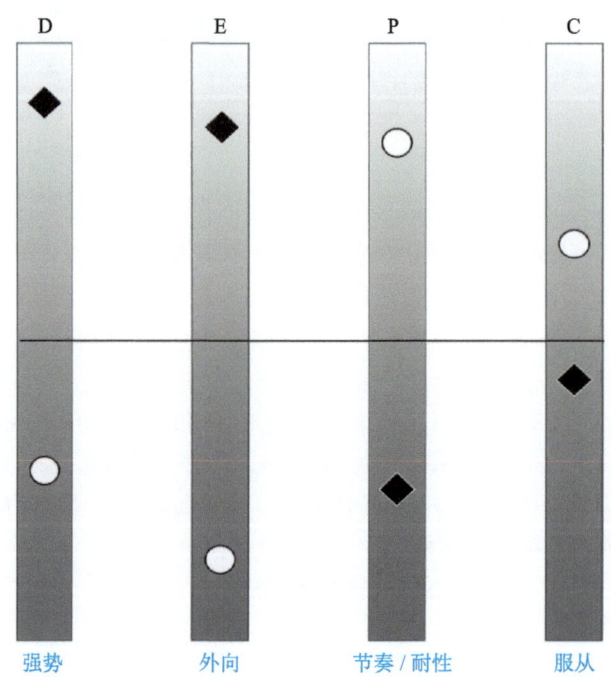

图27-1　在性格特性范围中的位置越高，相应的性格特性就越明显。黑色菱形代表的车手是强势、外向的人，耐性较少，顺从或注重细节的程度处于中等。白色圆圈代表的车手在强势程度上要低很多，内向而且耐心，更倾向于注意细节

实际上，完美的车手应该能够做出调整：这一秒强势，下一秒少一点强势，知道什么时候应该堵住对手，让对手知道谁才是老大，并且清楚什么时候应该退后，等待下一次机会。完美的车手在面对媒体和赞助商时表现得外向，比赛时则更为内向一些。完美的车手既能在必要的时候有足够的耐心，又能在需要的时候提高紧迫感。完美的车手还会在一定程度上关注细节，并且知道什么时候应该舍弃细节，专注手头上的工作。

看到没有，完美的车手就像一条变色龙，能够根据情况做出调整。如果观察真正伟大的车手，就会看到他们这样做。Rick Mears 强势还是不强势？外向还是内向？有耐性还是没耐性？注重细节还是不注重细节？Ayrton Senna、Al Unser、Dale

Earnhardt、迈克尔·舒马赫、达里奥·弗朗奇蒂和 Jimmie Johnson 又是怎样的？

Earnhardt Sr 可能比任何人都更好地学会了如何调整。在职业生涯早期，他强势、内向而且没耐性，后来凭借经验逐渐学会了调整，学会了如何调低强势程度，提高外向程度（在媒体采访或赞助商活动时），以及增加耐性。他可以调整自己的性格以适应不同的情况，这也是他成为伟大车手的原因之一。

必须学会调整。我推荐使用心理意象来改变思维程序。行为特性就在思维程序中，是思维程序的一部分。思维程序可以改变，也就是说可以调整你的性格特性。想象自己胸前有四个旋钮，分别标有 D（强势）、E（外向）、P（节奏/耐性）和 C（服从）。当某种情况下需要更加强势时，调高 D 旋钮；某种情况下需要更加外向时，调高 E 旋钮。

对很多车手而言，学习如何调整行为特性是成为冠军的关键。这只有通过心理意象改变思维程序才能实现。

28 信念系统

决定驾驶表现的最大因素在于是否相信自己。车手在内心深处的自信程度对驾驶表现的影响,比其他任何因素都要大。如果你不相信自己很快,你就不会很快。

> **速度揭秘**
>
> 相信才能做到。

世界上,尤其是体育界里,有数不清的例子能证明信念系统的强大。科学家、学者和运动员曾一度认为,如果有人在 4min 内跑完 1mile,就会死亡。但罗杰·班尼斯特(Roger Bannister)并不相信这个"物理定律",于是在 1954 年,首次在 4min 内跑完了 1mile。接下来的 12 个月内,又有四位运动员在 4min 内跑完了 1mile。要知道,这是几十年来都被认为是不可能达到的极限。而一旦知道和相信这件事情能实现,就会变得相对容易。

观察任何一位世界冠军,你都会不自觉地感到,最令人钦佩的不仅仅是他们的技术。他们的信念系统的强大以及持续性才是最令人印象深刻的,也是他们成功的法宝。

如果一位车手内心真正相信自己拥有避免事故的本领,很可能就真的会具有这种本领。反过来也成立。这就像是能自我实现的预言。假如一位车手意外被牵连到另一辆赛车的撞车事故中,一段时间后,便会再次发生类似事情。这位车手就会想:"为什么这种事总发生在我身上?"他或她就会开始相信,无论在哪里、无论什么时候有事故,自己总会被牵扯进去。

假设另一位车手也遇到了类似的状况,幸运的是他躲过了事故。这位车手就会开始认为自己也许很善于躲避事故。然后,又有一辆赛车在前面撞车,这次又躲开了。

于是，这位车手更加相信自己善于躲避其他赛车的事故。正是因为如此，这位车手真就变得善于躲避事故了。

车手的信念系统在赛车比赛中扮演着重要角色。

当我目睹信念系统那令人惊叹的强大作用时，有时候也会思考，车手的内在力量是否会超过施加在赛车上的物理极限。车手是否会因为过于相信自己的能力，而在驾驶赛车时超出所允许的物理限制。

1993年，埃尔顿·塞纳（Ayrton Senna）在唐宁顿欧洲大奖赛上的表现就很好地解释了这个问题。他驾驶的麦克拉伦赛车在排位赛中成绩不佳（为数不多的几次），只得到第五的发车位置。比赛开始时雨很大，但塞纳第一圈就从弯道外侧超过了迈克尔·舒马赫、卡尔·威灵格、达蒙·希尔和阿兰·普罗斯特，赢得了大奖赛冠军。起初，我和所有观看比赛的人都认为他无法得到冠军，因为已经超出了极限。但显然，他相信能做到，最终真就做到了。

车手的信念系统能压倒物理定律吗？不能。然而，我们知道物理的真正极限在哪吗？当了解量子物理学家正在研究的课题后，你就会明白我们所知道的东西是多么少。

有时候，有那么一点点"无知"是件好事。知识有时会带来局限性。如果你相信赛车极限就在某个特定点或者特定圈速上，那么超越这个预期的概率有多大？很小。

或许，车手的信念系统无法压倒物理定律，但是可以超越现在我们所认为的物理定律。我敢确定：制约车手表现的第一大因素就是车手对自身的信念。

奈杰尔·罗巴克在 *Autosport* 杂志（2000年6月8日）的"Fifth Column"专栏中对大卫·库特哈德，尤其是他在2000赛季中的最新驾驶方式进行了观察和评论。

> 在1月份谈到新赛季时，库特哈德说他决定摆脱"老好人"的形象，放下其他事情，专注于夺得世界冠军。确实，想在2000赛季过后继续为麦克拉伦车队效力，他需要有更加稳定的表现。然而，尝试彻底改变是否明智呢？我对此存有疑问。
>
> 事实上，我并不认为他彻底改变了。说到有一点不同，那就是他看起来比以前任何时候都更加放松和平静，而且这是在经历了西班牙大奖赛之前发生在里昂机场的那次可怕的事故之后（库特哈德在坠机事故中幸存，两名飞行员遇难）。
>
> 这样的经历势必会改变人生观，让人更清楚地知道什么重要、什么不重要。我的印象是库特哈德最近对赛车事业的心态不再那么激烈，他的驾驶和整体工作方案从中受益。现在，库特哈德具有可怕的淡定气质，这是以前从未有过的。

我认为罗巴克从库特哈德身上观察到的正是信念系统的变化。这在2000年上半个赛季尤其明显。当时，库特哈德的队友米卡·哈基宁状态有点失常。车手可通过多种方法建立对自己的信心。据我观察，库特哈德的情况就属于自愿努力（思维程序）与意外事件（哈基宁的轻微状态下滑）的结合。很多时候，意外事件完全是随机发生的幸运事件，有时候则是人为造成的。事实上，人为造成的意外事件十分普遍。换句话说，库特哈德的提高与否对哈基宁的问题起到了助推作用？

罗巴克注意到的有关库特哈德的另一件事情就是库特哈德的放松举止。大多数巅峰期的运动员都有这样的表现，并非巧合。任何人在"尝试"状态下都极少能达到最佳状态，何况是赛车手呢。尝试是有意识的行为，无法形成最佳表现。

托尼·道金斯在 On Track 杂志（2000 年 6 月 8 日）的"Prix Conceptions"专栏中援引了弗兰克·威廉姆斯和帕特里克·海德的关于拉尔夫·舒马赫的对话：

> 威廉姆斯车队喜欢强悍的车手，就像 Alan Jones 和 Nigel Mansell 这样的人。拉尔夫·舒马赫完全符合条件。当威廉姆斯被问及他认为拉尔夫的主要优势是什么时，他不加思考地做出了回答。
>
> 威廉姆斯解释说："他的优势是力量，优秀的身体力量和精神力量。拉尔夫的精神非常坚毅，就像雅克·维伦纽夫那样。他谁也不怕，不相信自己会输给任何人。这并非狂妄。他认为自己是世界上最好的。拉尔夫很聪明、经验丰富，而且非常快。"

本书介绍的很多策略，包括触发程序、触发动作、中心法以及整合训练，都具有双重效果。首先，它们从生理和心理上将你"启动"。第二，如果你相信它们有助于实现更好的表现，就真有帮助。这就是信念系统的强大力量。

如果以富有成效的方式使用头脑，头脑就可以创造现实。换句话说，你所相信的，在头脑中"看到"的，只要专注，就会成真，就会变为现实。

速度揭秘

认为自己做不到，就真的做不到；相信自己能做到，就真的能做到。

车手的信念从哪里来？通过三种方法可将信念编入潜意识：

- **身体 / 经验**：当体验了快速驾驶之后，信念系统就会相信你可以很快。如果你不够快速，就建立起自己不够快速的信念。这是大部分信念系统的形成方式。
- **精神**：可利用心理意象在头脑中预演，进而影响自己的快速驾驶信念。
- **外部 / 内部**：你自己和其他人会对你的信念系统起到很大影响。如果有人不断对你说"你很快"或者"你很慢"，那么经过一段时间后，你就会相信自己很快或者很慢。自我对话也会影响信念。如果你不断告诉自己"你很快"，就必然会起到一定作用。

如果大部分信念程序都来自以往的体验，那么如何在真正体验快速之前相信自己很快呢？这是个先有鸡还是先有蛋的问题。信念在先，还是真实体验在先？没有确切答案。

经常有这种情况，有些车手以前从未开过赛车，就十分相信自己的能力，相信能开得快。如果车手在其他领域，尤其是在其他运动项目中获得过成功，那么他或她就会相信自己擅长所有事。车手在其他领域越成功，这种信念就越强烈。

好消息是可以改变对自己的信念。

改变信念系统的第一步是弄清楚自己的信念是什么。实事求是地在表中列出自己的积极和消极信念。列表应包含你对自己在技术方面和心理方面的信念。不需要让别人看到这个列表，这只是为了让你更加了解自己。毕竟，如果不知道需要改变什么，改变又从何谈起（图 28-1）。

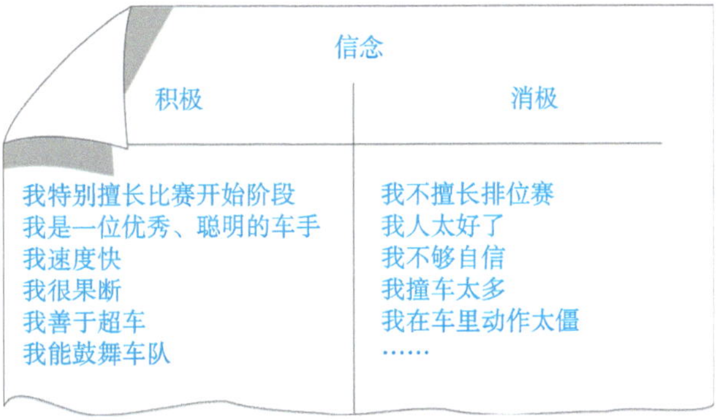

信念	
积极	消极
我特别擅长比赛开始阶段	我不擅长排位赛
我是一位优秀、聪明的车手	我人太好了
我速度快	我不够自信
我很果断	我撞车太多
我善于超车	我在车里动作太僵
我能鼓舞车队	……

图28-1　信念列表可以是图中这种形式。借助列表，你可以解除和改变信念，或者建立你想要的信念

弄清楚自己的信念之后，就可以调整消极信念。很少能一蹴而就，通常需要每天进行两次心理意象训练，用物理改善特征加以佐证，进行更多的思维程序调整和更多的物理佐证，再调整思维程序……如果没有思维程序的调整，信念也就不太可能会发生改变。除非是侥幸提高速度，直接获得高速度体验。

我敢说，你一定不止一次目睹过以下这种情况的发生。一位车手似乎具备获胜所需的所有条件，但却总是输掉比赛；要么在比赛快要结束时出现失误，要么就是车坏了。随后，突然时来运转，跑在他前面的赛车都坏了，这位车手获胜。然后就一发不可收拾，他开始赢得所有比赛。发生了什么变化？难道这位车手突然之间天分大增？并没有。其实只有一件事变了：他的信念系统。

过往成功的影响

没有什么比成功更能提高人的自信了。这不一定是赛车方面的成功，任何方面的成功都会增强你的信心。因此，你要关注过往的成功，在头脑中生动地再现它，回忆当时的情绪和感觉，体会成功时的表现。

通过心理意象回忆在其他体育项目、学校、业务领域、人际关系或爱好方面所取得过的成功。从技术角度重演当时所做的每个细节，体会成功之前、之中和之后的感觉、情绪以及心理状态。

自信促进成功，成功提高自信，这是一个循环。你越是自信，越有可能成功；你越是成功，越会自信。不幸的是，失败和不自信同样存在这种关系。

制定短期目标和长期目标，实现它们，这对建立自信十分重要。为此，目标必须要现实。不要试图在赛车事业的阶梯上爬得太快。如果急于驾驶一辆从心理和身体上都没有做好准备的赛车，就很容易丧失信心。

以提高过弯速度这个简单例子来说明这个道理。如果当前的目标是将过弯速度提高2mile/h，这容易实现，并有助于增强自信和实现进一步提高。如果一开始就把目标定在10mile/h，这个幅度就过大了；如果没能实现目标，就很可能失去信心，无法再提高。

无论是哪一方面的成功经历，都要利用好它。

在1997赛季的世界超级跑车锦标赛中，我前两圈的平均排位是第六。第一场比赛是赛百灵12小时赛，我的发车位置是第十。比赛前的车手大会上，赛事官员说由于电视转播的原因，比赛必须按时开始。在试车圈中，有一辆赛车出现机械故障，这意味着他们必须再开一圈试车圈。由于电视转播时间的约束，我当时认定在跑完第二个试车圈后，绿旗无论如何都会挥动。比赛开始后，第一圈结束时我排在第二。下一场比赛之前，我反复在头脑中回放赛百灵赛道开始时的出色表现，于是我又获得了很好的开局。这个赛季里，我不断在头脑中回放这些成功的开局，因此也就不断获得更多良好的开局。每场比赛开始之前，我都知道我会在第一圈至少超过四辆或五辆车。这说明，在头脑中回放成功会获得更多成功。

速度揭秘

回放成功经历。

现在放下书，用几分钟时间想象自己坐在赛车里，赛车停在下场比赛的起点上。想象尽可能多的细节：其他赛车、赛道、天气、声音等。现在，想象自己就在试车圈的开始点上。

是否注意到你能"看"出一个人的自信程度。尤其在体育项目中，我们经常可以注意到一个人对自己的信念有多强。观察车手走向他们的赛车，经常能感觉出那个车手将会获胜。假如车手漫不经心地走向赛车，似乎根本不在乎，没有当回事，内心深处也根本不相信自己能赢，我从来没见过这样的车手获胜。经常获胜的车手在举手投足间就表现出要赢得比赛，从眼神和步伐中可以看到他们的获胜信念。

现在，继续想象自己在出发点准备跑试车圈的画面。你处在哪个发车位置？如果想象自己停在杆位以外的位置，那么获得杆位的机会就会很渺茫。如果不能想象自己处在杆位，就无法相信自己可以夺得杆位，即便获得了杆位也是因为侥幸。

信念系统具有惊人的力量。这一次又一次地被世界冠军和业余车手所证明。迈克尔·舒马赫在夺冠的那些年是否比竞争对手更自信？毫无疑问。我们可从舒马赫竞争对手的话语中听出来：他们谈论的是必须击败舒马赫；而舒马赫大多数时间都在谈论自己和车队。费尔南多·阿隆索的自信心如何？他知道自己能击败舒马赫，知道自己在各个方面都不亚于甚至超过舒马赫。你可以从他的走路姿态和眼神中看出来，从他的话语中听出来，也可以在赛道上看到。

如何建立与舒马赫或阿隆索一样的强大自信？自信从哪里来？自信可以从过往的经验中获得。但是，如果以前从没夺得过杆位，如何相信自己能得到？以前从没有获胜过，如何相信自己能赢？如果无法相信自己能获胜，获胜的可能性就会减小。

对于以前从未经历过的事，如何相信自己能做到，问题的答案就在头脑中。你可以利用心理意象使自己相信可以得到杆位。在头脑中预先演练某件事情，就可以建立起完成这件事情的信念。

然而，假设你从未在排位赛中得到过第十名以前的位置。你在心理意象中假想自己在排位赛中表现出色并得到杆位，这是否能改变你的信念，使你在下次比赛中夺得杆位？也许能，也许不能。问题在于你的头脑和当前的信念系统可能无法接受这么大幅度的提高。这或许能骗过其他人，但是无法骗过自己。信念系统有点类似于橡皮筋。你可以将它拉伸，但如果拉伸得过度，它就会断。想象自己从第十跃升到第一，这就是幅度过大的拉伸，你的信念系统无法接受，并会断掉。

拉伸信念系统的方法就是找到一个拉伸理由。如果尚未对技术和方案做任何改变，就很难说为什么应该改变信念系统。但是，如果学到了新东西，进行了新的底盘设置，或者有了新的车队成员，那么就具备了拉伸信念系统的理由。这就是赛车教练作用如此之大的原因。好教练有助于改善你的技术和心理准备。成绩提高的重要原因通常在于你的信念系统可以接受一种理由。如果你相信你可以或者应该提高，你就会提高。请一位教练、一位新工程师，或者采用新的减振器设置，等等，这样就有了一个理由让信念系统接受从第十到第一的提升幅度。

速度揭秘

利用自我对话和思维程序，一点一点地拉伸信念系统。

竞赛的心理策略

驾驶赛车需要采取一系列的让步。考虑到赛道上的橡胶积累或油渍、对手的位置变化以及燃油量减少对赛车操控的改变，所以弯道的理想线路每圈都有可能发生轻微变化。你需要不断监视和调整驾驶方式，以适应轮胎条件。几乎每圈都要考虑应该采取怎样的比赛策略，每圈都需要做出各种各样的让步和决定。

选择了最佳让步的车手经常成为比赛的胜者。心理上准备最充分的车手更有可能做出最佳让步。

自身表现与竞争对手

如果把注意力放在自身表现上而非竞争对手身上，你就会变得更成功。

> **速度揭秘**
>
> 专注于自身表现，而非竞争对手。

很多车手过分关注对手在做什么。他们不断看对手如何操作赛车，如何过某个弯道，并查看后视镜以确保将对手甩在后面。

如果他们将注意力放在自己的赛车和驾驶上，或许已经遥遥领先了，根本不用担心对手如何（图29-1）。

集中注意力，100%发挥自己的和赛车的潜力，不要担心竞争对手。如果你的实力已经得到了100%的发挥，那么也就没有更多办法可以对付他们了。如果没有获胜，你所能做的就是提高自己赛车的性能或者提升自身100%的实力。今天100%的实力或许六个月以后就变成了90%的实力，因为你的技术在提高，而且可以一直提高。

按照"竞争对手"这个词的定义，我们要与他人竞争。如果你的关注点是竞争，那么就会降低获得出色驾驶表现的概率。当关注自己的驾驶表现时，反而更有可能表现很好，进而获胜。这颇有讽刺意味是不是？或许，我们应该把自己看作是"表演者"，而不是"竞争者"。

专注于自身表现和执行过程，而不是结果。当你最不关心结果并最专注自身的表现时，反而会获得最好的成绩。这或许是最难以接受的心理策略之一。毕竟赛车就意味着要竞争以及打败竞争对手。然而，当你把自己与成绩剥离，就会减小自己的压力，变得更加放松，使大脑实现整合，同时，结果也会水到渠成。

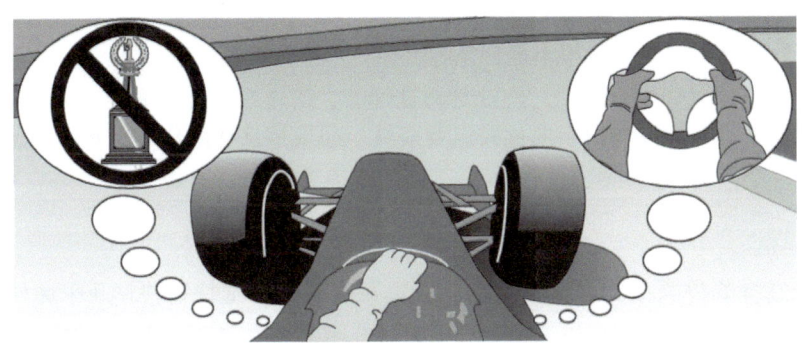

图29-1　坐在车里唯一能控制的事情就是自身的表现。实现稳定表现的重要因素之一就是专注于驾驶，而非结果。如果你发现自己专注于结果，可以让自己思考某个具体驾驶技术，例如进入下个弯道时的方向盘转动速度

想一想，你真的无法控制竞争对手做什么，你对他们的直接影响微乎其微。你所能做的就是控制自身的表现。因此，应专注于自己能控制的内容。

速度揭秘

关注自身表现，结果就会水到渠成。

研究表明，与专注于结果的运动员相比，专注于自身表现（技术）的运动员具有更敏锐的视觉和更快的反应。

不要担心别人说什么；不要拿自己和别人比较，而是与自己过去的表现进行对比，并努力提高自己。在我教过的所有车手之中，越是习惯把自己与对手进行比较的车手，越是吃力。而那些专注于自身、不在意别人如何的车手，反而能够经常获胜。

只根据自己的表现来评估自己，不要把其他人的说法或想法作为评判基准。做自己认为正确的事情，以实现为自己设定的目标。只有自己知道什么适合自己。

获胜者专注于今天的自己，关注当前的事情。他们很少花时间谈论过去的成就或将来要如何。他们回想过去只是为了吸取经验和提高。他们会有短期和长期目标，但是他们知道只有现在的表现才能决定他们能否实现目标。

你需要完全专注于当前的任务，而不是已经发生或将要发生什么，这样才能最有效地激发你的潜意识表现。

无论是特定圈速、排位赛成绩还是最终的比赛名次，这些期望会限制你的表现。有了期望，你就会总想着结果和成绩，进而忽略了当前，忽略了技术，忽略了驾驶表现。

当没有期望时，你就不存在极限，也不会有先入为主的想法来分散你的注意力。期望会导致压力和焦虑，对驾驶表现造成不利影响。另外，你极少能超越自己的期望。

我在培训车手时，首先要做的就是"扔掉"秒表。我要求车手专注于驾驶，不要考虑或担心圈速的事情。为什么非要在乎圈速？如果你达到了某个圈速，是不是就不需要努力让自己更快呢？希望不是！你的目标是不断提高速度。

现在，我知道你在想什么：圈速是测量标准，这样才能与对手进行比较。问题在于，你可能会过于关注与对手的比较以及成绩。如果把这样的注意力和精力放在自己的驾驶表现上，你可能会远远领先对手，根本不需要比较。

舒适区

无论选择哪种类型的赛车，当第一次比赛时都会感觉特别快，几乎无法维持速度。随着经验的增多，你会更加适应赛车的这种速度和感觉。我把这称为舒适区。

然而，在升级为速度更快的赛车后，就需要提高舒适区极限。随着经验的增加，舒适区会扩大，这样你对新速度就会感到很自信。

换成更快的赛车后，有些车手比其他车手适应得更快一些。但这并不意味他们作为车手一定会更加出色，而是他们能够更快地扩展舒适区极限。

当我第一次驾驶地面效应赛车时，也要扩展舒适区，建立自信。对于地面效应赛车，你的速度越快，空气下压力就越大。这样会产生更大的抓地力，意味着你可以开得更快。这需要信心，但并非立刻就能建立起来。

我第一次参加印地赛时，需要一些时间来适应印地赛车的速度，因为以前从没开到过200mile/h以上，所以我必须逐渐使这个速度进入舒适区。

如果感觉情况发生得太快，应对起来很仓促，那么有可能是你向前看得不够远。将视野抬高一点，你的舒适区就会扩大。

要想开很快，并且赢得比赛，必须能够很有信心地在赛车的极限状态下驾驶。这就意味着自身的极限，即舒适区必须至少等于赛车的极限。你的舒适度必须等于赛车的性能水平，否则就几乎不可能以100%的状态驾驶。这需要经验的积累，并且要不断推高舒适区极限。

车手通常会在舒适区范围内驾驶，偶尔超出舒适区以推高极限。作为赛车手，要想开得更快，想要提高水平，你的舒适区必须要超过赛车的极限。换言之，如果不能很舒适地将赛车开到极限，就无法达到最佳表现。如果不能自如地偶尔略微超出赛车的极限，也就永远无法做到持续极限驾驶。

要想提高自己的驾驶表现，扩展舒适区极限，你需要一点点逐渐推高极限。有些车手从来不超出自己的舒适区，也就永远也提高不了。有的车手则走得太远太急。如果推进幅度过大，轻则无法提高，重则严重撞车。

必须对略高于极限的速度感到很自如、很自信。要培养这个能力，最好的方法（但不一定总能实现）是驾驶一辆比自己的赛车更快的车。这样就会适应更高的车速，当回到自己的赛车中，会感到自己的赛车速度慢。这样做的目的是降低你的速度感。

除了驾驶更快的赛车以外，心理意象也是发展舒适区的重要方式。前面已经说过，你可以在头脑中驾驶赛车，然后在头脑中将速度提高到"快动作"。

一致性

伟大车手的特征是具有一致性。如果你能一直在极限状态下驾驶，圈速变化不超过 0.5s，那么就有机会成为获胜者。如果圈速变化超过 0.5s，无论最快速度有多快，也无法经常获胜。

最初参加比赛时，应把注意力放在一致性上，不要过于在意速度。确保你的技术在一圈接一圈的比赛中保持平顺和一致性。

为此，当在极限状态下驾驶时，你必须记住自己做了什么，并且一圈又一圈地重复这样做。这并不像说起来这么容易。然而，只有做到驾驶一致性，才能最后将圈速提高十分之几秒或百分之几秒。

假如想对赛车设置或驾驶技术做一些改变，如果每圈都不具有一致性，又如何知道所做的改变有没有将圈速缩短十分之几秒呢？

努力

赛车手最常犯的心理错误是"尝试"。尝试是一种有意识行为，而非头脑中的程序化行为，因此尝试做某个操作时，身体就会紧绷，无法平顺执行。尝试是导致失误的主要原因，尤其是有心理压力的情况下。你必须学会放松，让身体和赛车"流动"起来，在潜意识下自然而然地驾驶。

车手的目标应该是开得更快。然而，很多车手在这个阶段都是尝试开得更快，结果往往事与愿违。还记得"尝试"的特征吗？尝试极少奏效。相反，赛车时要避免强迫做某个操作，应该放松，让它自然而然地发生，专注于自己的驾驶表现。

电影《星球大战》里的尤达大师说："做或不做，不要尝试。"要么做某事，要么就不做，尝试没有意义。这句话的意思就是：尝试是你找的借口。尝试意味着"努力试图"。对我们来说，这听起来并不积极，对你的大脑来说亦是如此。只要尝试，就会变得紧张；只要紧张，驾驶表现就会受影响。

要想开好赛车，以自己 100% 的极限驾驶，就要在潜意识里驾驶赛车。这需要用到大脑中的"程序"。尝试快速驾驶就像是让没有安装软件的计算机执行任务一样，必然不会奏效。尝试是一种有意识的行为。应该专注于给你的生物计算机提供更多输入。专注于看到、感觉到和听到的东西，感知周围环境，在头脑中将驾驶操作形象化。

是否注意到每次精彩的体育比赛看上去都特别轻松、毫不费力？要取得精彩表现和最好的成绩，所做的努力程度要合适，而且要用在正确的地方。所需的努力程度往往比你预想的要小。这就像精神运动技能一样，所做的不必要的努力越少，就会越成功。关键在于适当的努力或动作的经济性（图29-2）。

图29-2 驾驶赛车时很容易让自己太舒服，而不去冲破自己的舒适区。当然，这样永远不会有出色表现

把更多努力用在错误的事情上极少能实现好的表现。伟大的赛车手能以更少的努力做出出色的表现和优秀的成绩。竞争越激烈，他们就越放松、越自然。

速度揭秘

放松，做更少的努力，让出色表现自然而然地发生。

现在回忆过去你的一些出色表现，无论是体育运动还是其他方面都可以。当时你是紧张、努力地尝试和迫使自己达到出色表现，还是放松、镇定、专注和坚定地做着似乎是自然而然就发生的事情？我敢说你处在第二种状态，甚至察觉不到自己依靠潜意识的思维程序来做动作。

专注于你能控制的东西，专注于你想要什么，专注于你想去哪，专注于自己的动作——执行、形态和技术，而不是专注于还剩多少路要走，还需要将速度提高多少以及所处的位置。

压力

最令人头疼的事情之一就是看到媒体经常会给年轻运动员造成压力，他们就好像随身带着压力罐，有机会就朝运动员身上喷。这种情况在奥运会上尤为常见。媒体似乎特别喜欢提起运动员过去的失败，并问他们是否能将失败抛在脑后。如果我们真正关心奥运会上运动员的表现，就应该让媒体远离他们。当然，这是不可能发生的。

同样，很多车队和赛车媒体也存在这样的问题。如果车队经理认为向每个人（尤其是车手）施加压力就能促进车队和车手的表现，那么他或她应该好好学习一下什么才是提高车队表现的有效策略。

赛车手要懂得如何控制压力，并有控制压力的方略，这点非常关键（图29-3）。

很多车手就是因为害怕失败而制约了自己的表现水准。他们将过多精力放在"不要失败"（结果）上，担心失败造成的后果（至少是自己想象的后果），这样几乎注定会失败。有些车手承受巨大的内部压力（来自车手自身）和外部压力（来自其他人），这些压力具有破坏性，对车手很不利。

内部压力也不完全是坏事，只要将它引导到正确的方向上即可。事实上，内部压力有时候能对人起到驱动或激发的作用。但是，因为要获得好成绩而产生的压力在大多数情况下只会让车手更紧张，增大压力和焦虑感，降低车手的表现水准。一定要让自身的内部压力专注于驾驶表现，而不是成绩。

外部压力则极少能提高车手的表现，大多都会导致失败。外部压力是车手为了在别人面前获胜或为了不辜负他人的期望而对自己施加的压力，也可能是其他人——家人、朋友、赞助商或车队成员——施加给车手的压力。

给车手施加外部压力的人必须认识到他们的期望会给车手带来多么大的负面影响。要知道，对车手的信心与对车手的高期望值之间是有区别的。对车手的信心与车手的表现相关，而高期望值则与结果相关。哪个更好，不言自明。

图29-3　学会如何应对来自车队老板、赞助商、朋友和家人的压力，是车手工作中的一个重要部分

这同样适用于车手。如果你总想着人们对你的期望，别人会说你什么，别人会怎么看，你的取胜机会就会降低。如果你专注于自己的表现，忘掉输赢和失败的后果，你的获胜机会就会增加。

积极的对话

尽可能将一切变成积极的想法。例如，反复对自己说喜欢在雨天比赛，这样你会更擅长在雨天比赛。如果把其他车手认为不愉快的因素（下雨、赛道乏味、赛车竞争力不够等）看成是积极挑战，你的表现就会更好。将它们当作应对挑战和展示自己能力的机会，遇到这些情况时对自己说"看这个"，也就是把负面的想法和问题转变成积极的对话。

研究表明，普通人每天产生大约66000个想法，其中70%~80%是负面的。我怀疑这项研究有没有将冠军车手包含在内！据我观察，优秀赛车手似乎能够将任何事情都变成积极的。我说他们至少有70%~80%的想法是积极的。

一句话重复的次数越多，就越会成为信念系统的一部分。如果你一遍又一遍地告诉自己你是一位出色的排位赛车手，最终你会相信自己就是一位出色的排位赛车手，而且你真正成为出色排位赛车手的概率就会更大。这就像自我实现的预言。

职业生涯早期，我有很长时间在雨天比赛。毕竟，这是美国西北部生活的一部分！当我与没有太多雨天经验的车手比赛时，我意识到了我在雨天有一些优势。更重要的是，我越是告诉自己我在雨天有优势，优势就越明显。当然，我在雨天比赛中有过不少出色表现，这让我更加享受雨天比赛。我仍然喜欢告诉其他车手我是多么喜欢在雨天比赛，仍会使我获得优势。对于别的车手的其他问题，我同样会这样对待。我习惯于让别的车手知道我十分享受和期待他们不喜欢的事情。当我驾驶一辆竞争力明显不足的赛车时，我将这视为展示自己的机会，使自己的表现超出其他人的预期。

强度

每次驾驶赛车，无论是练习还是比赛，都要以比赛时的强度驾驶。如果以"我并不在乎这次练习的表现如何"或"这次练习并不重要"的随意态度进行练习，那么也不要期待在排位赛或正式比赛时的表现会有什么不同。记住，练习就是建立思维程序的过程。如果思维程序是低强度驾驶，那么这就会成为你比赛时的表现。

特别是Formula 2000、Formula Mazda、Indy Lights、Midgets（小型赛车）和NASCAR巡回赛等赛事，竞争特别紧张激烈。我推荐采用以下提高驾驶强度的方法，即无论私下测试、练习赛还是排位赛，每次驶出维修区时都要显得很认真、很重视。急加速驶出维修区，尽快把速度提上来。尽可能做到最好，要确保心态的强度，但不是处于紧绷状态。

慢慢驶出维修区，然后逐渐提高速度，这样不仅会失去宝贵时间，更重要的是还需要很长时间才能在精神上达到高速度并调高自己的心态强度。相反，应该快速加速驶出维修区，第一个驶进赛道，立刻使自己进入高强度状态，以对自己设定高强度心态，并向对手发出信号：我是来比赛的。这样能触发和提高心理强度。

要进入高强度状态，通常需要激励自己。车手有时会出现过于平静、过于放松甚至倦怠的情况，而且并不少见。如果在练习赛、排位赛或正式比赛之前处于这种状态，那么你需要的是一种激励程序。想象自己很兴奋、有活力。然后，做一些身体上的热身训练（交叉爬行），握紧拳头，收缩肌肉，高声叫喊，与别人谈话时使用强有力的话语，提高心率，快速深呼吸，或者听摇滚乐。

有的车手需要让自己兴奋，有的车手则需要让自己冷静，这需要确定怎样的兴奋程度能让你获得最佳表现。每位车手都有自己的最佳兴奋度，最佳的情绪以及紧张、焦虑和亢奋程度。一定要留意自己的兴奋程度，当达到最佳表现时，将此时的状态编入思维程序，以便能够反复回忆起来。

霸道与攻击性

有人说，任何一项体育运动中都要以攻击性的气势压过对手。观察那些伟大的运动员，例如罗杰·费德勒、迈克尔·舒马赫、迈克尔·乔丹和艾力士·罗德里奎兹等，他们并非具有攻击性，而是霸道（大多数时候）。

如果车手做出具有攻击性的行为，通常是为了隐藏弱点。竞争对手很可能会识破并利用这一点。

具有攻击性的发车往往是鲁莽和不受控制的，经常导致灾难。霸道则意味着将赛车开到恰当的位置，通常是可控制的。

速度揭秘

要霸道，不要攻击性。

你看过舒马赫或乔丹失去控制吗？或许，舒马赫在1997赛季的最后一站F1比赛中失去了控制，当时他的总冠军地位岌岌可危，于是他试图在比赛中将雅克·维伦纽夫压在后面。这个举动是霸道还是绝望中的攻击性？我认为是后者，但即使是最好的车手也会犯错误（舒马赫试图阻止维伦纽夫的霸道超车，但自己却冲出了赛道。维伦纽夫获得了当年的总冠军）。

你肯定听说过"好人得最后一名"的说法。人们将好人与是否霸道联系在一起，但事实并非如此。你可以既做好人，同时又比较霸道。如果你不够霸道，我怀疑你是否能第一个冲过终点。或许应该将这句话改成"不霸道的人得最后一名"。

风险与畏惧

毫无疑问，赛车是一项有风险的运动。如果你真想成功，就必须承担风险，而且不仅仅是在赛道上，还在于事业决策方面。

无论是在赛道上还是赛道外，都要对风险做好预测和规划，即使是失败了也比完全不承担风险要好。当然，我们的目标不是失败，而是要有应对风险的计划。常言说，"不做规划，必然失败"。

当然，预测和规划风险才是关键。例如，平时只能以70mile/h通过的弯道，非要冒险以80mile/h通过，这就太愚蠢了。这就好比你刚从驾驶学校毕业，就接受邀请在下站大奖赛中为威廉姆斯F1车队效力一样。无论是哪种情况，都需要你一步一步地做好规划，逐步达成目标。

如果有人说驾驶赛车时从来没害怕过，那么他们要么在撒谎，要么就是从来没接近过极限。世界上任何一位成功的车手都会时不时地被自己吓到。畏惧，或者说自我保护意识，是唯一能防止车手在每个弯道都撞车的利器。如果这种畏惧让你感到惊慌失措，那这就不是好事。如果畏惧能够刺激你的肾上腺素，让你的感觉更加敏锐，并且让你意识到如果速度再快 0.1mile/h 就会撞车，那么这就是好事。

其实，畏惧更多是一种自我保护意识。通常，车手会因速度太快而在当时感觉不到害怕。有几次，我在过弯之后才意识到我离撞车是多么近，知道几乎要撞车时，会有一些畏惧。这或许意味着我正处在极限或略微超出了极限。

畏惧有多种形式，好的和坏的，更准确地说是有用的和没用的。有一种形式是因为撞车会造成身体受伤而产生的畏惧，而这种畏惧通常会限制你的速度。我更倾向于将它看作是自我保护，是好事。事实上，正是这种"恐惧"才能阻止你超出极限，防止你经常撞车。

畏惧与欲望通常是硬币的正反面。有些车手想要取得一些成就，却又特别害怕失败。他们满脑子想的都是对失败的恐惧，而不是获得成功的愿望。这是另一种形式的畏惧。当面对一个快速弯道或艰难的事业决定时，他们会想：如果犯了错误会产生怎样的结果。

如果专注于解决方法、目标或表现，而不是问题或结果，对失败的恐惧就会消失。如果头脑中清楚地知道要实现什么目标，头脑就会找到一个达成目标的方法。

对失败的恐惧会使人变得紧张，无法让大脑整合，减慢反应速度，影响驾驶表现。当然，通常也会造成最坏的结果。

需要记住反馈和感知对学习赛道和提高驾驶表现是多么重要。不存在失败这回事，失败只是做某件事情的结果。这些结果只是相应的反馈和修正，用来指引你朝着目标前进。失败只是你不希望看到的结果，可以从失败中学习，以提高自己的赛场表现。

积极性

如果想开得快、想获胜，就必须要有积极性。一个人无论天资有多高，如果缺乏动力，也不会成为赢家。

如果想赢得比赛，就要对胜利充满渴望，对胜利的渴望要胜过其他一切事情。

一定要弄清楚自己参加比赛的目的是什么。是否想获得胜利？这项运动的哪个方面最能吸引你？要坦诚。目的是什么不重要，重要的是发现它，然后专注于实现目标。你必须热爱你的事业，才会有积极性。记住并体验赛车带给你的乐趣，没有什么比这更能激发你的动力了。

想获胜就要承担一定的风险。你需要决定自己愿意承担多大风险。如果积极性不够，我估计你也不会接受多大风险。

如果没有 100% 的积极性，就很难持续达到 100% 的最佳表现。专注于这项运动最吸引自己的方面。积极性往往来自于对事业的热爱。要在平时的心理意象训练中，想象自己享受驾驶的艺术，体会赛车的刺激，热爱驾驶过程中的每一秒。

由于赛车测试和比赛的费用高昂，因此大部分车手都不用担心"适度"的问题，其实这有助于增加车手的积极性。适当休息，让自己想念它，这可能正是心理医生的建议。

赛车如此富有激情，以至于很多车手一周七天、一天24小时总想着这项运动。如果你也是这样，那么当你真正坐到赛车里，手握方向盘的时候，你的驾驶激情和欲望就可能会减退。

要正确平衡赛车在生活中的地位。记住自己为什么要比赛，不要把自己、事业和赛车看得过重。毕竟，享受乐趣才是参加赛车比赛的初衷。你需要时常提醒自己这些。

速度揭秘

享受赛车的乐趣。

前面已经说过，车手对赛车事业的决心和渴望程度是这个车手能否经常获胜以及能在职业赛车运动中走多远的决定因素。

积极性很大程度上来源于自己对驾驶表现的期望。如果你认为自己在比赛中不会做得很好，很可能就不具备发挥最佳表现所需的积极性。这就像一个自我实现的预言：你不期望自己做得很好，就不会有很好的准备，从而导致驾驶表现和结果不佳——满足了自己的期望。

这就是为什么应该关注驾驶表现而不是结果。你没有理由达不到最佳表现，也就没有理由变得没有积极性。

每场比赛之前设定目标必然会对积极性产生影响。你需要设定与驾驶表现有关的积极目标，应该是可以实现的但又比较具有挑战性的目标，这样你就会为这个目标而努力。反之，不现实或者太容易实现的目标则很有可能会使你失去信心或者积极性不足。

毅力、决心和投入

你知道迈克尔·乔丹最初曾被告知他不够好，没资格加入所在高中的篮球队吗？当然，我们都知道他并没有就此离开篮球运动，而是坚持每天练习，直到加入球队，并创造了历史。关键在于他坚持了下来，绝不放弃。

要在赛车比赛中达到最高水平，就需要大量努力、牺牲、决心、毅力和投入。如果没有这些因素，无论你的天赋有多高，都不可能在顶级职业赛事（F1、印地赛车、NASCAR、超级跑车锦标赛等）中取得胜利。

如果选择一种成就职业赛车事业所需的品质，我会选择毅力。我很赞同博比·拉霍（Bobby Rahal）说过的一句话："要在赛车比赛中获得成功，10%在于天赋，90%在于毅力。"

比赛过程中绝不要放弃。无论落后多远，无论看上去多么没有希望，只要持续施压，对手就有可能出问题。头脑中要想着这种可能性。如果你逼得不够紧，或者放弃，也就没有机会利用其他人犯的错误。

决心和毅力无法保证成功，但如果没有它们，你一定到不了最高水平。确实，有很多车手非常有决心、有毅力，也做了牺牲，但是仍没有达到顶端。然而，我也没见到过哪个没有决心和毅力的车手能够获得成功。

准备

与其他项目一样，心理准备对于赛车来说同样是关键因素。如果没有足够好的心理准备，纵使有全世界最好的技术也无法获胜。经验告诉我，最成功的车手是那些比其他人准备得更好、更充分的车手。

心理准备对成功的影响最大。练习赛或正式比赛之前如何做心理准备因人而异，我很难告诉你哪种方法有效，你必须通过自己试验来找出哪种有效、哪种没有效果。有的车手喜欢独自坐着，不与任何人说话。对于其他车手来说，这样会让他们更紧张，他们需要与朋友或车队成员说话，才能转移注意力，不去想下场练习赛、排位赛或正式比赛的压力。

人们经常谈论迈克尔·舒马赫、迈克尔·乔丹、泰格·伍兹是多么有天赋。其实，这些伟大运动员的共同点是：刻苦的训练，以及为准备各自项目所投入的大量时间和努力。

关于埃尔顿·塞纳的一个故事能很好地证明真正的天赋大多来源于辛勤努力。1985年，塞纳赢得了F1葡萄牙大奖赛冠军，这也是他的第一个F1冠军。然而，就在两个小时之后，人们看到他开着一辆普通汽车在赛道上行驶。要知道，他刚刚以梦幻般的表现在雨中以绝对优势赢得了整场比赛，那么他在赛道上开一辆普通汽车在做什么？他是在尝试如何能够做得更好。这就是一种决心，这就是为成为最好所做的准备。但人们经常把这与天赋混淆。

迈克尔·乔丹经常在比赛之前提早来到场地练习三分球，比其他队友都要早。乔丹这么有能力的球员都如此重视训练和准备的价值，何况其他人呢。

胜利者会想尽一切办法在各方面做准备，包括饮食、身体训练计划、心理训练计划；规划合适的行程；以及确保着装适合赞助宣传效果和得当的公共形象。

速度揭秘

要在各方面做好准备。

赛车驾驶在于控制和纪律。大部分优秀车手（塞纳、舒马赫、Petty、Earnhardt、Mears、Andretti）都会控制好他们的生活以及周围的方方面面。他们非常重视细节。

他们对驾驶装备的照管就是一个很好的例子。几乎所有世界冠军都喜欢让事情井井有条，喜欢很好地控制它们，使它们很有规矩而且完全就绪。

我强烈建议在每次训练或比赛之前用几分钟的时间在头脑中想象如何驾驶赛道，想象要做的变化以及技术调整。每次训练前都计划好要改变什么。赛道上的训练时间很宝贵，要利用好。制订一个计划，然后实施它。

显然，作为车手，你的目标是比所有对手都要更快，只有这样才能获胜。

如果你决定要开得更快些，并确定了如何开得更快，那么就需要考虑可能发生的所有情况。例如，赛车进入弯道时的速度没有提高 1mile/h，赛车在过渡阶段因为不平衡和速度太快而发生转向过度等。这样，你可以在心理上做好准备。这还有助于增强信心，因为情况已在你的掌控之下。虽然你不会感到出乎意料，但也不要总是想着这些情况。

事实上，关注负面想法很可能会减慢你的速度。例如，"如果速度再提高这么多，我就会撞车"这样的想法会使你无法将更多注意力放在积极的想法上；例如，"我可以将 4 号弯道的入弯速度提高 0.5mile/h"。

要想开得更快，就要乐于学习更多东西，学习如何提高驾驶技术，学习新技术，学习如何让赛车跑得更快。这绝对是世界上最富有乐趣的挑战。

从经验丰富的车手或知识丰富的人那里寻求建议，是一种很好的做法。如果你向他们请教，很多车手会感到荣幸，并会因为你努力提高自己而对你心存敬意。

与成功的车手交谈，观看他们比赛，阅读世界上最优秀车手的传记，也会有帮助。分析他们做了什么、说了什么。当然，你不能相信他们所说的一切，但是要倾听。很多时候他们并非有意给出错误建议，把你带入歧途，而是他们并不知道自己取得成功的原因是什么。这就是为什么一定要自己观察，真正思考所有的相关方面。对自己感到棘手的弯道，观察其他车手是如何过这个弯道的。他们可能已经找到了秘诀，而你还没有。但是要注意，他们也许还不如你！查看他们的圈速，并与经验更丰富的车手交谈。

当观察其他车手时，留意他们所用的线路以及赛车的姿态或平衡。问问自己，为什么这个车手或赛车会这样做或出现这种情况，理解背后的策略和技术。

需要提示一句。倾听别人的建议，但你自己才是裁判。这种方法对其他人有效并不意味着对你自己或你的赛车同样也有效。

流动状态

具备足够的经验就会达到流动效果，也就是在潜意识下自然而然、不做尝试的驾驶状态。通常在被别人超越或超过别人之后，会比较难以重新进入状态。要专注于重新进入流动状态，找回自己的节奏，这点很重要。用一两圈的时间与自己对话，这样会有帮助。或者使用更好的方法，使用触发词语找回心理状态。

你会知道自己何时处在流动状态，何时没有。处在流动状态时的感觉很好；通常，如果没有，是因为你在尝试。你无法尝试进入流动状态，只能自然而然地达到。让自己感觉自己像是赛车的一部分。让自己的一切操作自动进行。使换档、制动和转向都在潜意识中完成。

每个人在生活中都体验过流动状态，可能是在工作中，也可能是参与一项体育运动，演奏乐器，或仅仅是经历普普通通的一天。这种状态下，似乎一切都很顺利，做的所有事情都很完美，几乎可以不假思索。然而，每个人也都经历过相反的状态，无论多努力，似乎就是不行。通常，其中的问题就在于过于努力尝试。

我认为，你过去每次经历流动状态时都有两个因素在起作用：第一，你感到具有挑战性；第二，你对自己应对挑战的能力有信心。事实上，挑战加上对自己的信心比任何事情都更容易触发流动状态。

速度揭秘

挑战 + 信念 = 流动状态。

如果你感觉不到挑战，就会觉得枯燥，也就达不到进入流动状态和达到最高水平所需的强度。当然，如果挑战大到令人却步，也同样无法达到最高水平。这时，你会觉得无法应对，丧失应对挑战的信念。如果你觉得自己所做的事情有挑战，而且相信自己能克服挑战，就很有可能进入流动状态，做出最佳表现。

将赛车看作是一个严峻的但可以应对的挑战，这样有助于获得更好的表现。在头脑中建立这样的认识：赛车并不容易，但并没超出自己的能力范围，可以应对。有了这种心态，就更容易进入流动状态。在这种奇妙的状态下，你几乎可以毫不费力地驾驶，全神贯注，时间似乎都变慢了，你所要做的就是享受这一刻的驾驶乐趣。

获胜

本章中，我反复强调不要专注获胜，而是要把注意力放在驾驶和表现上，以及如何能做到这点。这样，你才能提高获胜的机会。这是否意味着获胜不重要？当然不是。获胜非常重要，也是参加赛车比赛的目标。

比赛的目标是获胜，但核心在于比赛本身。赢得比赛是体育运动的目标，但不应成为焦点。获胜是出色表现的最终结果。输了比赛但表现非常出色，这样产生的满足感比赢得比赛但是表现糟糕所产生的满足感更深入、更持久。利用本书介绍的策略确保自己有出色的驾驶表现，胜利就会不请自来。

这些年来，在我教过的所有车手中，那些获胜欲望最强的车手似乎总能让自己做到最佳表现。他们会尽一切可能获胜，不惜花时间从身体和心理上做足充分的准备。而且，他们确实经常获胜，比其他人获胜的次数要多。然而，他们的注意力却始终放在提高驾驶表现上，获胜则是顺其自然的事。

有些车手则无法淡然地对待失败。这种态度经常会导致更差的表现和更多的失败。在谈到失败之后的糟糕心情时，他们都声称自己求胜心切、痛恨失败。要知道，任何车手都不喜欢失败。然而，只有那些尽管不喜欢，但却乐于从失败中获取经验的车手才能经常从失败中走出来并在下次比赛中获胜。

求胜心切的人最需要从失败中学习。每场比赛中，失败者总是多于获胜者，这是体育运动的本质。如果你过多受到失败的烦扰并且耿耿于怀，又不能从失败中吸取教训，那么必然会一次又一次地经历更多失败。

有时候车手必须学习如何获胜。车手（或车队）经常需要一次胜利（无论侥幸取胜还是理所应得），来让自己认识到并且真正相信自己能够获胜。一旦如此，车手通常会驶入正轨，胜利则会接踵而至。

我已经不记得有多少次看到车手和车队具备获胜所需的一切条件，但就是无法取胜。然而，在经过一次侥幸的胜利之后，他们突然变得一发不可收拾，开始赢得所有比赛。

因此，车手要适时地参加自己能够获胜的比赛，我认为这点很重要。如果你在一个竞争激烈的赛事中无法取得胜利，就可以后退一步，参加一两场比较容易的赛事，练习如何取得胜利。然后，再以胜利的心态回到自己的主战场。

亨利·福特的一句话我非常赞同。他说："无论是认为自己能行，还是认为自己不行，都会应验。"你必须对自己和车队成员有绝对的信心，才能成为胜利者。

策略

建立心理意象。想象自己无论在赛车内还是赛车外都处于放松和冷静状态。想象自己专心于达到最佳表现，而不是关注竞争对手。想象自己在不驾驶赛车时对周围环境感到舒适，在驾驶赛车时对车速感到舒适。想象自己对自己的驾驶能力有信心，相信自己属于前列，无论如何都能"跑在前面"。想象自己处在理想的心理状态，既不会过于激动、紧张或亢奋，又不会过于懒散。想象自己足够霸道，能做出聪明的驾驶决策。想象自己参加比赛是出于对赛车的热爱，积极性很高，能竭力达到出色的驾驶表现。想象自己做了充分准备：饮食很好，进行过身体和心理上的训练，准备就绪。想象自己尽管面临逆境，但是可以靠毅力冲出逆境，并向自己和其他人展示决心。想象自己专注于驾驶表现，使结果顺其自然地发生，以此来应对其他人带给自己的压力。

将这些感受、态度、心理状态和信念都编入头脑中；做到放松但要有强度，镇定但要有活力，兴奋但要能控制住，专注但要有感知力。

看、听和感觉自己比以往任何时候表现得都要更好。知道获胜是自己最想要的结果，但也清楚自己的驾驶表现才能决定结果。

在赛车上取得成功对你意味着什么？将它写在一张纸上。你想要实现什么？你想感受到什么？对有些车手来说，成为世界冠军是唯一目标。对另一些车手来说，赛车是为了赚钱，无论哪种赛车或什么级别都可以。而另一些车手纯粹是为了享受赛车的乐趣，无论是业余俱乐部赛还是职业赛都无所谓。

然后，写下为什么要实现这样的成功。为了赚很多钱，为了出名，为了感到自信，为了成就感，为了实现父母的梦想，为了感受高速驾车的刺激，为了击败其他车手，还是因为没有找到自己真正擅长的事情？

具体是哪种理由并不重要，这些理由并不存在哪个更好或哪个不好，关键是要知道为什么，以便提高自己的积极性。你对自己越诚实，这个问题对积极性的提升就越有效。当你需要"提提神"的时候，可以想想自己想要的成功以及背后的动机是什么。

之前提到过，成功和成功感能引发更多成功。花时间回忆并写下生活中至少三次最佳表现。这些经历不一定与赛车有关，也不一定最后都获得胜利或得到高分；可以是学校中的表现，参加另一项运动，工作中取得的成就，或者一段人际关系。将取得这些表现之前、期间和之后的感觉写下来。回忆能想到的每个细节，重温并将它们写下来，然后时不时地拿出来读一读，或者增加一些新体验。

管理错误

每个车手都会犯错误，能够认清和分析错误是非常重要的能力。只有这样才能纠正错误。我并非建议车手总是想着错误，而是建议应提早意识到一些最常见的错误。

作为车手，我自己犯过很多错误。我认为区别好车手与一般车手的因素之一就在于，好车手犯过更多错误并且从错误中学习。与经验较少的车手相比，我经常能够比他们更接近极限，原因就是我超出极限的次数足够多，已经知道了如何应对。我知道如何从错误中恢复回来，这种能力只有靠经验才能获得。

车手最常犯的错误是转弯过早，即达到理想拐入点之前就开始转弯（图30-1），而且各个层次的车手都会犯这个错误。该错误会导致顶点提前，以及在出弯时开出赛道。为避免驶出赛道，必须松缓加速踏板，收紧过弯线路，以便回到理想线路上。显然，这会降低直道速度。纠正该错误的窍门是找一个容易辨识的拐入点，准确知道顶点和出弯点在哪，并在到达之前在头脑中想象它们的位置。

通常，拐入过早由制动过早造成。车手过早开始制动，在距拐入点 10ft 处就把车速降到了预

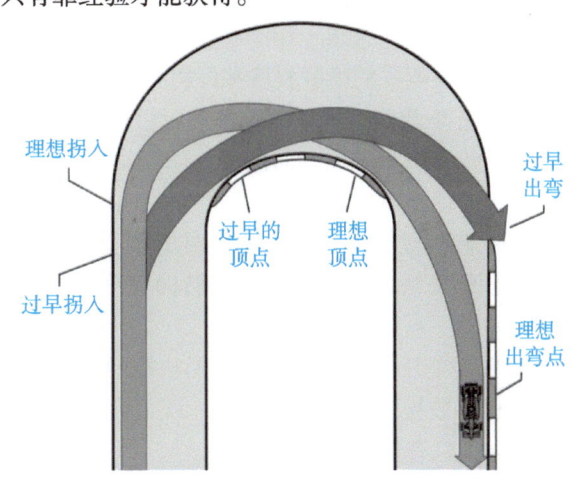

图30-1　举例说明拐入过早会发生什么情况。此时，顶点提前，而且出弯时驶出赛道。如果你意识到自己拐入过早和顶点提前，可试着轻轻降低速度（记住在转弯时突然松开加速踏板会发生什么情况）并收紧过弯半径，以回到理想线路上

期过弯速度，然后开始转弯。显然，解决这个问题的最简单方法就是晚一点制动。

另一个常犯的错误是拐入弯道时过快、过急，也会造成与上面错误同样的结果。这个错误是指在正确的拐入点转弯，但拐入动作过急，造成顶点提前。纠正方法是在开始转弯之前知道顶点和出弯点在哪。另外，还应学会将转方向盘的动作放慢一些（图30-2）。

此前已经提到过，在出弯时应该使用赛道的整个宽度，这点很重要。然而，这也存在一定误导性，造成赛车行驶到赛道边缘时速度不足。如果你是为了符合理想线路而驶到赛道边缘，就会误以为自己达到了所能达到的最快速度，因为此时已经没有空间可走了。相反，有时候，你应该在出弯时尽可能地收紧行驶线路（但不要造成速度损失），以便准确感觉到当前的速度下赛车会驶向哪里。然后，一旦觉得能够达到最高速度并且能够用尽赛道宽度，就可以让赛车自由驶向出弯点。

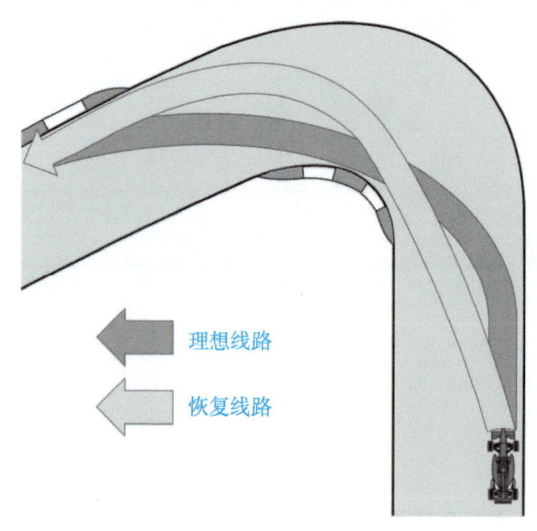

图30-2　如果制动过晚，进入弯道时的速度过快，应该将赛车开向非常早的顶点。这样可以有效延长减速距离

很多小错误都会导致赛车打转、驶出赛道或撞车。其中大部分错误都是因为精神不集中引起的操作失误（影响赛车的平衡性和牵引力）或对速度和位置的误判。错误的后果通常由车手的冷静程度和经验决定。要从错误中学习。

如果赛车开始打转（严重转向过度），在修正了第一个侧滑之后，应立即准备应对由过度校正引起的反方向侧滑。如果发生反向侧滑，应该轻轻校正，眼睛看着并且朝着要去的地方转方向盘，同时要平顺地减缓速度，直到将赛车控制住为止。

重量转移对赛车打滑或侧滑时的状态有很大影响。平顺地控制重量转移是控制赛车打转的关键。赛车打转属于转向过度，因此需要看着想去的地方，并且朝此方向转向。

如果赛车开始打转而且已经无法控制了，那么赛车就会完全旋转起来。没关系，这时要保持放松，观察要去哪里，踩下离合器踏板，锁死制动，不要撞到任何东西。此时能做的只有这些。

很多人相信这是证明是否达到极限的最佳方法。因此，如果赛车发生打转，应从错误中学习。

如果赛车发生打转，应立刻踩下制动踏板，锁死制动器。赛车会继续朝着锁死制动之前的方向前进，并且车速会降低。同时，踩下离合器踏板，并通过补油来保持发动机运转。希望在赛车停止旋转后能够立即驶离。记住，赛车打转时要双脚齐上阵，同时踩离合器踏板和制动踏板。

无论情况如何糟糕，都应该看着想去的地方。不要放弃，要尽可能重新获得对赛车的控制。

赛车打转时，车手会努力调整赛车，经常因此而造成发动机熄火。这时候不要着急，查看四周，避免被别的车撞到（并留意裁判的信号），增大发动机转速，继续回到比赛中。记住，轮胎上会有很多砂石，严重减小轮胎的抓地力。因此，要等砂石清理干净后再加速，否则赛车会再次打转。

在椭圆赛道上，如果发生侧滑并且到了无法修正的程度，就必须果断放弃。如果继续调整赛车，则很可能旋转着或径直撞到墙上。明智的做法是承认赛车会打转，并允许它打转，这样还有可能转到赛道底部。

如果进入弯道时的速度有点过快，无法使赛车正确拐入呢？大多数车手的反应是继续制动。其实，如果轻轻松一些制动踏板，过弯的概率会增大很多。原因有两个：

- 赛车的平衡性会更好（不会有过多向前的重量转移），这样四个轮胎都能在赛车转弯时发挥作用，而不是使前轮胎过载。
- 车手可在牵引力极限状态下集中精力控制赛车，而不是"使赛车减速"或"幸存"。

不管你相信与否，这个方法比其他很多"窍门"都更有助于提高过弯速度。你会发现赛车的过弯速度比你想象的更快。

如果进入弯道时速度过快（很可能是由于制动太晚），就应朝着比较靠前的顶点开，这样会有更长的直线制动时间来降低车速。

如果出弯时赛道宽度不够用（可能是因为拐入点和顶点较早），则可能造成两个车轮开到赛道边缘外侧的土地上。此时，要做的第一件事是把前轮调正，朝正直方向开，即使这样意味着要朝墙壁行驶几秒钟。目的是让自己有时间降低车速和恢复对赛车的控制。

如果想立刻将赛车驶回赛道，就很可能会造成只有两个前轮和一个后轮回到路面。这样常导致赛车在赛道上快速旋转，经常会撞到其他赛车。或者，如果车轮以错误的角度压到赛道边缘，则可能导致翻车。正确做法是使前轮保持正直，直到恢复对赛车的控制为止。不要慌张，不要将赛车猛拉向赛道，这样行不通。

将错误降至最小

我在第22章中提到过，经验丰富的车手并不比新手犯错误少；区别在于，经验丰富的车手能够更早意识到错误，因为他们可以获取更多感官输入，具有更多参照点，能以更微妙的方式更早地对错误做出反应。换言之，他们将错误降到了最小。

因此，你在赛道上的参照点越多，所犯的错误就越少。事实上，你自己可能都意识不到错误的存在，因为在错误发生之前就把它们纠正了。

这个道理同样适用于决策制定。例如，做一项财务投资，获得的信息越多，就越有可能做出正确决策。同样，如果与好几辆赛车同时进入弯道，获得的信息越多，你的超车决定就越明智。有些最高水平的职业车手在错误决定方面是出了名的，就是因为他们由于某种原因错失一些了感官输入，并缺少了一点点信息。

经验丰富的车手并不一定能看到更多参照点，也未必就更善于减小错误的影响。通常情况下，随着车手经验的增加，车手会更加善于吸收输入到大脑中的信息。相信我，情况并非总是如此。我就看到过一些新手比有20年驾驶经验的车手更善于获得信息（图30-3）。

速度揭秘

参照点越多，犯错误就越少。

车手应该从哪里以及如何获取更多参照点呢？只能通过更多经验和更多驾驶训练来获得吗？驾驶训练确实有帮助。不过，车手完全可以加速这个过程。如何办到？方法就是专门练习这种能力，以让自己更加敏锐，提高和增加感官输入的质量和数量。

我要再次强调感官输入训练的重要性。大部分车手从未做过这项训练。做这项训练的车手往往速度非常快，很少犯错误，而且是出色的测试车手，因为他们对赛车动作有着特别灵敏、准确的反馈。对于不做这项训练的车手，结果就可想而知了。

现在说说车手最常犯的错误：入弯时顶点过早。导致该错误的原因是拐入过早或过猛。无论是哪种情况，最终结果都是赛车在出弯时

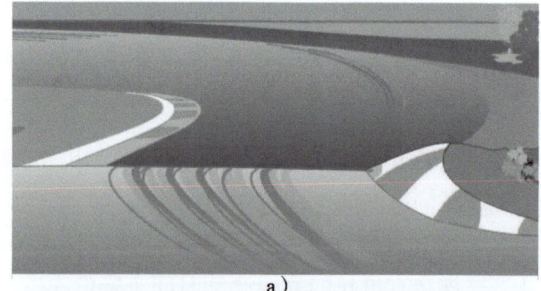
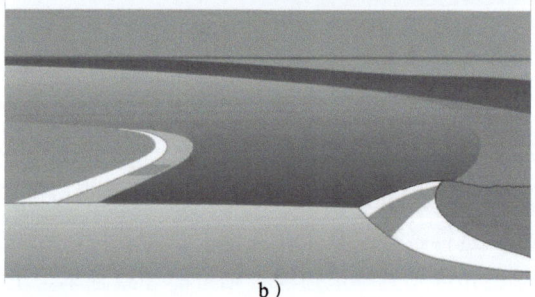

图30-3 参照点越多（感官输入越多），错误校正就会越早，也会越微妙。当面对同一段赛道时，两位不同车手看到或选择的参照点数量是不同的。注意，图a车手看到的信息比图b车手看到信息多了多少

赛道宽度不够用，造成车轮驶到赛道外面，赛车打转（车手通过增大转向幅度做最后1s的校正），或是撞到墙上。对此要加以避免，必须在赛道中间进行纠正。如果能较早地认识到问题，这并不会很难。

问题在于有些车手要么不能足够早地认识到错误，要么不知道如何纠正错误。其实，做到这两件事情——发现错误和纠正错误——很容易。

如果你的赛车在到达顶点之前顶着弯道内侧，就说明已经犯了错误，并使顶点提前。解决办法很简单：只需要调整速度或转向。如果正常情况下你在顶点处使用全油门并回转方向盘，那么你必须轻轻松加速踏板（突然松开可能造成赛车打转），并且收紧过弯半径，直到回到正常的理想线路上为止。

当然，这是假设你知道弯道顶点确切在哪里。如果不知道，最好定一个容易识别的顶点作为参照点。如果你没有为赛道上的每个弯道设定参照点，这或许就是拐入过早的根本原因。此时，问题在于你无法确切知道自己要去哪。

容易识别的参照点越多越好，这非常关键。为此，要在练习过程中通过感官来吸收它们（图 30-4）。

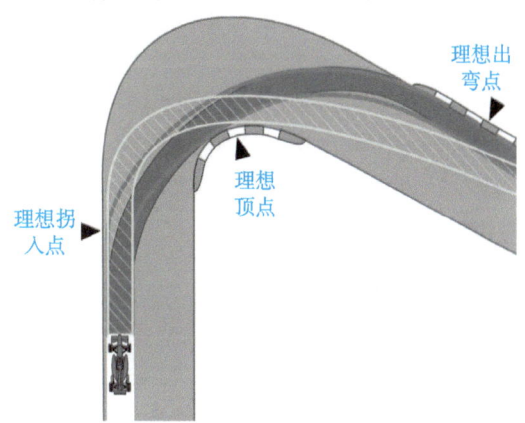

图30-4 入弯时最常见的三个错误：拐入过晚（黄色条纹线路），拐入过早（蓝色线路），拐入位置正确但是拐入时过于突然。避免或减小错误的关键是在头脑中清楚地知道拐入点位置以及拐入时的转向动作，并且要环视弯道而不仅仅是看透弯道

速度揭秘

通过增大感官输入来减小错误。

车手会认为如果有件事情一次不成，就永远也成不了。这是一个普遍的"错误"，也是最具挫败感的情况之一。

例如，你认为可以在 6 号弯道上把入弯速度提高 1mile/h 或 2mile/h，而且不会影响出弯时的加速度。你知道这样做会明显提高圈速，于是在赛道上尝试了两圈，把入弯速度提高一些，但赛车出现了少许转向不足，你无法将赛车开到顶点。于是你的结论是，赛车无法应对这少量的入弯提速，随后就降回了最初的入弯速度。

这个结论不是在有意识层面得出的，而是在潜意识层面。为了避免撞车，你的自我保护本能会自动将速度调回到最初的入弯速度，你自己甚至都察觉不到。

很多情况下，问题并非在于增加的速度，而是缺乏相应的技术调整来适应新的速度。当以更高速度入弯时，如果循迹制动能够更多一点，赛车就更有可能恰到好处地朝顶点旋转，你的速度也会更快。实际情况是，当车手试图以更高速度入弯时，他们会更早地松开制动踏板，造成循迹制动距离缩短。这样确实会使入弯速度更高，但若没有足够的循迹制动，赛车则很可能无法应对更高的速度（图 30-5）。

这种情况下，速度其实是成了替罪羊。

因此，不要因为开始没有成功提高入弯速度，就对此持完全否定的态度。应再想一想如何行驶这段赛道，或许稍稍改变技术就能让赛车达到更高的速度。

回忆一下前面讲过的四个阶段：线路、出弯、入弯和弯中。例如，随着入弯速度的增加，可能需要改变线路。

> **速度揭秘**
> 如果需要改变并且第一次没成功，
> 就应该重新思考并且再次尝试，
> 通过改变相应的技术来实现速度的增加。

问题的关键不是试图减少错误，而是管理错误。认识到这一点，必然会减少错误的发生。大多数情况下，车手总是尝试避免犯错误。尝试不犯错误反而会适得其反，增大错误发生的概率。你的任务是尽可能地减少错误的影响，有了这样的思想，管理错误就容易多了。

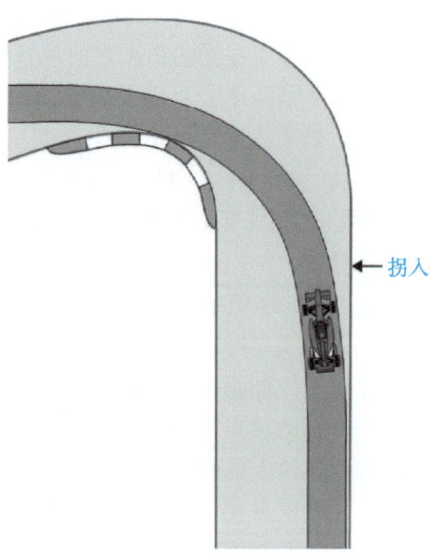

图30-5 很多车手常犯的一个错误是在拐入点之前使赛车偏离赛道边缘。这其实是自欺欺人的做法，而且会为此付出代价。要注意赛车在拐入点是否紧挨着赛道边缘行驶

习惯于不舒适

伟大的车手都知道,要想极限驾驶就要时不时地超出极限。本书前面已经介绍过,车手需要略微超出极限,略微低于极限,并在二者之间反复变换,最后的平均效果是刚好处在极限上。当然,平顺很重要,但有时候也要过一点线。如果感觉赛车状况很好、非常平衡,没有过大的转向不足或转向过度,那么你可能需要将极限稍稍推高一些,让赛车表现出弱点。如果刚好处在极限驾驶状态或者稍稍低于极限,你会感觉赛车特别平衡,也就无法知道它的弱点在哪,这表明你需要在驾驶时更加霸道一些。

如果你认为优秀车手从不过线,从不犯错误,从不过度驾驶,那你就错了。这些其实都是冠军车手经常做的事,但是他们能够充分利用这些状况。他们与普通车手的区别在于:他们也会过度驾驶,也会犯错误,也会超出极限,但是能够举重若轻、泰然处之。

如果你看过F1、印地赛车、NASCAR或其他极限驾驶状态下的车内视频,就会知道这些车手经常处在撞车的边缘。极限驾驶仿佛就是出错前的险境。他们接连不断地经历一个小错误到另一个小错误。有些错误能看出来,有些则看不出来,无论你观察多么仔细。如果一位车手从不犯错误,那么我敢保证他或她也不会很快。

> **速度揭秘**
>
> 让赛车显现弱点。

本书反复强调极限驾驶意味着要稍稍冒一点风险,在心理上应该感到有一点不舒适。但要习惯于这种不舒适,这点很重要。有些车手知道要让自己感到不舒适,但他们无法习惯;他们知道要处在风险边缘,但无法适应这种状态。

有些车手则完全无法适应这种不舒适的状态，以至于不采取极限驾驶。他们对极限驾驶的心理意象是错误的，他们想舒适地驾驶，但这样也就达不到很快的速度。

速度揭秘

习惯于不舒适。

选择其他令你感觉不舒适的状况，使用这种状况的心理意象。在头脑中回放过去让你感到不舒适的事情，感受自己的舒适程度与之匹配。感受自己的舒适范围正在扩展，让自己所做的事情变得越来越舒适。想象自己渴求少许的不舒适感，这点十分重要。感受身体对这种不舒适感的激烈反应，但是仍保持正常呼吸，并从这种感觉中获得乐趣。

舒适感在一定程度上取决于准备，这适用于任何状况。很多车手在雨云出现时会感到紧张，自信心降低。他们"知道"自己不擅长在雨天比赛，因此他们在雨天表现不佳。然而，有的车手在知道要下雨之后却感到很欣喜。这与是否习惯于不舒适有关，取决于是否已做好了心理准备。心理准备也可借助心理意象来实现。

看、听和感觉自己在所有艰难状况下开得非常快，而这些艰难状况正是其他车手唯恐避之不及的。建立思维程序，让自己在感觉不舒适时能够很快适应过来；并且要知道当自己不舒适时，其他车手也不舒适，但区别在于他们没有准备。其他车手没有为此做好心理准备，也就无法适应产生的不舒适感。

最优秀的车手喜欢任何状况，似乎条件越不利，就越适应；条件越困难、越苛刻，他们就越是感到自如。你需要适应不舒适感，与赛车在极限下共舞。

32 发挥优势

有些车手在比赛的前几圈速度很快,但是随后速度会变慢;有的车手则是到了比赛的一定阶段才开始进入状态。显然,完美的车手应该不仅在比赛开始时速度快,还要在整个比赛过程中保持速度。据我观察,更多的车手是比赛开始时速度慢,随后一点点提高速度。不过,确实有不少车手是随着比赛的进展而速度变慢。

本书的前面提到过,我在一个赛季中的前一两圈特别出色,每场比赛的头一圈至少能超过三四辆车。随着那个赛季的进行,我有强烈的信念认为我是最快的起跑者,然而我却开始怀疑我能否在整场比赛中保持速度。有时候人的想法很奇怪:如果一个人在某件事情上特别出色,就无法在其他事情上也同样出色。当然,也有例外情况。超级明星级的车手似乎就擅长所有方面,不过这种人很少;大多数人都会认为如果擅长某件事情(例如比赛的开始阶段),就无法在其他方面也同样出色(例如比赛末尾阶段)。

这种思维在每项体育运动中都存在。是否注意过自行车运动员要么擅长爬坡,要么擅长冲刺;篮球运动员要么擅长进攻,要么擅长防守;有些商务人士精于营销,不擅长财务,有些则相反?我自己也是这样。我在想,如果我的开赛阶段那么好,那如何才能在整场比赛中保持住呢?

赛车比赛的一个好处是可以查看数据,无论是使用数据采集系统还是计时器都可以。在提到的这个赛季中,我查看了每场比赛从第一圈到最后一圈的圈速,之后感觉好多了。我的第一圈成绩距我的排位赛成绩 0.5s 以内,而且我在整场比赛中都保持着这个速度。那年,我的很多对手都需要用几圈时间来接近他们的排位赛成绩。因此,并不是我变慢了,而是竞争对手经过几圈之后达到了最高速度。因此,我又对我在整场比赛中保持一致圈速的能力恢复了信心。

我曾教过一位车手,他在比赛的前一两圈很有信心,速度很快,但他的信心会随着圈数的增加而减弱。不幸的是，他的圈速也随着变慢。刚一开始教他时，我就觉得原因其实很简单。他在比赛的前一两圈实在太忙了，根本没时间失去信心。但是，随着比赛稳定下来，他开始有时间思考了，意识到了发生的一切，并认为这么快的速度不是自己应得的。事实证明我是对的。他在比赛最开始没时间否定自己的自信心。然而解决办法并非简单地告诉他不要这么想。

告诉一位不自信的车手要变得自信起来，就像告诉一个抑郁的人要高兴起来一样，起不了作用。如果不改变思维程序，这位车手想要的改变就根本不会发生。

要帮助这位车手其实很简单，因为解决办法就在他面前。他知道自己擅长第一圈，于是我建议他把每圈都当成第一圈看待。就是这么简单，他从没有想过每场比赛都可以看作是由很多个第一圈组成的。如果车手对自己的开赛表现有100%的信心，再告诉他们这个方法，你就会看到他们脸上的放松表情。

这位车手在思维程序中数百次地演练如何驾驶"第一圈"。他看到、感觉到、听到驾驶第一圈时的所有细节，感觉驾驶第一圈时的情绪状态，感受驾驶第一圈时的心理状态。他喜欢驾驶第一圈，喜欢从第一圈开始到第一圈结束榨干赛车每一滴性能的感觉。他在头脑中反复这样做。他在头脑中驾驶第一圈的次数越多，就越能更好地看到、感觉到，并且听到自己成百上千次地以极限状态驾驶第一圈。他感到从未有过的自信。无论驾驶多少个第一圈，他都是主宰者。

接下来的三周里，这位车手每天至少用20min的时间在头脑中驾驶"第一圈"。每次在头脑中经过起点或结束点时，他都会说："第一圈。"这样他建立了用来启动第一圈思维程序的触发词，并随后在赛道上启动这个思维程序。

在接下来的比赛中，这位车手取得了惊人的成效。不仅整场比赛中每圈之间相差不到0.2s，而且第一圈成绩比排位赛快了0.5s。由于每圈与第一圈的差距都在0.2s以内，因此每圈都比排位赛的成绩快。猜猜他在接下来的心理意象训练中做了什么？没错，他把排位赛也看作是"第一圈"。这位车手在随后的比赛中夺得了他的第一个杆位。

速度揭秘

利用自己的优势克服自己的弱点。

学 习

无论是哪种体育项目，选择一种成为超级明星的必备能力，你会选什么？出众的手眼协调能力？对胜利的渴求？工作热情？还是天赋？

这些特征都是重要因素，然而真正能区分伟大运动员的因素是学习能力。我认为，任何项目的超级明星都不一定比别人具有更高的天赋。真正的原因在于如何利用天赋。

与其期望自己在头脑和身体上具有多么高的天赋，不如多多地学习。为什么不发展自己的才能呢？本章就要介绍车手应该如何学习。

当被问及去赛道的目标是什么时，大部分车手会回答，"为了开得更快""为了获胜""为了调整赛车"等。这些都是合理的目标。不过，我相信还有一个更重要的目标，这个目标最终可实现其他所有目标，这个目标就是学习。如果你不断学习，那么变得速度更快或者成为更出色的车手，这些都将自然而然地实现。

学习过程中，你会不断提高自己的驾驶表现，从而也就增大了获胜的概率。

学习公式

就我个人而言，我所学到的最有用的内容是"学习公式"。如果你使用这个公式，它就是本书中最有用的信息。

$$学习公式：MI+A=G$$

MI 代表心理意象，A 代表意识，G 代表目标（想要学习的东西）。如果每次想提高一些技术（如果不是每天，至少应该是每次去赛道时）都使用学习公式，你就会惊叹于自己的学习与提高能力。

几年前我教过一位年轻车手，当时他第一次驾驶椭圆赛道。每位车手在第一次驾驶椭圆赛道时都会遇到的挑战之一，就是在出弯时让赛车靠近围墙。如果你不回打方向让赛车靠近围墙，最好的结果是车速减慢，最坏的情况是导致赛车打转。因此，在两个小时的赛道训练中，我用无线电不断提醒他在出弯时要靠近围墙。

但我的提醒没起作用，他与围墙的距离就没有小于过4ft。

后来，我问他驶出4号弯道时赛车应该在什么位置。他说："应该距离围墙约1ft。"我要求他想象从驾驶室看这个距离，以建立清晰的心理意象。由于那天是私人测试，因此我们有机会走到赛道上，亲身感受这样的画面。然后，他用了大约10min的时间放松，闭上眼睛，反复在头脑中"看"赛车从距离墙壁1ft的位置上驶出4号弯道。这样，他建立起了心理意象。

多年来，我一直教其他车手利用形象化来学习和改善各种技术，效果很好。形象化能显著提高学习能力和学习速度，这就是为什么从事各种项目的运动员都依赖于这种方法。我知道思维程序终归会形成，但我已经没有等待的耐心了。我希望这名年轻车手现在就能靠近围墙。

通过这次教学，我开始真正认识到了意识在学习过程中的价值，我决定把这个因素加进来。我让这位车手在建立了心理意象之后回到赛道，这次要求他只加强意识，而不考虑其他事情——包括让赛车靠近围墙行驶。他每次驶出4号弯道时，我都会让他通过无线电告诉我赛车与围墙的距离。这样我就能迫使他形成意识，将 A 添加到等式中。

第一圈，他通过无线电告诉我，"4ft"。第二圈他又告诉我，"4ft"。第三圈是"2ft"。到了第四圈，他告诉我"1ft"。这次只用了四圈就实现了我们之前50或60圈都没有实现的变化。短短几分钟时间，他就改掉了之前两个多小时都没有改正的问题。通过 MI 与 A 相加，他实现了目标，得到了 G。这位车手再也不用练习让赛车贴近围墙了。

从那以后，我自己以及在教学过程中都会经常使用这种方法。每当我想改变驾驶技术时，都会利用形象化来建立清晰的 MI，然后在赛道上通过问自己问题的方式建立意识，即建立 A。

这些用来建立意识的问题可以是："是否能以更快的速度入弯？"或者"我需要多霸道？"我还会问自己"距路缘末端多远拐入？"或者"进入弯道多远使用全油门？"然后将这些问题与恰当的 MI 一起使用，特别有助于快速、高效、安全地实现目标。

我真的找不出哪种学习方法比学习公式更快速。无论在赛道上还是赛道外，都要练习使用这种方法。

再举个例子说明如何使用学习公式。假如你在进入某个弯道时总把速度降得过低，你会反复告诉自己"提高入弯速度"，但是不起作用。为此，可以建立轻一点制动的心理意象，形成思维程序，不要降低这么多的速度，将入弯时的速度提高 2～3mile/h。这样会有效果吗？是的，很有可能，但需要一些时间。

之所以需要一定时间才能起作用，是因为你只为想做的事情建立了心理意象，而没有对现在的入弯速度建立意识。因此，从1到10将入弯速度分等级，10代表极限状态。然后回到赛道上，并问自己每圈距 10 有多远，距目标的心理意象还有多远。通过将心理意象与意识相结合，你就会不知不觉地以更高的速度入弯。

如果车手既有清晰的心理意象，又有对自己现在所做操作的意识，他的头脑就会将二者结合在一起。令人意想不到的是，车手很少能同时具备这两个因素。有些车手清楚地知道自己想要实现什么，但无法意识到当前所做的操作。另一些车手对于自己想要什么没有明确的心理意象，大多是因为他们过多地注意现在所做的事情。他们把精力都放在了当前的错误操作上，而无法获得对目标的心理意象。

自我教学

我希望每次上赛道时都有一位合格的教练帮助车手提高驾驶表现。希望你也是这么想的。然而，由于费用所限，这却是不现实的，而且也没有那么多合格的教练分配给每位车手。因此，你需要学习如何自我教学。

自我教学就是引导自己实现最佳表现以及在各方面进行改进。

自我教学涉及自我问询。这样做是为了提高意识度，因为不建立意识，就很难知道怎样做才能改善技术，也就无法实现改善。

提高意识度的一种最佳方法是向自己提问，并对各方面表现和能力评分。例如，我喜欢使用 1～10 分来评价我的整体表现、平顺度、强度以及与极限状态的接近程度。为了便于评分，我采用表 33-1 这种提问表格。

提问表格的作用是评价轮胎与极限的接近程度。10 分代表正好处在牵引力极限，1 分表示距离极限还很远。要对赛道的每个部分进行评分——制动区、入弯区、弯中区和出弯区。

> **速度揭秘**
>
> 通过（自我）提问来提高意识度。

当然，不用表格也可以向自己提问，不过写下来的效果会更好。把内容写出来的同时会提高意识程度而且更加准确。当把评分写在纸上时，你会更加诚实。

除了使用提问表格外，我还建议在每次赛道练习后问自己几个问题。附录 C 给出了几个示例问题，其中有的是在赛道练习之后问，有的是在赛道练习之前问。如果能回答这些问题，尽管有时需要经过深挖过程，但你就能将自己的赛车驾驶表现提高很多。问这些问题的目标是帮助你更好地意识到自己在做什么。如果你能意识到自己在做什么，并且知道自己想要做什么，就会快速地、自然而然地进行必要的改进（图 33-1）。

表33-1　自我提问表格

日期：	赛事：	俄亥俄赛道（Mid-Ohio）
车手：	赛车：	
环节：	最快圈：	
其他：		

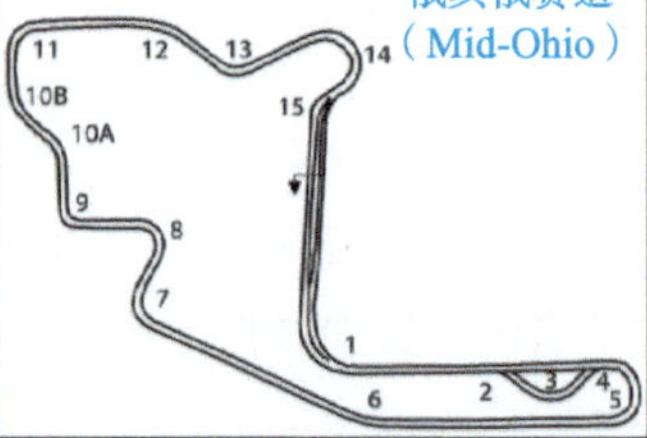

车手笔记

弯道	档位	制动	入弯	弯中	出弯
1					
2/3					
4/5					
7					
8					
9					
10A/B					
11					
13					
14					
15					

评论/要改进的方面

学习风格

每个人（包括赛车手）在学习任何东西时都会采用不同方式。我们每个人都有自己喜欢的学习风格。有些车手通过视觉学习效果最好，有些车手通过听觉学习效果最好，另外一些车手则更习惯于利用动觉。

如果车手喜欢以动觉方式学习，但你却不断告诉他如何做某事，那就不能怪车手不明白。如果车手习惯听觉学习方式，你却用图片给他讲某项技术，那么车手学不会就是你的责任。

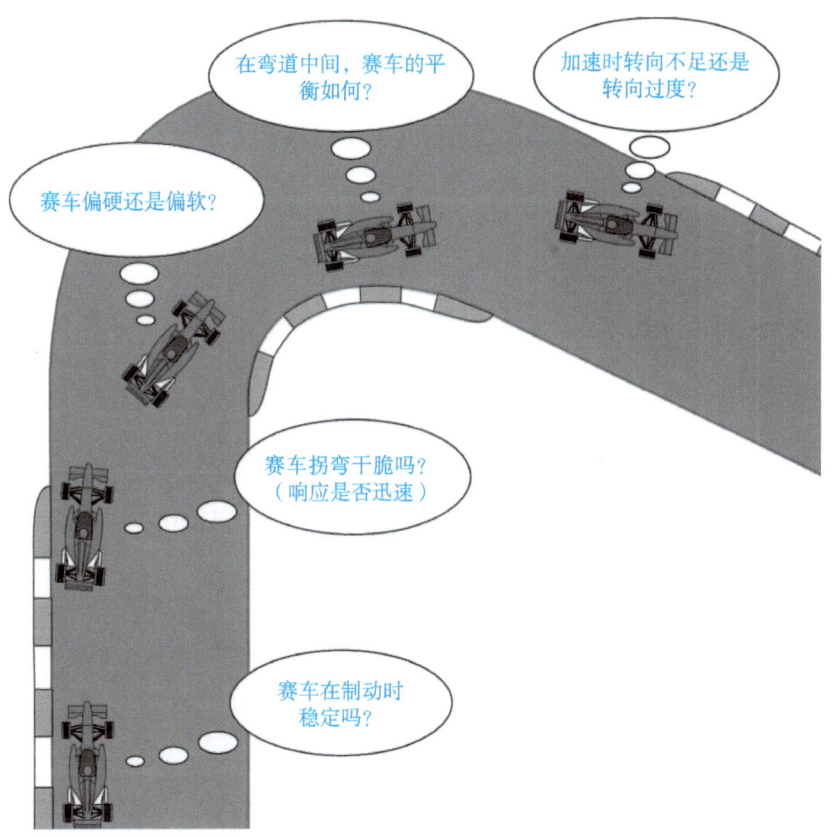

图33-1　不断问自己积极的问题（自我教学问题），以提高意识度

如果想让车手学习某项内容，应该通过车手喜欢的学习方式来呈现。否则，车手学起来就会比较费力。

如何知道车手最喜欢哪种学习风格？可以观察车手什么时候学得最快、最有效，此时的方法就是车手最喜欢的学习风格。不过，最简单的办法还是直接询问车手。如果车手自己不知道，就让车手回忆以前那些又快又轻松的学习经历，并回忆当时是如何呈现的。是别人告诉他或她的（听觉），还是展示给他或她看的（视觉），还是亲身感受过之后才学会的（动觉）？了解情况后，就可以试验不同的方法看看哪种最有效。

效果最好的学习方式是把这三种风格组合起来。使用车手最喜欢的风格，另外两种加以辅助。例如，想让车手学会2号弯道的顶点，可以告诉他别的车手的顶点在哪，画一张图，然后让他亲自驾驶或走过弯道。不过，应务必使用或最先使用车手最喜欢的学习风格。

学习阶段

无论是学习走路、投球还是驾驶赛车，都要经过四个阶段：

- 不知道不会
- 知道不会
- 有意识地做
- 无意识地做

联想婴儿学走路的过程，就不难理解这四个阶段的含义了。最开始，婴儿处在"不知道不会"的阶段。他们还没有发现人会走路。换句话说，他们还不知道自己不会走路。

在"知道不会"阶段，婴儿便看到了自己的父母走路，也想走，但是不会。婴儿便知道了自己不会走路。

下一个阶段，即"有意识做"阶段，刚开始学走路的幼儿必须想每一步怎么走。此时，幼儿知道了如何走路，但是必须在有意识的层面来做。

最后是"无意识做"阶段，幼儿可以自然地走动，不用再去想如何走路。

车手学习每项技术时也都会经过这四个阶段。例如，降档轻踩加速踏板。最初，车手不知道这个技术的存在，对此一无所知，也不知道车手为什么要这样做。这是阶段1：不知道不会。

然后，车手知道了这项技术，但是不知道怎么做。这是阶段2：知道不会。

车手开始练习这个技术，他或她必须想每个技术细节。这是阶段3：有意识做。

最后，经过反复练习，该技术成为习惯，车手无须再去想应该怎么做。这是阶段4：无意识做。显然，要想快速驾驶赛车，车手必须达到这个阶段，也就是在潜意识层面驾驶。

这四个阶段在很多关于学习方法的教科书中都能找到。然而，我现在要增加第五个阶段，这是其他书中找不到的，但却是我目睹和在赛道上亲身经历过的阶段。就赛车驾驶而言，还应该有个"无意识地做和有意识地意识"阶段（图33-2）。

例如，开车去某地，最后到了地方却想不起来是怎么开到的，"无意识做"阶段就与这种体验很接近。我敢肯定你在生活中也有过这样的经历。你完全在"自动驾驶"状态下开车，你把驾驶操作都交给了思维程序来完成，而你的有意识思维已经到了另一个世界。

在这个阶段，你的驾驶操作足够高效，但却缺少意识。这样理解，很多年来，你走相同的路

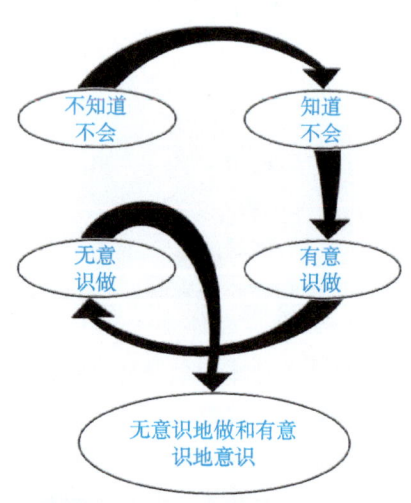

图33-2 车手学习每项技术时都要经过这几个学习阶段。"有意识做"阶段，车手必须有意识地思考每个细节；"无意识做"阶段，车手不用想就可以完成操作，以潜意识驾驶。如果没有第五个阶段，缺少有意识地意识，那么车手再提高的可能性就会比较低。在潜意识中驾驶，同时在有意识中认知（即无意识地做和有意识地意识），这就是能否进入极限区域的决定因素

线去上班。你开车去上班,但想不起来是怎么做的。你是如此擅长做这件事情,以至于根本不需要有意识地去想它。有一天,路桥公司修了一条新路,这是条捷径,可以把你的通勤时间缩短一半。然而,有意识思维已经去了别的地方,意识不到新路的存在,因此你根本就注意不到这条捷径。

除非你的有意识思维能够意识到,否则永远不会提高。没错,你仍然可以在潜意识状态下、在设定好的思维程序下驾驶得很好,但你永远无法对思维程序的性能进行升级。很多时候,这也是产生学习平台期的原因,你此时完全意识不到哪里能够或者应该进行改进(图33-3)。

赛车手的终极目标是在潜意识层面驾驶,相信并依赖自己的思维程序,同时利用有意识思维观察和发现可以改进思维程序的方法。有意识思维就像车内摄像机,不断寻找可以升级思维软件的机会。

从内到外学习

无论是对于车手还是其他任何人,学习方式都有两种:从内到外或从外到内。

从外到内学习是大多数人头脑中对学习的固有认识。我们在学校中就是这么学的。当你"教"车手一些东西的时候,对车手来说就是从外到内的学习过程。此时,是你告诉车手要做什么,或者为车手提供信息。信息或知识从外面(教练)来,再进入车手头脑中。

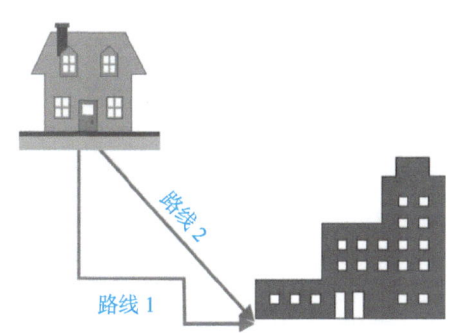

图33-3 你是否遇到过这种情况:从家开车到公司,到了之后发现自己根本想不起来是怎么开过来的。大部分人都有过这种经历。当你完全在"无意识地做"这个阶段驾驶时,便会发生这种情况,例如图中的路线1。这种情况下,你可以一直做得很好,但很少能达到更好。缺少了"有意识地意识",你就无法发现新修的高速路,即路线2。只有在"无意识地做和有意识地意识"阶段,你才能发挥最高水平并且不断提高

实际上,进入不是太大的问题,难点在于留住。如果车手不能留住(领会)知识,也就没有真正学会。

另一方面,从内到外学习才是教练教学能力和车手学习能力的核心。从内到外学习是指车手自己发现或认识到一些事情。在这个过程中,教练起到引导或激励的作用,而不是一味地告诉车手怎么做。

例如,过去我用大量时间教车手驾驶各种弯道线路。我告诉他们拐入点、顶点、出弯点在哪,以及这几个点的重要性。我告诉他们这些线路的道理,最后却让我十分恼火。很多时候,尽管费尽口舌,但这些车手仍无法持续地按照线路驾驶。

我所做的是试图让他们从外到内地学习。几年前,我认识到了从内到外学习是多么有效和高效。最近,每当我想让车手理解为什么这条过弯线路比另一条更有效时,我都会采取一种完全不同的独特方法。我不会告诉车手应该在哪行驶,而是使用一种工具

（后面会与读者分享）帮助他意识到赛车需要什么，让他自己发现（学习）线路在哪。使用这个工具后，车手的评价是："噢，原来这就是为什么你要让我走这条线路！"

这种方法更加快速、高效和持久。事实上，一旦车手从内到外学会了某个过弯线路，就永远不会忘记。他们还可以将这种方法用于其他弯道、赛道以及其他技术。

你可能奇怪为什么有的车手似乎本能地就知道过弯线路在哪，而有的车手就没这么轻松或者需要别人告诉才知道，原因就在这里。一旦车手真正理解了为什么赛车需要走特定的过弯线路，他们就会领悟这种感觉，并将其用于所面对的每个弯道。

当然，这种方法不仅可用于学习过弯线路，还同样适用于赛车驾驶的各个方面。你可以告诉你的车手提高过弯速度，降档时更平顺些，转动方向盘时更渐进些，然而，只要你仅仅告诉车手如何做或者做什么，他们就无法完全学会。

尝试和错误

犯错误有没有关系？当然，这取决于错误的代价以及由谁来为错误买单。如果想提高或者发挥自己当前的最高水平，都必须甘愿犯一些错误。为什么？因为，如果能以正确方式看待和利用错误，那么犯错误其实是很宝贵的学习经历。

我们年轻时，尝试和犯错是最常见、最有效的学习方式。以儿童学步为例。想象一下，如果在最初学走路摔了几次之后，你的父母说："我们不希望你再试了，你总是摔倒。"或者，你自己想："我总是走不好，还是不要再试了。"这是不是很荒唐？

作为车手，我们却总是做这样的事。我们在犯了一个错误之后就会告诉自己（有时微妙，有时明显）不要再犯这个错误。这真的管用吗？不是很管用！

当然，撞车的代价比学走路摔倒的损失大得多。这里要说的是，越是抵触错误，越容易犯错误。

优秀车手与一般车手相比，前者犯的错误并不比后者少。事实上，他们所犯的错误数量相当。区别在于优秀车手善于从错误中恢复和学习，并且知道如何尽可能地减小大多数错误的后果。想做到这点，需要有一个允许犯错和从错误中学习的氛围。

错误只是一种反馈形式，能帮助你追求想要的目标，并帮助你不断提高。

耳濡目染式学习

第二代车手，例如迈克尔·安德雷蒂和 Al Unser Jr. 为什么如此出色？是因为他们从父亲那里继承了优秀的基因吗？我相信，他们的父亲肯定与他们高超的驾驶能力有关系，但我不认为这与遗传基因有多大关系。但是，我认为他们在驾驶赛车之前就从父亲那里获得了大部分的"驾驶才能"。

迈克尔·安德雷蒂和 Al Unser Jr. 都在儿童时期观察他们的父亲，吸收接触到了所有东西，从而获得了很多才能。他们是通过耳濡目染的方式学习的。

所有车手都会通过这种方式学习。接触得越多，学到的就越多。

英格兰的网球教练通过多年观察，注意到了学生打网球的能力与温布尔登网球公开赛转播之间的关系。温网结束后的两个星期里，学生们的表现会有显著提高。他们练习得更多了吗？改变挥拍技术了吗？或者购买新网球拍了吗？都没有。他们通过观看比赛来学习。

通过观察别的车手能学到很多东西，你应该尽可能观察和学习最好的车手。如果你观察的车手还不如自己，尽管也有可能学到一些东西，但是肯定不会很多。

学习进程

每位车手，无论天赋高低，在整个职业生涯中都会不断提高。即使车手到了职业生涯末期，也仍然会在某方面有所提高（不过经常被其他因素抵消，例如缺乏积极性或进取心，或者身体机能退化）。车手进步的速度和持续程度完全取决于自身以及所处的环境。

然而，有一件事是很明确的：任何两位车手都不会以相同的速度进步。有些车手的学习曲线是一条稳定向上的斜线，有些车手的学习曲线则包含很多不同形状和大小的阶梯。

车手普遍会遇到平台期。当你停止进步时，你和身边的人会变得沮丧，而平台期反而会持续更长时间。以我的经验，如果能控制好挫败情绪以及专心于增强意识，平台期之后大多会出现迅速提升。

很多时候，平台期甚至会成为倒退期，就好像倒退一步，前进两三步，再倒退一步，再前进两三步。我喜欢把平台期比作暴风雨前的平静。这种平静就是停滞不前，暴风雨就是进步的旋风。

回忆前面的四个学习阶段就会明白其中的原因。通常，要想在某方面取得进步，就要回到"有意识地做"这个阶段，思考每个操作步骤。这需要将过多的有意识思维放在如何操作上，显然是倒退了一步。如果你比较有耐心，不感到沮丧，那么新的技术、技能或思维方法就会成为思维程序的一部分。然后，你就会前进到"无意识地做"阶段，能够自然而然地完成新的技术动作，实现学习过程中的一次显著提升。

学习曲线

通过观察儿童学做事情，我受到很大启发。通过观察我女儿，我发现了儿童学习过程中的步骤。当看似没有一点进步的时候，突然间就掌握了。这显然不是一种稳定的渐进过程。儿童学习曲线更像是台阶（图33-4）。

下面举个我女儿学骑自行车的例

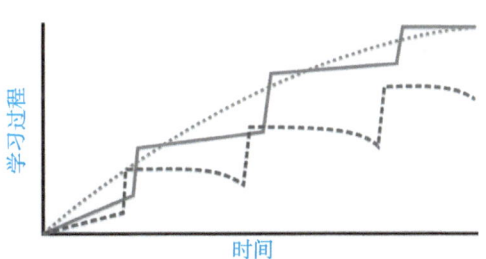

图33-4　学习过程很少是真正的曲线。学习是一个个台阶，我称为学习步骤（绿色实线），而不是通常所认为的学习曲线。还有一个常见的变形曲线，我称为受挫步骤（蓝色虚线）。在受挫步骤中，车手因为无法进步而产生受挫感，进入平台期，并且努力尝试提高，然而却适得其反。车手只有让自己放松下来，才能继续提高

子。当她四岁时，我决定应该把辅助轮卸掉，让她骑两轮自行车。注意，我用的是"我决定"。我把自行车的辅助轮拆掉，在接下来的几个小时里试图让她学会如何保持平衡。这对我来说真是很好的锻炼。结果，她根本就不愿意走出这一步，也没有为此做好准备。所以辅助轮又装回去了。

几个月后女儿找到我，要我再把辅助轮卸掉。这次，她自己决定要骑两轮自行车。只用了几分钟的时间，她就基本上掌握了。30min后，她能用一只手扶着车把在陡坡上骑行了。

这里看不到渐进的学习曲线，至少从旁观者的角度看不出来，甚至她自己也感觉不到。她的学习曲线似乎是平的，然后垂直提升到一个台阶上。事实上，尽管我们都不知道发生了什么，但她就是在渐进地学习。

最有意思的是，我观察或教过的所有车手也都是遵循的这种方式。

有的车手到了平台期（曲线的水平部分）会有受挫感。他们觉得自己一点都没有进步，感到困扰或沮丧，并在这个水平上原地止步，甚至变得更糟。关于学习过程，我的建议是，如果你在某个水平长时间地停滞不前，那么一定要有耐心。使用本书中给出的策略，你会很快"将辅助轮丢掉"，提升到更高的水平。

速度揭秘

看似没有提高，其实是快了。

过去几年里，很多人都在谈论卡丁车对于车手成功的重要性。看一看如今的任何顶级赛事的发车方阵，你总会在方阵前面发现从小到大都参加了卡丁车比赛的车手。再看看这些车手平时都在做什么，你很有可能在卡丁车跑道上找到他们的身影。

大部分普通观众都会问：驾驶30hp或40hp的卡丁车，与驾驶500hp或800hp的赛车能有什么关系？要回答这个问题，首先需要指出卡丁车的功率重量比、过弯抓地力，以及驾驶卡丁车时事情发生得是多么迅速。开卡丁车有助于车手在精神和身体上保持状态。另外，驾驶任何类型和速度的卡丁车对赛车手来说还有另一个帮助：学习如何快速驾驶。

每次在赛道上驾驶，车手都不停地尝试如何才能开得更快，否则就不是一位真正的车手。

当驶过弯道时，无论你开的是700hp的赛车还是5hp的Rental卡丁车，你的头脑都应该感知赛车或卡丁车的反应情况。你应该感知牵引力，意识到（在潜意识里）赛车或卡丁车在弯道中的某个点上是否还有能够让你开得更快的牵引力储备。你应该分析拐入早一点或晚一点，过弯半径小一点或大一点是否能让你实现更高速度。你应该试验并发现制动时机、制动量、加速时机、加速力度的变化是否能提高圈速。

换句话说，你需要不断试着学习如何开得更快，而开的什么车并不重要。我经常驾驶变速（shifter）卡丁车保持状态，同样也会在室内赛道上驾驶 Rental 卡丁车。有时候我会想，哪种卡丁车让我学到的东西更多。是的，变速卡丁车在速度上更接近我的赛车，然而从学习的角度上讲，驾驶 6hp 的 Rental 卡丁车在光滑的室内赛道上行驶也很有挑战性。如果把学习如何找到窍门以打破当地 Rental 卡丁车赛道记录作为目标，那么你的赛车驾驶水平也会提高。

以学习为目标

如果让你选择是赢得一场比赛还是获得一次特别好的学习经历，你会选哪个？这个问题可能不够公平，但目的是让你思考。大部分车手会不惜一切代价赢得一场胜利，但你会为此而放弃学习吗？

无论有多高的天赋或有多么成功，只有不断提高，未来获胜的机会才会更大。我见过很多车手，他们自诩天赋过人而且深谙驾驶之道，自认为不管在哪里比赛都能成功。然而，这些车手最终都到了不再有任何优势的程度，之后就再也没取得过成功。如果他们把精力放在学习和提高上，就还会以原有的优势为基础继续取得更大的成就。

> **速度揭秘**
>
> 学习得越多，就越优秀；越是优秀，就越能取得更多胜利。
> 专注于学习，会使你赢得更多比赛。

我认识这样一位车手。他非常好胜，无论业务、体育还是其他方面，都是这样。当与朋友做任何事情——从买房子到做饭——的时候，他都必须当最好的。在他的字典里没有输字。

这种好胜的个性是一把双刃剑。他的好胜个性促使他尽可能多地练习，但也让他做了一些后悔的事，例如试图把另一位车手挤出赛道。凭借这样的内部动力和好胜的个性，他在最初赢得比赛的数量超出了他的能力所及。这也正是问题所在。

他赢得越多或接近获胜的次数越多，就越专注于获胜。这本身并不是坏事，但如果只关注获胜，就有问题了。随着班里其他人技术的提高，他赢得没有以前那么频繁了。他的获胜次数越是减少，他就越是努力想要获胜。他越是努力，就越是将所有精力都放在获胜上；他的驾驶表现就越差，获胜次数也就越少。每当有人试着找他谈话时，他就会反驳："我过去是胜利者，如果努力我还会再获胜。"

现在请你回答一个问题：当你开出最快圈速时，你是特别努力实现的，还是在放松状态下实现的？这里所说的放松并不是指不在乎、不专心或者不达到最好的驾驶表现。然而，努力尝试与放松专注之间存在着巨大差别。我认识的这位车手就是犯了这个错误。

速度揭秘

专注于驾驶表现，结果会水到渠成。

制定策略与目标

如果不制订计划，汽车工程师就不可能成功研发汽车。这个道理同样适用于学习和提高驾驶技术。如果没有计划，会发生两种情况中的一种：要么是没有任何变化（提高），要么是发生错误的变化。进行赛道练习之前一定要制定目标，有时候，这个目标甚至可能是不做任何变化，只是为了记录赛车的细微变化。

如果上赛道之前不制定两三个具体目标，则完全是在浪费时间。这些目标可能只与赛车有关，或是为了获得对某个设置变化的反馈，或是都与改变驾驶技术有关。如果不进行改变，赛车或驾驶技术就难以提高。

为此，最好的方法是想出在训练结束后要问自己的几个问题。例如，1号弯道在哪开始制动；拐入4号弯道后如何打方向盘；在8号弯道出口处，赛车是转向不足还是转向过度。这样就为这次赛道训练设定了三个具体的目标，有助于你集中精力。

34 适应能力

世界上最优秀车手在驾驶风格上都有一个共同点。F1 的杰基·斯图沃特、阿兰·普罗斯特、埃尔顿·塞纳和迈克尔·舒马赫；印第赛的马里奥·安德雷蒂、Rick Mears、Helio Castroneves 和达里奥·弗朗奇蒂；或者 NASCAR 赛的 Richard Petty、Darrell Waltrip、Dale EarnHardt 和 Jimmie Johnson，他们成功的关键都在于平顺和巧妙（尽管在激烈的 NASCAR 比赛中看起来并非总是这样）。

随着经验的增加，车手会形成适合自身个性和赛车的驾驶风格。每个人都有自己的驾驶风格，希望你的风格也属于平顺与巧妙型。

驾驶风格的不同决定了适合其他车手的赛车设置可能并不适合你。例如，你驾驶一辆在慢速弯道上略有转向不足的赛车，但是想让它转向过度。这种情况下，你需要考虑如何改变驾驶风格。通常，你会对赛车的转向不足感到有一些沮丧，并尝试让赛车的速度更快。然而，这样反而会让转向不足更严重，造成车速更慢。对于转向不足的赛车，更好的做法是耐心。进入弯道时把速度降得更低一些，利用好重量转移，并集中精力提高出弯时的加速度。

当赛车无法按照你想要的方式运行时，想想是否可以通过改变驾驶风格来适应赛车。这比修改和调整赛车更容易，也更便宜。

你的驾驶风格或技术可能是造成操控问题的真正原因。因此，当觉得赛车出现操控问题时，不要急着调整或修改赛车悬架和空气动力学，考虑一下自己的驾驶风格或驾驶错误。处理操控问题时，第一件事是确定是不是自己造成的问题，实事求是地审视一下驾驶风格。

在赛道的每个弯道或转弯处，车手会以各种方式影响赛车的重量转移和轮胎牵引力。如果在弯中阶段过猛地踩加速踏板（或许因为入弯速度太低，想通过加速来弥补速度损失），就可能造成赛车转向不足或转向过度。如何使用以及何时使用控制装置经常可导致或解决操控问题（图 34-1）。

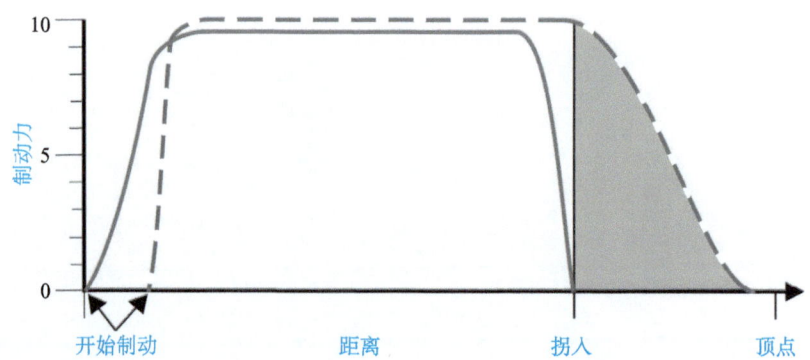

图34-1 画出完美的理论制动力曲线，如图中虚线所示。阴影部分代表循迹制动阶段。实线则体现了三个常见的制动错误。第一，制动太早、太慢。第二，车手没有使用全部制动力，低于10。第三，也是最糟糕的一点，车手过早地结束制动。如果不通过循迹制动来维持赛车的前部负荷，赛车就很可能在拐入点发生转向不足。这是底盘设置问题还是驾驶风格问题

例如，如果进入弯道时打方向太快（没有给前轮胎提供逐渐增大牵引力的机会），拐入时就有可能出现初始转向不足。如果没有足够的循迹制动，就更容易发生这种情况。

对于这种初始转向不足，有必要调整底盘设置吗？或者，你可能转向速度太慢，赛车都过了弯道的一半时才建立起过弯姿势。

是的，你可以通过调整悬架来解决任何问题，但这样可能导致另一个问题出现（例如弯中或出弯时转向过度）。或许，更好的做法是调整或改进自己的驾驶风格和技术，但首先要分析并认识问题。

不要误解我的意思，我并不是建议车手通过改变驾驶风格来解决所有操控问题。始终需要考虑如何改进赛车，但不要被蒙蔽，同样也要审视自己的驾驶技术。

适应能力

伟大车手与优秀车手的区别在于，前者具有更强的适应能力，他们能更好地使自己的驾驶风格与赛车操控相适应，或者适应不同类型的赛车。

有些车手，无论赛车操控如何，就只会用一种方式驾驶。一种驾驶风格不可能适应所有操控特性。如果不能调整自己的风格以适应赛车操控变化、赛道条件变化、机械问题或不同类型的赛车，我很怀疑你是否能够成为真正的冠军车手。

1994年，尽管他的贝纳通赛车卡在了第五档，但迈克尔·舒马赫依然获得了西班牙大奖赛的第二名。大概两圈后舒马赫遇到了这个问题，并成功调整了自己的驾驶方式来应对这个状况，除了他的车队以外，没有人注意到这个问题，因为他的圈速几乎没变。这种能力体现了舒马赫的伟大之处。

尽管不可能列出比赛中可能遇到的每种情况，但我还是要找出几个最常见的问题，给出一些建议，告诉你怎样做才能调整自己的驾驶风格以适应相应的状况。

给出下面的建议，目的是让读者知道如何做能够减小问题的影响。换句话说，如何才能尽量减小这些问题对于圈速和车手竞争力的影响？当然，如果有可能，可以调整赛车：防倾杆、制动分配、重量转移器等。然而，如果赛车无法再做调整，那么比赛中就得完全靠自己的适应能力了。

具备从一种赛车到另一种赛车的过渡能力也是伟大车手的一项必备技能。例如，具有相关的技术和知识，既能驾驶配有光头胎的后轮驱动专用赛车，又能驾驶采用街胎的量产改装前驱赛车，这样会极大地增加你的受雇机会。因此，我会介绍不同类型赛车在驾驶风格上的基本区别。

速度揭秘
通过知识和练习提高适应能力。

我是在有意识的层面提供的这些知识。要想真正使用它们，你需要利用心理意象将它们变成你潜意识中的一部分。在成为潜意识思维程序之前，这些信息基本没用，因为你无法在比赛的高速状态下高效地使用这些信息。

入弯转向不足

要想通过调整驾驶技术来解决操控问题，应该最先考虑赛车的重量平衡问题。如果赛车在入弯时转向不足，应考虑怎样才能增加一些向前的重量转移以及减小一些向后的重量转移。

延长进入弯道时的循迹制动时间，可以增加向前的重量转移。这意味着不要太快松制动踏板，在制动踏板上施加压力的时间要长一点。如果弯道不需要或只需要很少的循迹制动，那么就要多等一会再加速（更耐心些），或者踩加速踏板的力度轻一点。

在追逐另一辆赛车时存在一个比较难处理的问题。当接近和进入弯道时，你与对手赛车之间的距离会减小。这时，从视觉上看似乎是快追上对手了，但因为车速降低，你们之间的时间差并没有改变。试图追赶对手的本能会使你的脚更早地松制动踏板和踩加速踏板。这样就会加大转向不足，让速度更慢。然后，你会更努力地尝试让入弯速度更高，导致更大的转向不足，造成前轮胎越发过热，导致更大的转向不足，然后更努力地尝试，如此往复。显然，问题只会变得越来越糟糕（图34-2）。

处理这个问题的关键是耐心。入弯速度可能降低1mile/h。然而，如果能专注于增加向前的重量转移和减小向后的重量转移，你就能让

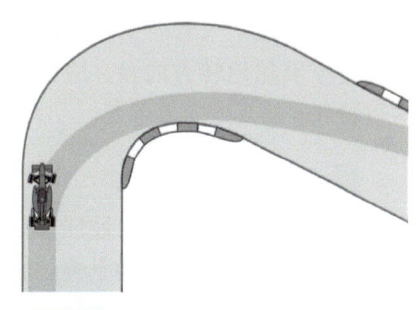

图34-2　入弯转向不足

赛车在弯道中更早地旋转（转向），并且踏实地踩加速踏板，无须再为了控制转向不足而松加速踏板。这样能够提高出弯和直道上的加速度，增大超越对手的机会。

要避免早一点拐入的倾向。相反，可以晚一点拐入，以打开出弯线路，这样就能将重点放在弯道的加速阶段。

增加循迹制动的优势是可以稍微晚一点制动（因为可在入弯阶段完成更多的减速工作）。然而，这也可能是导致转向不足的部分原因——使前轮胎超负荷工作。如果你的入弯速度很高，仍要完成很大部分的制动，同时又要试图让前轮改变赛车的方向，那么这样对前轮胎的要求就有些过高了。在这种情况下，方法是制动稍稍早一点，循迹制动稍稍减少点。要有耐心。

如果赛车的重量平衡不是转向不足的原因或解决办法，就要考虑其他方面。转向不足发生在弯道中什么位置不重要，而是要考虑如何操作方向盘。入弯转向不足经常由方向盘转动幅度过大或转动过猛造成，可试着使方向盘的转动幅度小一些，转动得更轻缓一些。这看来似乎不太合理：赛车转动不够（转向不足），却要使方向盘转动小一些？没错。这是为了让前轮胎保持在一个能起作用的角度上。如果前轮胎转动得过多，它们就会失去抓地力并开始侧滑。

注意方向盘转动幅度并试着减小一些；或者，最初拐入时让方向盘转动慢一点、轻一些，使轮胎有时间建立过弯的抓地力。

入弯转向过度

转向过度通常由前轮上的重量太大而且后轮上的重量不够导致。如果在入弯阶段出现这种情况，就说明入弯时制动太过用力，循迹制动过多（图34-3）。

解决办法很简单。只需要稍微早一点制动，进入弯道时提前一点松制动。如果弯道不需要或只需要很少的制动，就应该提前一点加速（但要很轻），将更多重量转移到后轮胎。

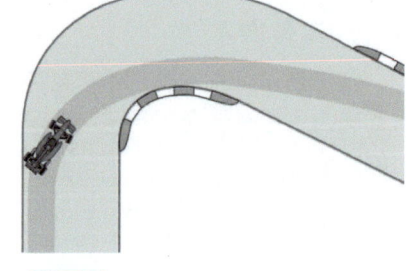

图34-3　入弯转向过度

当追逐对手时，很容易落入"晚点制动，追上他"的陷阱。始终要记住，早加速比晚制动更有可能赶超对手和提高圈速。

有助于减小入弯转向过度的另一种方法是不要过于突然地转方向盘，应更加渐进地将赛车行驶方向从直道变成弯道。

弯中转向不足

处理弯中转向不足的最佳方式是平顺地调整油门以改变赛车的重量平衡。轻轻松加速踏板以产生更多向前的重量转移，增大前轮胎的抓地力（图34-4）。

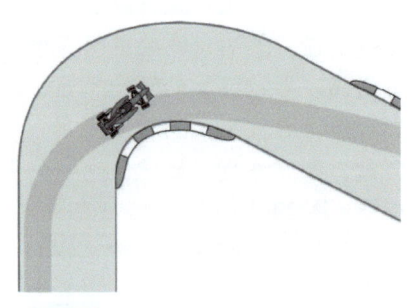

图34-4　弯中转向不足

通常，转向不足与赛车设置无关，而是由于踩加速踏板有点过猛或过早。只需要松松加速踏板，向前转移一些重量就可以了。

另外，与入弯转向不足类似，同样需要注意方向盘的转向幅度。也许，解决弯中转向不足问题的方法就是往回打一点方向，让前轮胎获得更多的抓地力。

弯中转向过度

应对弯中转向过度的方法就是改变赛车的重量平衡。在这种情况下，需要多给一些油门。但是，赛车产生转向过度的原因之一是过弯时的速度稍稍超出了后轮胎的处理能力。因此，这时最不应该做的事情就是提高车速。因此在这种情况下，油门增加量一定要小。

弯中转向过度也可能由车轮空转引起（后轮驱动赛车），这种情况下的给油力度应该再轻一点（图34-5）。

如果因赛车设置导致车轮空转，那么一定要尽可能轻地加速，并稍稍改变行驶线路。如有可能，可到了弯道更深一点的位置再拐入，让初始拐弯半径小一点，瞄准更晚的顶点，然后尽可能早地回打方向。这样能获得更直的加速线路，也意味着伴随加速力而存在的后轮胎转向力会更小一些。

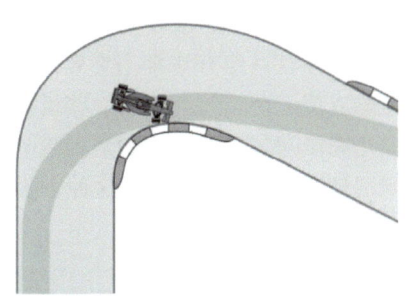
图34-5　弯中转向过度

出弯转向不足

如果赛车存在出弯转向不足问题（图34-6），在不降低加速的前提下，最佳的措施是改变线路。此时，你的首要目标是缩短加速过程中旋转赛车所需的时间。如果拐入晚一点、半径小一点（车速会稍稍慢一点），瞄准较晚的顶点，这样就能早一点回打方向。这意味着加速线路会更直，从而降低转向不足带来的不利影响。

另外，加速时越轻缓，转向不足就越少。如果急踩加速踏板，转向不足就会被放大。因此，应该挤压加速踏板。

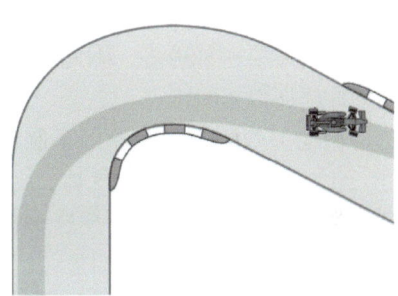
图34-6　出弯转向不足

出弯转向过度

出弯转向过度（图34-7）的产生原因有两个：属于动力转向过度，更多是因为赛车无法有效地将加速牵引力传送到地面上导致的；或者由重量平衡问题导致。

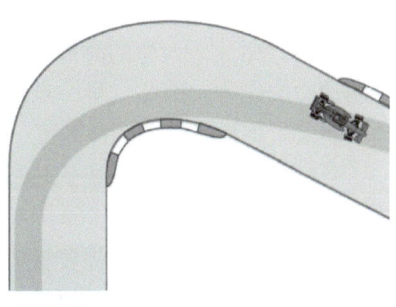
图34-7　出弯转向过度

通常，处理出弯转向过度的方法与处理出弯转向不足的方法相同，目标都是打开弯道出口，选择较晚的拐入点和出弯点，以便尽早增大过弯半径。

处理出弯转向过度时还要记住的是，加速时要轻踩加速踏板。如果把加速踏板踩到底，即使你已经改变了线路，也仍会给后轮胎施加很大的负荷。这样会导致后轮胎过热，让转向过度问题更加严重，甚至会在弯道其他部分也出现转向过度。

还有另一种方法可以应对容易在弯道出口发生转向过度的赛车，尤其是转向过度非常严重的赛车，那就是放弃处理，即放弃这部分弯道。当接近弯道时，晚点制动，以较高速度入弯，选择较早的顶点，在顶点之后把赛车打直并指向直道。这里的考虑是，既然赛车不能很好地加速出弯，那就不如充分利用赛车状态较好的入弯阶段。

应该在其他方法都不奏效的情况下使用这种技术，因为这种方法肯定得不到特别好的成绩记录。此方法有一些极端！比赛中，利用该方法有助于将对手压在后面，至少几圈没问题。该技术的最大挑战在于，你可能没有相应的思维程序。因此，应该在测试日或练习环节中试试这种方法，以便有所准备。

制动失效

制动失效是车手所经历的最可怕的事情之一，除非每次出现制动失效都放弃比赛并把车开回维修区，否则你在职业生涯中有时候不得不应对这种状况。

通常，制动失效的原因有两个，都与过热有关。第一个，也是最常见的原因是，制动器因反复使用而过热，以至于制动液沸腾。制动液沸腾会产生空气泡。空气比制动液的压缩要容易得多，因此制动踏板变得又软又绵，有时制动踏板踩到底都无法对制动片施加很大的压力。

制动失效的第二个原因是制动片本身过热。制动片温度升高并超出设计工作温度。此时，制动片中产生气体，无法立即散出，会在制动片与制动盘之间形成一层起到润滑油效果的气层。出现这种情况，无论如何用力踩制动踏板，踏板总是特别稳固，但赛车减速效果却不明显。

无论哪种情况，都需要应对制动系统的过热问题。唯一能做的就是让制动器冷却，但如果想在极限状态下驾驶，这就不容易了。实际上，你不可能在极限状态下以最高速度驾驶的同时冷却制动系统。然而，有几种方法可以让制动器降温，而又不过多地影响速度。

之前介绍过，入弯的时候晚制动并不会获得什么优势。加速时可获得的优势要多于制动时的优势。因此，早一点制动不会对圈速造成太多的不利影响，只要轻一点制动，使入弯速度与以前一样即可。制动轻，意味着进入制动系统的热量少。

目标是使进入制动系统的热量尽可能地少，同时让空气流过制动系统，尽可能地让其冷却。

如果赛道上有的位置需要松加速踏板并进行短暂制动，那一定是冷却制动器的好机会。这时，不要踩制动，而是松开加速踏板更多一些或者更久一些。即使之前短暂使用过制动器，但在这里不踩制动器能让空气流通，而且不会增加更多热量。

变速器状况不佳

首先考虑变速器为什么失灵。降档时补油不够（造成合齿圈负荷过大）？升档时是否松加速踏板？是否丢过一个档位，损坏了齿圈，那现在从这个档跳出？

如果你驾驶配有顺序式变速杆的赛车，则无法对如何挂档进行太多控制，你只能坚定和肯定地向后拉或向前推。但是，你可以控制油门的使用。升档时，要提高松加速踏板的幅度，以便在移到下个档位之前减轻齿圈的负荷。降档时，应确保采取足够的补油。

如果不是顺序式变速杆，上面提到的加速踏板操作就依然适用，除此之外还需要注意其他一些事情。首先是确保不要挂错档，这样意味着换档要更慢和更谨慎一些。但是，就像顺序式变速杆一样，换档时一定要坚定和肯定。太小心地挂档所造成的变速器故障并不比粗暴挂档少。

如果是比较麻烦的非顺序式变速器，对于如何"放入"档位会有更多控制。挂档时要准确，但也要坚定和肯定。如果出现档位脱档，就说明变速器齿圈已经磨损。你需要做是确保不要再挂错档，试着使变速器在问题档位上保持住。

换档时是否用离合器是一个重要因素。如果不使用离合器，变速器就会开始难以挂档，无法进入档位，或者跳出档位，这时需要重新使用离合器。如果一直是用左脚制动，现在则需要改成右脚制动以便用左脚踩离合器踏板，那么这种变化就比较大。如果没有相应的思维程序来支持，在比赛过程中做这样的调整就有点过于突然。应该在练习或测试赛中尝试这种变化。

如果赛车采用同步变速器，例如量产改装赛车，在遇到难以挂档的情况时，需要采用两脚离合操作。

不同的赛车

有人说，驾驶量产车改装赛车（例如前轮驱动的轿车）主要在于调整，而真正的赛车（专用开轮式赛车）则不需要调整。他们认为，如果正确设置，专用赛车会完全按照你的意图行驶。我同意量产车改装为赛车需要更多调整的观点，但我不认为专用赛车就不需要调整驾驶风格。

以自己的经验说，量产车改装赛车可成为世界上最平衡、调整性能最好的赛车，而一些专用方程式赛车则远达不到这种程度。完美设置赛车是你的责任，但你极少能驾驶一辆完美的赛车。事实上，你不可能拥有一辆在每个弯道上都完美的赛车。无论是专用赛车还是改装赛车，如果赛车在某个弯道上表现完美，就不可能在其他弯道都达到完美性能。这是事实，并有物理定律支持。

如何调整驾驶技术以适应赛车或赛道？下面列出一些方法：

- 改变拐入弯道的时机。
- 改变入弯时转动方向盘的速度。
- 改变通过弯中部分时最大转向输入的保持时间。

- 改变出弯时回打方向的时机和速度。
- 改变进入弯道时松制动踏板的时机。
- 改变进入弯道时松制动踏板的速度。
- 改变完全松开制动踏板与开始踩加速踏板之间的时间。
- 改变出弯道时踩加速踏板的速度。
- 改变调节油门时的调整量和突然程度。

这些方法每个都可以单独使用，也可以结合起来使用。对于这些技术你掌握得如何？如果有一个技术不熟练，就无法成为技术完善的车手。要掌握每种调整技术，并且能够将它们结合起来使用，以便在每个弯道上都能实现最佳过弯。有的车手善于通过特定类型的弯道，而不善于处理其他弯道，原因就是他们只能在某些方面做出调整。他们不是调整能力很强的车手。

在测试练习时拿出一些时间练习这些技术。试着拐入时早一点并慢一点，或者晚一点并干脆一点；试着逐渐增大转向角度一直到顶点，然后回打方向；试着刚进入弯道就输入全部转向角度，并在弯道大部分时间保持该角度，然后在弯道结束时回打方向。试着更缓慢地松制动，然后相对突然地松制动。试着在松开制动后与开始加速前的这段时间里耐心些，然后再让这两个阶段几乎重叠。试着调整踩油门的速度并进行调节。记录下这些方案的效果如何。如果知道每种方案的效果，当你需要赛车达到某种效果时，就会自然而然地对赛车进行相应的操作。

速度揭秘

对赛车进行相应操作，使赛车达到所需的效果。

转向不足 - 转向过度问题

你有多少次抱怨赛车在刚入弯时转向不足，在快到弯道出口时转向过度（图34-8）？我所认识的车手在职业生涯中都遇到过这种情况。如果某个车手还没有遇到过，那也只是迟早的事。

工程师最痛恨这种情况。因为，解决一半问题经常会加重另一半问题。最大的问题是，导致该问题的真正原因并非总是赛车，经常是车手。

解决办法是什么？问自己或者让别人问自己一些有助于建立意识的问题。导致这个操控问题的常见原因是在弯道初期出现转向不足；增大方向盘转动角度。想象一下，你以100mile/h的速度入弯，转动方向盘，而赛车朝赛道外侧边缘冲去。你会怎么做？做法很可能与很多其他车手一样：增大方向盘转向角度，试着让赛车转弯。这是人的本能，生存本能。

图34-8 入弯时转向不足

如果在发生转向不足时问自己具体在做什么,就能开始意识建立过程。问自己:"当发生转向不足时方向盘的位置在哪?"给自己考虑的时间。闭上眼睛,形象化地想象正在发生什么。

最开始可能不知道答案是什么。继续思考,并问自己问题。不要急着得到答案,要把问题想透彻,最好是形象化地再现所做的操作。

你意识到在面对弯道初期转向不足时你会将方向盘转得更多。然后,你意识到这样做会在弯道后期产生转向过度。实际发生的情况是,方向盘转动得越来越多,前轮胎因摩擦使速度降低,然后突然重获牵引力,导致赛车迅速变为转向过度。

通过问题让自己知道自己做什么,这样就会发现解决办法:不要增大转向输入。下一步是建立心理意象。你可以问自己应该做什么,以及看起来、听起来、感觉起来如何。尽可能详细地描述,再闭上眼睛,尽可能详细地想象,每天、每周、每个月都反复这样做。

关键是确定问题的真正原因。很多时候并不是赛车,而是车手导致的问题。很多车队就是因为没有深挖问题的核心而走上了错误的道路。他们追逐的是问题的影响。在决定调整赛车设置之前,应该先提升意识度,找出导致操控问题的真正原因是什么。

35 椭圆赛道

北美洲越来越多的赛事将椭圆赛道包含在内。本章不打算特别详细地介绍策略等方面的具体内容,而是说说驾驶椭圆赛道的基本技术与技巧。

赛车设置

首先是赛车设置。通常,应该将赛车调整成轻微转向不足,而非转向过度。由于持续高速行驶,因此在椭圆赛道上几乎不可能控制转向过度的车。或许你能控制一两圈,但最终都会失控,导致赛车旋转着撞墙。对于椭圆赛道,应该根据赛车前部(而非后部)的运动来调整赛车设置。

驾驶椭圆赛道(尤其是高速椭圆赛道)与驾驶公路赛道相比需要更多的平顺性、灵巧性和精准性。打方向时要更轻、更平顺,以弧度入弯。让赛车建立过弯姿势在椭圆赛道上特别关键,因此转弯也不能太慢。

糟糕的操控

我第一次在椭圆赛道上参加印地赛之前,得到一个很好的建议:"如果在椭圆赛道上感觉赛车不对劲,就不要勉强。"公路赛道上可以通过轻微改变驾驶技术来适应操控不佳的赛车,然而,在椭圆赛道上则难以做到,而且很危险。这意味着在椭圆赛道上,赛车的设置更加重要。另外,如果感觉赛车存在机械问题,就应回到维修区检查。在椭圆赛道上,机械故障的后果会很严重。

如果赛车操控不好,就不要强迫开得很快。如果试着在椭圆赛道上让操控糟糕的赛车跑得更快,轻则赛车打转,重则车手受伤进医院,尤其是转向过度的赛车更是如此。

椭圆赛道对错误的容忍度比较低,操控糟糕的赛车会让车手受伤。如果赛车的操控比较差,就需要决定是继续比赛还是退出。如果开着操控很差的赛车获得很一般的名次，所获得的认可并不会比把赛车开回去进行调整所获得的认可更多。如果开着赛车撞到围墙就更糟糕了，还不如做个明智的决定。

记住，这是在拿你的赛车甚至你自己的生命来冒险，要自己考虑清楚。

如果赛车在椭圆赛道上转向过度，并选择继续比赛，就需要采取平顺、温和的操作。也就是说，不要使转向幅度超出必要范围，并且尽早和尽可能多地回打方向。驾驶转向过度的赛车，车手的自然反应是在弯道出口处保持赛车远离围墙。但这是最不可取的操作。越是想让赛车远离围墙，就越有可能撞到围墙。

另外，对于转向过度的赛车，最初拐入弯道时要尽可能地轻缓和渐进，避免猛然拐入。

如果在椭圆赛道上驾驶转向不足的赛车，方向盘的转动幅度应该更小，选择更高的线路通过弯道。让赛车自由行驶，从弯道中释放。

要适应转向不足，可采用上面介绍的重量平衡调整技术，同时注意自己的转向操作。随着赛车推进，人的本能反应是使方向盘转动得更多些。但这并不是好事。通常，这样会导致前轮摩擦降速并恢复抓地力，但此时转向输入过大，导致赛车后部失控，致使赛车打转。很多时候赛车打转看上去是由转向过度造成，但实际上却是转向不足的结果。

线路

椭圆赛道的理想线路取决于弯道的倾斜角度、形状以及赛车操控的特点。与公路赛道相比，你需要更多地"感觉"出过弯线路，需要让赛车行驶到它需要去的地方。此前介绍的过弯折中、参照点和控制阶段方面的全部内容同样适用于椭圆赛道。与公路赛道相同，直道速度也取决于出弯的好坏。

实际上，动量的作用在椭圆赛道上无处不在。哪怕是最小的错误或加速踏板的提升都会对圈速产生很大影响。入弯时不要把速度降得过低，应尽可能晚地松加速踏板，让赛车具备足够动量（图 35-1）。

与公路赛道一样，在椭圆赛道上也应该等待足够长的时间之后再松开加速踏板开始制动。这意味着需要制动进入弯道，甚至比在公路赛道上制动得还要多。制动要轻，回忆一下牵引力圆。转弯时不可能像在直道上那样用力地制动。

图35-1 在椭圆赛道上快速驾驶需要比在公路赛道上看得更远，做到非常精确和平顺，并相信赛车对赛道的抓地力

图片来源：Shutterstock 商业图库

往远看在椭圆赛道上尤为重要。驾驶椭圆赛道时，我会尽可能地朝前方远处看，然后考虑尽可能快速地到达那里。这是很显然的事情，但很有帮助。车手的本能反应经常是看着围墙或者要去的近处位置。但这还不够。如果看得不够远，你就不会以平顺、流畅的线路驾驶。朝远处看，并专注于抵达我所看到的位置，这对我真的很有帮助。

其他赛车

椭圆赛道上的车辆交互体验与公路赛完全不同。尤其是小椭圆赛道（1mile 或低于 1mile），你要不断应对其他赛车，或者超车，或者被超越。反光镜和周边视觉的使用在椭圆赛事中尤为重要。

椭圆赛道上来自其他赛车的气流扰动是个很棘手的因素。试图超车时，与前车距离越近，获得的下压力越小（前车阻断气流），这会降低你的车速，使超车变得更难。这种情况下，你必须减小油门，试着慢一点进入弯道，然后早一点加速出弯，在直道上利用低气流超车。

高速椭圆赛道上，紧跟着你的车会影响你对赛车的操控。当后车接近你的尾翼或车尾时，会扰乱流过车尾的气流，从而降低下压力，导致赛车转向过度。

36 陌生弯道

面对以前没走过的弯道，如何估计过弯的速度和制动？每位拉力赛和越野赛车手都希望获得问题的"秘密"答案。甚至公路赛道和椭圆赛道的车手也可以从中受益——尽管这个问题对于后两种车手来说不是那么重要，因为他们可以一圈接一圈地利用试验法找出过弯方法。让我们来看看，当遇到以前没有走过的弯道时要面对什么，以及如何发现"秘密"答案。

当接近陌生弯道时，存在四个相互关联的因素：

- **速度感知**：感知、确定和建立某种速度的能力。显然，这要通过直觉实现，而不是通过看速度表。
- **牵引力感知**：感觉或感知轮胎距极限状态有多远的能力。
- **数据库**：头脑数据库用来装载从数百次、数千次，甚至上百万次弯道驾驶中获得的信息。数据库主要包含弯道的视觉图像以及相应的速度和牵引力感知信息。如果你的速度感知和牵引力感知技术比较差（缺乏感官输入），数据库就无法达到应有的准确度或有用程度。当然，你可以认为这个数据库仅仅在于驾驶经验或时间，这种想法在一定程度上是正确的。然而，为什么有的车手经验不多却有更大的数据库？你的速度感知和牵引力感知能力越强，感官输入越多，数据库就越好（丰富）。换言之，大脑数据库是由几十、几百、几千或上万个你所看到、感觉到和听到的参照点组成的。这就好像每个弯道的信息文件更厚或者更深，因此会接收更多感官信息。
- **赛车控制**：与赛车"舞蹈"的能力，以正确方法使用控制装置来让赛车保持预期的过弯线路行驶，同时使轮胎处在或接近极限。

进入弯道，利用速度感知能力感知当前的行驶速度，利用牵引力感知能力判断距离极限还有多远。同时，数据库将这个弯道的视觉图像与文件中的其他图像进行比较，找出一个最接近的弯道，然后估计所需的速度，并利用速度感知能力将速度调整（降低）到估计速度。

此时，牵引力感知能力开始发挥作用，用以判断距极限还有多远。这时，还需要用到赛车控制技术。如果估计速度太高，或者速度感知没能很好地与估计速度相匹配，就要尽力控制和管理多出来的速度。当然，如果估计速度过低，或者速度感知使速度过慢，就要通过赛车控制能力尽可能地提高车速。

只要驾驶过一次陌生弯道，它就会被添加到数据库中。进入数据库后，可利用心理意象来处理它。利用数据库中的信息，以及意识能力，无须实际驾驶就能更新数据库内容。问自己："我距离极限有多近？""如果入弯速度提高 1mile/h，会怎样？""提高 2mile/h 呢？""提高 3mile/h 呢？"闭上眼睛，放松，在头脑中形成这个速度的思维画面。但是，不仅要进行形象化，还应包括视觉信息以外的其他信息，还应想象这个速度的感觉如何以及听起来如何。这才是真正的心理意象或者思维程序（图 36-1）。

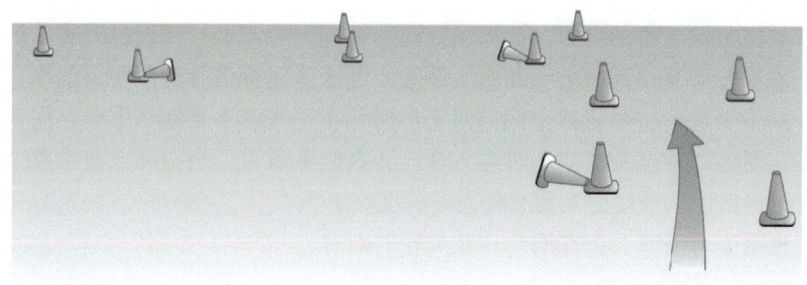

图36-1 当接近一个以前从没有见过的弯道时，例如越野赛或回转赛赛道上的弯道，你的头脑要经过一个令人惊叹的过程，以确定需要把速度降到多少。该过程首先是将弯道的视觉图片与大脑数据库中储存的所有图片进行比较

下次去赛道驾驶时，将心理意象与意识信息进行比较，看看自己与理想速度的心理意象还差多少。这使用的就是 $MI+A=G$ 公式——我所知道的最简单、最快速、最有效的学习和提高方法。你的心理意象越强、越逼真，你的意识度越高，这种方法就越有效，也就越容易实现目标。

现在，把我讲述的关于这个秘密答案的所有内容简化如下：练习从视觉、动觉（平衡、感觉、触觉、G-力、振动、赛车纵向与横向倾斜等）以及听觉获得更多感官输入，以提高速度感知和牵引力感知能力。

练习倾听赛车的声音。发动机的声音能说明什么？轮胎发出的声音能告诉你什么？轮胎噪声是不断增大，还是在轮胎达到极限之后逐渐减小？轮胎声音是咆哮声、振鸣声还是尖叫声？怎样从声音中判断轮胎的抓地力情况？

练习感觉赛车的动态特性。轮胎达到极限时方向盘变重了还是变轻了？轮胎失去抓地力之前车身的倾斜有多大？记住，轮胎在与你说话，你是否注意听了？

练习看到更多内容，接收更多的视觉信息，像海绵一样吸收感官信息。然后，保持足够的意识度。如果将意识或感官输入与想要实现的心理意象相结合,即使第一次过某个弯道,也能实现目标,做到极限驾驶或接近极限驾驶。

以上是判断以多大速度进入陌生弯道的秘诀。驾驶时利用大脑数据库、速度感知、牵引力感知以及意识,以便将弯道添加到心理意象当中。当然,也要添加到大脑数据库中。随着整个循环继续进行,你的每次驾驶都会更好。这就是真正的秘诀:每次赛道驾驶后都得到提高。

速度揭秘

感官输入和意识是快速过弯的关键,无论弯道是什么样子。

如果你认为秘诀应该是:过每英尺弯道半径速度降低 2mile/h,或者每次都在距指示标 6.73ft 的位置拐入,那么我只能表示抱歉,因为事情并非这么简单。

如果你在每次驾驶、每阶段或每圈中都吸收相应的信息并添加到大脑数据库中,我估计你的速度会立即提高。原因有两个:首先,大脑有更多可使用的信息,从而产生更好的结果;其次,利用这种方案,你更有可能感到放松,更多地在潜意识里驾驶,而不是尝试快速驾驶。

赛车控制

赛车控制是指极限状态下控制赛车的能力,是车手需要掌握的最重要的技能。按照自己的意愿让赛车制动、转向、加速、转向过度、转向不足、中性转向等,具备这样的能力需将所有基本控制技能协调起来,并辅以正确的时机、精度和使用方式。

出色的赛车控制技术使车手能够以理论牵引力极限或略高于极限驾驶。此时,赛车侧滑通过整个弯道,并处在受控状态边缘的平衡状态。然而,赛车很容易侧滑过大,并因摩擦而减慢速度。回忆一下第5章的"偏滑角"部分。

出色的赛车控制技术要通过经验获得,要习惯于将车"扔"进弯道,然后有信心在极限状态下控制住赛车。当然,这必须很平顺地进行。

我相信,具备出色赛车控制技术的车手即使没有选择理想过弯线路,也要比控制技术不佳但选择理想线路的车手更快。因此,如果想开得快,如果想获胜,就要通过练习来提高自己的赛车控制技术。然后,选择理想线路行驶——应该比较容易。

强迫控制赛车

尽管驾驶理想线路对提高过弯速度很重要,但强迫的理想线路实际上会降低速度。不要强迫赛车在理想线路上行驶。如果强迫,速度反而比稍稍偏离理想线路时的速度更慢。

很多车手强迫赛车通过理想顶点,这样会让赛车降速。尽管不应该成为偏离线路的借口,但如果拐入弯道时发现已经稍稍偏离了理想线路,这时不要强迫纠正,让赛车去它想去的地方。不要硬让赛车留在理想线路上,赛车会告诉你是否在正确线路上行驶。还有,出弯时不要将赛车"捏"在弯道内侧,而应在回打方向出弯的同时让车自由行驶。

第一次驾驶密尔沃基椭圆赛道时,我很快意识到了应该让赛车朝它想去的方向行驶,而不是强迫其行驶在颠簸的理论理想线路上。很多时候,理想线路并非是通过弯道或赛道的最快线路。

38 极 限

手的终极目标是以自己和赛车所能达到的最快速度持续极限驾驶。如何达到极限？如何知道极限在哪？需要做一些能实现极限驾驶或提高圈速的改变。可通过两种方式做改变：

- 上赛道之前的分析和计划。
- 在赛道上进行的试验。

如果分析和计划时所使用的信息有误或者不具备足够的背景知识，第一种方法就可能存在危险性；第二种方法则只能在赛道上进行，成本较高。

要知道，通过看赛道地图和研究图表的方式学习理想线路，有时候存在误导性。高度、倾斜角度以及赛道表面的变化都不明显，而且地图精度也可能并不高。有时，这会导致对过弯方法的错误理解。因此，真正学会赛道的正确驾驶方法之前，你需要先摒弃已经形成的想法。这会占用很多宝贵的赛道练习时间。

必须首先能观察自己的操作才能进行改进，必须看到错误才知道是什么影响和导致的错误。这里并不是要你沉溺于以前犯的每个错误，而是研究导致错误的决定或行为，确保错误不会再发生。

观察自己的操作是从错误中学习的关键。有时要允许出现小错误；了解不同线路如何起作用，或为何不起作用。应该考虑到，很多时候在你注意到错误之前就已经无法挽回了。这时能做的就是尽可能减小错误的影响。其实，这是一个关键点：尽可能减小错误的影响，并且要尽早。

失误是一个自然过程，不要抵触它们。相反，应该考虑能从错误中学到什么，然后在头脑中想象自己采用正确的方式，继续前进。

模仿是终极学习技术，也是最本能、最简单、最自然的学习方式。毕竟，我们从小就是用这种方法学习任何事情的。

通过观察、理解和模仿来学习。如果想学习一项技术，找一位擅长这种技术的人，仔细观察。观察过程中，感觉自己以相同的方法操作，然后进行形象化的模仿练习。并不是只能模仿车手在车里做的操作，车手在赛车外的动作同样重要。模仿迈克尔·舒马赫、刘易斯·汉密尔顿、Jimmie Johnson 或达里奥·弗朗奇蒂在赛车外的举止，有助于你能够像他们一样驾驶。

即便不能很好地模仿别人，你的这种倾向也会增加你对要学习的技能、技术和思维方法的意识程度。当然，你必须首先做好模仿别人的准备。不要还没掌握基础技术就急于模仿世界冠军的高级技术。

另外还要记住，每个车手的学习曲线都不相同。有的车手学习和进步得很快，有的人学习起来就要慢很多。这与车手的才能无关。

极限驾驶

如何知道何时刚好处在极限驾驶状态，能够压榨出赛车的最后一点速度呢？

简单说，速度受制于三个因素：发动机输出功率、空气动力学和牵引力。发动机输出功率越大，直道速度越快；牵引力越大，接近弯道时制动越强；过弯时速度越快，出弯时加速越快；空气下压力有助于建立牵引力，阻力则减慢速度。驾驶赛车时，你无法控制发动机的输出功率或赛车的空气动力学特性，但可以控制牵引力。你可能无法增大赛车的总牵引力，但可以对所有牵引力实现有效利用。

前面提到过，越是逐渐拐入弯道，轮胎具有的牵引力就越大，因为逐渐建立牵引力会使轮胎的牵引力极限提高。另外，平衡赛车能够增加可用的牵引力。

当尝试以极限状态驾驶赛车时，需要应对三种不同极限：赛车、赛道和你自己（车手）。要想开得更快，就必须认识每种极限并将它们最大化。赛道的极限无法改变；提高赛车极限是机械师和工程师的任务，当然也要有车手的反馈信息；而将自己的极限最大化才是车手要努力做到的事情。

极限驾驶意味着无论是制动、过弯还是加速，始终都要使轮胎刚好处于附着力（牵引力）极限。驾驶分为三个阶段，即制动、过弯和加速阶段。我们知道，就大多数赛车而言，在一档以上的任何档位加速时，都远远达不到牵引力极限。（有几辆车能在二档、三档、四档或五档时，车轮连续空转？）因此，加速阶段相当简单。

回忆一下前面的牵引力圆，我曾说过，三个阶段应该有所重叠。将加速阶段与过弯阶段重叠以及将制动阶段与过弯阶段重叠，是特别考验技术的时候。

要实现极限驾驶，必须尽可能晚地采取制动，以牵引力极限一直制动到弯道拐入点。然后，随着过弯阶段开始，逐渐松缓制动踏板（将制动阶段与过弯阶段相重叠，使轮胎处于牵引力极限上），直至达到过弯极限。此时，开始挤压加速踏板并回打方向（将过弯阶段与加速阶段相重叠，以保持牵引力极限）。

如果这些操作都被正确执行，就会刚好处在极限驾驶状态。此时，轮胎会自然地产生一定的偏滑，因此不要担心赛车侧滑通过弯道，就应该是这样的。通过弯道时，赛车应该出现轻微侧滑，同时要对制动、转向和油门进行轻微调整，以使轮胎保持在最佳偏滑角或牵引力极限上。

然而，你的牵引力极限可能没有别人的高，这是为什么？因为你对赛车的平衡没有其他车手做得好。赛车越平衡（使赛车重量均匀分布在四个轮胎上），赛车的总牵引力就越大。因此，即便你以自己的极限驾驶赛车，当别人驾驶你的赛车时也仍有可能比你更快。你的极限也可能高于其他人的极限，这完全取决于对赛车的平衡。

例如，埃尔顿·塞纳和阿兰·普罗斯特都是多次世界冠军得主，他们曾同时在麦克拉伦 F1 车队效力。驾驶同样的赛车，塞纳经常更快一些。这并不是因为塞纳的车更快，也不是因为塞纳更勇敢，也不是因为塞纳的过弯线路更好，当然也不是因为普罗斯特没有开到极限。原因在于塞纳对赛车的平衡是如此微妙和完美，以至于他的牵引力极限比普罗斯特的还要略微高一点。这使塞纳的入弯速度可以高出不到 1mile/h，或者提前加速零点几秒，这意味着他的直道速度也更快一点。

车手始终要从赛车上获得信息，对接收反馈越是敏感，越有助于极限驾驶。人们总是说车手可以凭感觉获得反馈。我不知道别人如何，但我大脑中的神经末梢要远远多于其他部位。因此，通过视觉接收的信息要比其他任何感官都要多（嗅觉和味觉与赛车驾驶的关系很小，听觉会起到重要作用，触觉也很重要，但都没有视觉重要）。

想象自己只是掠过车头看道路。如果赛车转向过度，你只会看到轻微的方向变化。但是，如果你看得很远，几乎看到视平线位置，你所能注意到的视线方向变化就会大得多。换句话说，你看得越远，对方向或赛车侧滑的轻微变化就会越敏感。很多驾驶感觉都来自视觉。

如何确切知道自己是否正在极限驾驶呢？唯一的方法就是时不时地超出极限。然而，这有些难度，除非你能超出极限并在滑出赛道之前控制住赛车。这是难点所在。

事实上，在做到持续极限驾驶之前，必须能超出极限驾驶。回忆第 5 章"偏滑角"部分所举的四位假想车手的例子。第二位车手驾驶时超出理想的偏滑角范围，赛车侧滑程度超出了获得最大牵引力所需的最佳侧滑程度。这并非是最快速的驾驶方式，但只有这样做才能确切知道极限在哪里。一旦能够超出极限驾驶，并使赛车保持在赛道上的理想线路附近，就能比较轻易地往回调一点，再返回到极限状态。

如果你不知道如何过度驾驶，就不可能刚好处在极限上。如果不能过度驾驶赛车，也就做不到持续极限驾驶。

对于每一圈的每个弯道都要尽可能晚地制动（在最后时刻制动，仍可以让赛车正确拐入。然而，很多车手常犯的错误是制动过晚，以至于无法使赛车正确地拐入弯道），进入弯道时的速度要稍稍高于你认为的极限速度，然后，进行必要校正以使赛车侧滑通过弯道的剩余部分并保持平衡，同时尽可能早和尽可能快（但动作要轻缓，保持赛车平衡）地加速，并尽可能地提高直道速度。操作起来可能比解释的更容易一些。

不要忘了要驾驶理想线路，或距离理想线路不超过 0.25in。很多车手可在一个弯道或一圈里这样做，但一圈接一圈地持续这样做还需要努力。你可以在错误线路上极限驾驶，但这样无法获胜。

慢车手与快车手的区别是，慢车手无法在赛道上持续极限驾驶。快车手与胜利者之间的区别是，胜利者持续在理想线路上极限驾驶。

我有自己的窍门来检查是否正在极限驾驶。如果感觉在弯道的任一点我能再多转一点方向盘（减小半径），而且不会导致赛车打转或更大侧滑，那么这时候就没有极限驾驶。下一圈，我会试着开得更快一些，离极限更近一点（图38-1）。

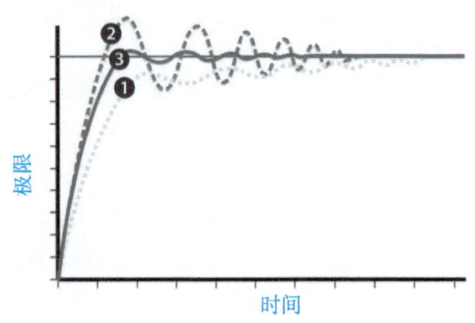

图38-1　极限驾驶的三种方法：①慢慢爬升到极限，采取小步长；②采取大步长，较大幅度地超出极限；③采取中等步长，稍稍超出极限，再往回调整，回到极限上

39 开得更快

接下来介绍一些针对熟练车手的内容。你在熟练掌握基础技术之后，必然会问："如何能开得更快？"如果能将最快圈速提高零点几秒，就足以让自己欢呼雀跃了。下面的内容或许能帮助你想出提高速度的方法。

当我第一次参加印第赛时，那时候还是个新手，我与 Rick Mears 有过一段时间的接触。他对如何开得更快的解释很有意思，我也一直在用这种方法：要想开得更快，你需要一点点接近极限，每圈把速度提高一点，直到感觉要超出极限为止，小幅度地接近并达到极限，而不是大幅度接近。如果速度提高幅度较大，你可能会从低于极限一步跨越到远超过极限。

在尝试提高速度时，不要问自己："为什么我不能更快地过这个弯道？"这是负面问题。应该问一些有建设性的积极问题，例如"在哪""什么时候""多少""怎样"等。避免使用负面问题，例如"我制动不够用力"或者"我通过那个弯道时选择的线路不好"。应该说："我这样开始制动，我认为可以制动再晚一些，如果……"

我从不问自己负面问题，例如"为什么不能更快一点过4号弯道？"相反，我会问自己："我在哪里可以更快？"以及"我能将4号弯道过弯速度提高多少？"这些都是积极想法。

车手更需要一个计划，而不是总想着"我要更快速地通过4号弯道"。你必须计划好如何开得更快，如何以更快速度过4号弯道。每次练习后，坐下来思考。找一张赛道地图，头脑中想象自己刚才驾驶赛道时的画面，把有可能提高速度的地方记下来。

为此，你要思考在每个弯道参照点和控制阶段在做什么操作：制动、拐入、循迹制动、过渡、油门平衡、顶点、渐进给油、最大加速和出弯。然后，问自己如何改变操作以提高速度。

入弯速度很关键。如果入弯速度不合适，就要花很多时间和注意力补偿它。你需要花尽可能多的注意力来感知此时的牵引力、平衡和线路。因此，要确保入弯速度正确。

遵照"慢速入弯，快速出弯"这个建议可能会出问题。我之前提过这个建议，而且认为它依然正确。但是，不要做过头。你有可能在进入弯道时速度过慢，然后再加速回到正确速度上，这个过程中有可能超出驱动轮的牵引力极限，造成车轮空转。最终结果是虽然速度较慢，但是车轮空转却让你感觉像是处于极限状态。此外，当意识到自己入弯速度过慢时，需要花时间来做出反应并纠正速度。

接近弯道时不要用制动器把车速降得过慢。记住这句话："制动就像律师，每次使用都要收费。"每次用制动器减速之后，都需要努力恢复速度或动量。

例如，如果某个弯道能以 52mile/h 的速度进入，而你在入弯时将速度降到了 50mile/h，然后再把速度提高到 52mile/h。这种情况，可能会超出驱动轮的牵引力极限，导致后驱车出现动力转向过度，前驱车出现动力转向不足。如果以 52mile/h 入弯，就不必补偿这个速度误差。速度变化就不必这么激烈。

进入弯道时速度降得越低，踩加速踏板之前等待时间越长，就越有可能通过急加速来弥补速度损失，而且往往会加速过猛。这样会导致驱动轮负荷过大，造成动力转向过度或动力转向不足。

雨中驾驶教会了我一个宝贵的技巧，这个技巧我在干燥天气中也会使用。我发现，如果在进入弯道的那一刻故意让赛车轻微侧滑，我就会自动变得更加平顺、更加放松，从而变得更快。这是因为我不用再担心因赛车突然侧滑而措手不及。我在舒适区操作。学到这个技巧后，我便开始赢得比赛。

你的入弯速度应该稍稍高于牵引力极限所决定的速度（只要能让赛车正常拐入弯道即可），因此，赛车侧滑过程中，你应从制动踏板过渡到加速踏板以便开始加速。这有两个作用：

- 在赛车摩擦降速过程中，可以过渡到加速踏板，而且不会浪费速度（而不是感觉到速度过慢之后，不得不做出反应并且试着校正速度，从而浪费车速）。
- 可以在心理上做好侧滑准备，不会措手不及。

不要因为自己的错误操作而误判入弯速度。赛车无法以 52mile/h 的速度入弯不代表这个速度过高。有可能是因为平衡赛车的方式以及入弯时转动方向盘的方式有问题而无法达到这个速度。试着改善入弯技术，然后再尝试让赛车以 52mile/h 甚至更高的速度入弯。

记住，多数时候，最快的直道速度出自最快的弯中速度。要想实现快速的弯中速度，你需要尽可能快速地入弯——极限驾驶。

这是赛车驾驶中需要做的另一项权衡，即决定是稍慢一点入弯以便早一点加速，还是以更快的速度入弯。通常，如果入弯速度增加会造成加速时机延后，那么最好还是稍稍降低入弯速度以便能够尽早踩加速踏板。

想要提高速度，应该改善有问题的地方，把优势点先放下，每次改善一件事情。记录每圈的用时，并找人记录分段用时（把赛道分成几个部分，计算自己和其他人通过每个部分的用时。这样能确定在哪里领先，在哪里落后），以确定哪里速度快、哪里速度慢。

我在学习新赛道或新赛车时，首先会专注于大块时间，每次提高两三个地方。不要到了赛道上，在哪都想提高速度，这样做是没有意义的，头脑一次处理不了这么多信息。因此，我会选择赛道上两三个我认为能取得最大改进的地方，反复练习直到完全掌握为止。然后，我会再选择两三个新位置或技术来提高。如果要改进的点超过三个，我的大脑就会"超负荷"。当然，最后那一点时间是最难找到的。

显然，改装赛车可以提高速度，但也可能降低速度。不要骗自己。不要为了让自己表现得很懂的样子，而假装自己感觉到了底盘或空气动力学变化，但实际上并没有感觉到。并非每个改动都能注意到。

不要在熟悉赛道并且熟练驾驶赛道之前就对赛车进行改装。不要着急，在做大的改装之前，要保证自己能够持续地极限驾驶。这样，你才能知道究竟是赛车的作用还是你自己的作用。

快速弯道策略

无论是公路赛道还是椭圆赛道，对任何车手来说最难的弯道或许都是快速弯道——能够高速通过的弯道。对于大部分车手来说，最大的问题是自我保护意识这时候会占据控制权，导致右脚松加速踏板。这时，赛车的平衡状态无法处在最佳位置，而且感觉像是处在极限状态，也许就是在极限状态。当然，这是松加速踏板所导致的赛车极限。如果车手能够将加速踏板踩到底，赛车就会具有更好的平衡，并保持极限状态通过弯道。

这种情况下，车手的右脚就好像有意识一样。此时，只告诉自己把加速踏板踩到底还不行，还需要采取更好的策略。

快速弯道的真正问题是，只有在通过弯道的整个过程中把加速踏板踩到底，赛车才能达到最佳工作状态，才能平衡，才会具有很好的抓地力。如果过弯时一会儿加油门，一会儿收油门，或者逐渐挤压加速踏板，赛车都会感到不适应。它不能建立过弯姿势，也就无法达到更大的抓地力。车手需要很强的自信才能全速通过真正的快速弯道，因此大部分车手在入弯之前都会收油门，而这样会破坏赛车的平衡。车手需要经过很多次练习才能不松加速踏板地进入快速弯道。

印第赛上，我还学会了另一种方法，并经常使用。首先，在距离弯道还很远的直道上松加速踏板，把速度降低到让自己有信心。然后，拐入弯道之前再恢复成全速，并保持全速通过弯道。这样，赛车在通过弯道时就比较平衡和自如。接下来的每圈都逐渐减小弯道之前对加速踏板的松开量，直到不松加速踏板也能过弯。

这样，你会习惯全速入弯，因为赛车入弯时速度足够慢。由于现在你以全速通过弯道，赛车很平衡，你就会知道赛车有足够的抓地力，从而建立自己的信心。因此，下一圈你就敢于在直道上减小一点加速踏板的提升量，再下一圈再减小提升量，直至完全以全速通过弯道。

这个方法听起来似乎比较费时，但实际上并非如此。从我自己使用以及教别的车手使用该方法的切身经验来看，相对于只反复告诉自己要全速通过弯道相比，这种方法能更早地让你以全速通过快速弯道。

关键是要建立和维持自己的舒适度。否则，你永远无法以全速通过高速弯（图 39-1）。

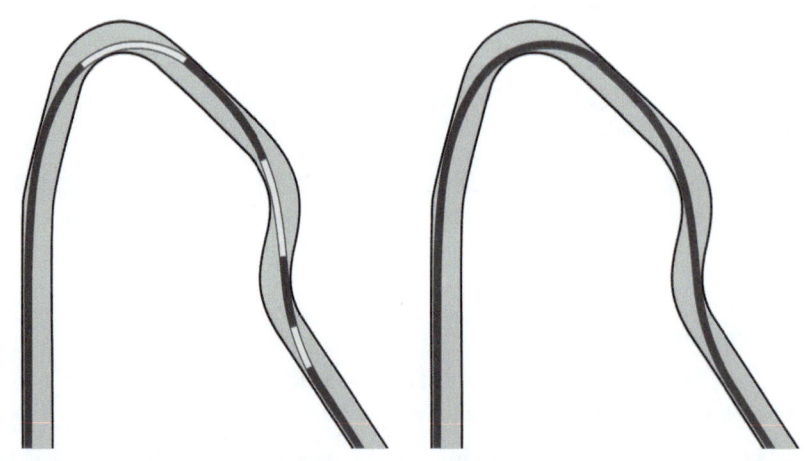

图39-1 整圈极限意味着赛车在每寸赛道上都处于极限状态，而不是部分赛道上。图中，两位车手驾驶相同的赛道部分。深灰色表示赛车处在极限状态，浅灰色表示没有处在极限。左图中的车手对赛车的压榨程度不够，没有用到最后一点抓地力。他确实做到了极限驾驶，但却没有一直保持极限

压榨赛车

很多车手都会在赛道较短的部分丢掉不少时间，他们认为在这里，赛车只能承受部分加速，部分加速就已经足够好了，但实际上还可以采取短暂的全速。很多车手会"滑行"零点几秒的时间，想着80%油门就足够好，他们并没有"压榨"赛车。

只要能增加全油门时间，任何方法都是可取的。可以在两个弯道之间零点几秒的时间内使用全油门，或者在直道末尾不是逐渐松加速踏板，而是快速松开（但不要忘了平顺性），这就是压榨赛车。

如果想把单圈用时最后再缩短十分之一秒或百分之一秒，必须考虑在赛道的哪个部分没有全力"压榨"赛车。这些地方往往是赛道上比较短的部分——车手认为这些地方80%的油门就足够了。要想获胜，80%往往不够，而是要100%的全速通过。驾车要激烈一些，但要保持平顺，攻下赛道的每个部分。

我知道这是显然的事，但你的脚要么应该踩在制动踏板上，要么应该挤压加速踏板，或者保持加速踏板踩到底。虽然也有一些例外情况，但是很少。

速度揭秘

要么踩制动踏板，要么挤压加速踏板，要么完全踩下加速踏板。

当然，仅仅意识到自己没有压榨赛车还不够。无论是自己主动意识到还是使用数据采集系统，都无法真正让你压榨赛车，无法让你在赛道的关键部分使用全油门。通常，这样只会体现出你的弱点，进而使你产生受挫感。这种情况正是学习公式的用武之地。你需要建立清晰的 MI，然后，对压榨赛车的效果从 1 到 10 打分，以便知道距理想 MI 还有多远。

只要花时间在头脑中建立清晰的 MI，就能在短时间内自然地从 1 或 2 至少提高到 8。从 8 提高到 9 和 10，这最后的百分之几秒则需要花费一些时间，但最终都会实现。

提速计划

本章最后，我们学习三个提速计划。

- **晚制动**：对普通车手来说，这是最常见和使用最多的技术。大部分车手都认为，制动之前更深一点地潜入弯道，更长地保持直道速度，这样能赢得不少时间。有这个想法很自然。毕竟，当与另一辆车齐头并进时，只要晚一点制动就能处在前面。

实际上，晚制动会让大部分车手更用力地制动，意味着赛车进入弯道的速度不变。仅仅是晚制动而没有以更快的速度入弯，这样的效果很小。这样只能在直道上以最高速度多跑几英尺，只能提高百分之几秒，不能再多了。但是，以更快的速度入弯（只要能让赛车拐入并加速出弯即可），则能实现更大效果。

例如，在一般公路赛道上，如果进入每个弯道的速度都能提高 1mile/h，则可以将圈速提高 0.5s。非常可观。

晚制动的问题在于你把过多精力放在了制动上，但其中有部分精力应该放在更重要的事情上。你经常过分关注制动，以至于反应过度和锁死制动。如果制动太晚，就要考虑如何避免出错，因而无暇思考如何正确制动以及制动结束后做什么。

- **轻制动**：这通常是迈向正确方向的第一步。你在相同的位置开始制动，但稍稍减轻制动力度，这意味着会以更快的速度进入弯道（记住，即使入弯的速度提高 1mile/h，也能把圈速提高不少。）
- **正确的晚制动**：这是车手的目标。你晚一点开始制动，但制动速率不变。因此，最高速度维持的距离更长（小提高），而且能以更高的速度入弯（大提高）。另外，你没有将全部注意力都放在制动上，而是同时在考虑入弯的事情。这才是提高速度的正确方法。当然，要记住这里存在极限。

40 练习与测试赛

测试和练习时的心理把握很重要。练习的竞争状态与环境一定要尽可能地与实际比赛接近。练习时的强度和进取精神要与实际比赛相同。如果练习时候是99%的状态，比赛时也将是99%的状态，很难回到100%。

这样能够让你的头脑在真实的比赛条件下本能地做出响应。要以相同的态度和强度对待练习和比赛。练习时，注意力和决心要与实际比赛时相同。随后，实际比赛中就能像练习一样放松和镇定。

> **速度揭秘**
>
> 按实际比赛的要求对待练习。

如果不打算拿出100%的状态练习，就是虚度赛道练习时间。即使参加耐力赛，不需要完全采取极限驾驶，你在练习时也仍然要拿出100%的精力和注意力。例如，不要认为偶尔松散地入弯"也还可以"，要杜绝这种想法，不要让"也还可以"成为习惯。避免这种情况的唯一方法就是始终以100%的状态驾驶。

我们经常认为，一项技术我们练习的次数越多，就会做得越好。不一定如此。实际上，你每次错误地练习某项技术，都会增大再次犯这个错误的概率。人们很容易重复相同的错误。

> **速度揭秘**
>
> 练习无法保证熟能生巧，正确练习才可以。

最开始不要练习过多，否则有可能形成不正确的模式或动作。最开始先练习几圈，保持注意力和积极性。只有注意力和兴趣足够强时才能继续练习。如果重复犯相同的错误，或者注意力变得不够集中或比较随意，就应该停止练习。清理一下头脑，恢复注意力和积极性之后再继续。

车手平时在街上开车时也可以练到很多比赛获胜所需的技术。例如：平顺、持续地制动，挤压加速踏板和松缓加速踏板，以弧度转入和驶出弯道，选择通过弯道的理想线路，保持平顺和赛车平衡。做这些训练不需要很快的速度。这不仅仅是身体上的练习。就像高尔夫球手和网球手"打磨"挥杆或挥拍动作一样，车手可以"打磨"赛车控制技术。每次制动或转动方向盘时，动作都会被"编程"到大脑中。车手对技术的"编程"次数越多，越能够在激烈的赛道角逐中轻松、平顺、自然地操作。

很多车手在日常驾驶中养成了一些坏习惯，例如：不正确地握方向盘，把手放在变速杆上，没有挤压制动踏板和加速踏板等。他们把这些错误技术编入到了大脑里，又如何能在赛道高速行驶状态下以正确方式操作呢？如果不能在街道低速行驶时做某个操作，就不可能在赛道上自然操作。这个道理适用于任何项目。如果一名职业网球手一整年都在练习单手握拍反手球，却在温布尔登大赛上使用双手握拍反手球，那结果可想而知。

练习赛的目标之一是找到正式比赛或排位赛的正确底盘设置。对于正式比赛，需要舒适、一致、可靠的设置。对于排位赛，则可能需要少一点"舒适"设置，可减少一点空气下压力，以便在一两圈内速度很快。好的正式比赛设置应该使你能够从发车位置提升名次。

练习赛的前几圈可以用来磨合制动片或摩擦新轮胎。磨合制动片时，通常要通过大力制动来逐渐使制动片升温（但是要小心，制动片随时可能失灵，因此大力制动要提早进行），然后慢速开几圈让制动片冷却。这不一定总是磨合制动片的最佳方法，而且有的已经预先磨合过了，因此要首先咨询厂商。

练习和测试中要专注于赛车设置，确定怎样做可以改善设置。还有，要让自己对赛车的运行更加敏感。

在不同位置过度制动以检查制动分配情况，看看前轮或后轮是否首先锁死。慢速弯道、中速弯道以及快速弯道的赛车操控性如何？初始拐入如何？赛车是转向不足还是转向过度？赛车在弯道中间如何？

赛车在弯道出口是否能很好地发挥动力，还是出现过多的车轮空转？经过凹凸路面时，赛车是否托底？是否感觉赛车太软？转弯时，赛车是否出现过大倾斜？赛车是否太硬？抓地力是否过小，感觉像在赛道上溜冰？减振器太软还是太硬？防倾杆效果如何？

齿轮比是多少？最长直道上的最大转速是多少？提高或降低一点尺寸比是否会对某些弯道有帮助？

考虑对赛车做的改动如何相互关联。例如，为更好地适应某个弯道而改变了赛车的操控，那么齿轮比是否仍然正确？速度提高之后齿轮比会不会太低？考虑最高档齿轮比的问题。如果在气流中速度额外提高几 mile/h，最高档齿轮比会不会太低？

显然，只有在熟悉了赛道之后才能对赛车设置进行改动。假如每圈都有改进，如何才能知道对赛车的某个改动是否起了作用？这时候要依靠一致性。

另外，练习时要尝试不同技术。试着以更高的一个档位过弯。尝试晚一点制动，以更高速度入弯。或者早一点制动，在弯道中提前一点加速。看看哪种方法更好。跟随一辆快车，观察它何时制动以及如何过弯。

每次练习之后与工程师、机械师或自己沟通。记录关于赛车状况和驾驶情况的所有内容。

需要问自己的问题是："怎样做才能更快？"

建立反馈

对于大部分工程师、机工长、机械师、车队老板、车队经理，甚至车手自己，测试和练习的意义在于开发赛车。我认为这只是其中的一部分作用。除了开发赛车，测试和练习还应该用来提高车手技能。实际上，这是赛车和车手的组合发展。

车手要具备察觉赛车任何微小改动的敏感性。作为车手，你应该积极发展这种能力。而测试和练习的重要作用就是提高这种敏感性。

前面介绍过，要提高驾驶表现和对赛车设置变化的敏感性，最有效的方法是使用感官输入训练。你可能在想，赛道时间（无论是私人测试还是测试赛）太宝贵，不能浪费在感官输入训练上。不要这样想，除非你不想获胜。

练习和测试时间之所以宝贵，就是因为能实现赛车和车手的组合发展，这意味着车手发展与赛车发展一样多。

如果想进一步说服自己，可以这样考虑。你越是善于吸收感官输入，对赛车的反馈就会越好。如果没有反馈，你就无法采取措施将赛车性能发挥到最大化。你需要反馈信息来进行正确操作。

学习

很少有车队在赛前练习刚一开始时就进入节奏。大部分赛事在排位赛和正赛之前都安排一场或一场以上的练习赛。想一想，你在什么时候必须达到可能的最快速度？是在排位赛的某一圈以及正赛中，对不对？

在练习赛中应学习如何在排位赛和正赛中达到最快速度，这种策略能在比赛中获得更好的结果。

尽可能以积极状态结束测试日，因为人最容易清晰地回忆起最后获得的信息。这种现象称作时近效应，意思是离现在最近的信息在头脑中印象最深。换句话说，你会更多地在头脑中回忆和回放最后一次赛道练习情况。在头脑中回放信息能够形成思维程序。你肯定希望把正确、积极的体验（而不是错误的、负面的体验）放入思维程序。

要能够意识到自己什么时候在身体和精神上开始疲劳，这很重要，这样才能在建立错误思维程序之前停止练习。记住，练习无法创造完美技术，完美练习才能创造完美技术。与其继续练习错误动作，不如早点停止练习。当然，如果在测试日结束之前就感到身体或精神疲劳，你就需要加强健身训练，以确保这种情况不会再次发生。

适应性

有些时候需要按照与以前完全相同的方式驾驶赛车。没有持续性就很难确定对赛车设置的改动是起到正面效果还是负面效果。这正是优秀测试车手需要具备的素质。

但是，有的时候你需要能够适应赛车状况。这是优秀赛手需要具备的素质。例如，赛车在比赛中出现拐入转向不足，你要知道如何适应这种情况，否则就只能眼睁睁地看着自己落到后面。

我猜你肯定不止一次听到过车手抱怨他的赛车在比赛中出现某个操控问题，但是你绝对听不到这位车手抱怨不知道该如何处理。

如何建立必要的适应能力？要学会赛车的动力学，要在测试中给自己时间和机会进行练习和学习。

总的目标是学习如何更加适应赛车的操控问题。大部分车手会强迫操控不好的赛车做他们想做的。这样不行，车手无法让赛车做它做不到的事。唯一的选择就是适应它。

要提高自己的适应能力，可在测试日用一部分时间做以下步骤。首先将赛车设置调整为中性操控，开始热身并设定基准。然后，练习如何适应转向不足。调整赛车设置，以使赛车在入弯、弯中和出弯阶段转向不足。尝试适应转向不足，减小转向不足的不利影响。练习不同拐入点和技术，改变循迹制动量等。

然后，练习如何适应转向过度，调整线路，改变拐入时的速度，调整何时以及在哪里松制动踏板，然后恢复加速。

采用什么样的适应方法取决于：转向不足或转向过度在弯道的什么位置发生，赛车处在稳定状态还是瞬间状态，以及你要对它做什么。因此，在改动赛车操控时，应利用减振器、防倾杆，以及弹簧和空气动力学来改变操控问题的时间和严重程度。

调整过程中，要比较直道上参照点位置的转速并且比较圈速，以确定哪种方法效果最好。也可以使用数据采集系统。某种方法适合某一种类型的弯道，但不适合另一种弯道。这种方法有利于通过某个弯道，但会让你在赛道的另一个部分丢时间，因此圈速无法反映真实情况。这就是为什么一定要比较直道速度和圈速。

最终，哪种方法效果最好并不重要，主要目标是能够使用任何一种方法，特定时间里任何方法都有可能成为最佳选择。应该知道如何使用每种方法，知道如何起作用或不起作用，以及知道能从每种方法中获得什么，目的是向大脑数据库中添加信息和知识。

前面提到过，没有哪个风格能适应所有赛车和所有弯道。伟大的车手能改变自己的风格来适应不同状况。车手通过练习才能学会如何改变驾驶风格，而适应性练习正是学习如何改变驾驶风格的最佳方法之一。

如果有时间，你还可以尝试另一项练习，作为以上练习方法的补充。这种方法不会占用很长时间，但却同样有用。这次，驾驶一辆平衡的赛车，通过调整驾驶方式使赛车在入弯、弯中和出弯阶段转向不足，再使赛车在入弯、弯中和出弯阶段转向过度。该方法的理念是：如果你知道如何让赛车转向不足和转向过度，那么当你做这些事的时候就能意识到。如果你意识到自己造成了一些转向不足或转向过度，就会比较容易纠正。

究竟如何通过驾驶来引起转向不足或转向过度？这需要自己发现。你需要试验如何转方向盘（时机，转方向盘是突然还是平顺，转方向盘的速度等）、过弯线路、重量转移控制（利用制动和加速踏板），以及赛车速度。如果别人告诉你如何转向不足或转向过度，你不会深刻理解，要通过试验和自我发现才能学会。

故意使赛车转向不足或转向过度，这样就能意识到自己是否导致或增大了操控问题。这与高尔夫球手在开球时总是斜击球的情况类似。典型的纠正方法是转动身体或改变握杆姿势来补偿球可能要去的方向。不过，最佳方法是去练习场故意做几次斜击。让自己知道如何斜击，这样就能找出真正解决问题的方法，而不是盲目纠正。

这种方法将 $MI+A=G$ 用到了极致，而且是在潜意识中。利用这种方法可以解决任何问题。你需要试着犯错误，找出导致错误的原因，然后才能纠正错误。

练习 Q 模式和 R 模式

如果不练习就期望自己取得最好的排位赛成绩，这是不现实的事。要在一次练习赛中演练很多种赛车与轮胎组合以获得最佳排位圈速，任务很艰巨。

准备排位赛时，主要的练习方法是实际驾驶操作。当然，也需要在头脑中建立思维程序，思维程序练习也很重要，但你很难在头脑中想象以前很少做或从来没做过的事。必须给自己时间进行亲身体验，然后离开赛道，在我定义的 Q 模式下将驾驶技术装入思维程序。

采取实际驾驶练习，并在 Q 模式下建立思维程序，这样才能获得最佳的发车位置。

除了建立 Q 模式思维程序外，还要练习不同的 R 模式。在绝大多数赛车比赛中，车手都不需要以 100% 的节奏（我称之为 R1 模式）驾驶整场比赛。R2 模式是指稍稍放松一点，车手能够一整天维持该节奏。而 R1 模式更像是一种"满格"模式，大多用在排位赛以及正赛的前几圈和最后几圈。R1 模式正好处在边缘状态，很难在整场比赛中一直维持该节奏。R3 模式比 R2 模式更放松一些，用来节省轮胎、制动器、变速器或发动机。

这里的重点是，如果没有潜意识思维程序的支持，比赛中就无法随意放松节奏或在比赛快结束时重新回到最快节奏。你一定见过某位车手想稍稍放松一点节奏以保护领先优势，但却撞车了；或者车手本来有很大的领先优势，能放松一下节奏，但在全场黄旗吃掉了他的领先优势后，他想回到 R1 模式，同样以撞车告终。即使埃尔顿·塞纳和迈克尔·舒马赫这样的车手也在有意识地改变 R 模式的时候犯过大错。

这些不同模式一定要编入思维程序中。在这里，最有效的方法是将实际练习与思维程序练习结合起来。这不仅需要练习如何驾驶 R1、R2、R3 模式，还要学习如何触发它们。经过一定的实际练习和思维程序练习之后，训练自己在说出 R1、R2、R3 后立即切换到相应模式。

构建思维程序

最伟大的冰球运动员韦恩·格雷茨基说过："无论是谁，无论是多么优秀的运动员，我们都是习惯动物。养成的习惯越好，高压状况下效果越好。"练习的作用就是形成更好的习惯或更好的思维程序。

当然，仅仅在赛道上练习驾驶可能并没有使时间得到有效利用。前面说过，只有完美的练习才能产生完美的结果，任何一点赛道练习时间都应该受到监督，否则可能会让自己更加深陷于错误操作。而且，无论什么层次的车手，都要注意这个问题。

无论是哪个项目，人们都经常把最伟大运动员的成功归功于出众的天赋。然而，这些运动员都比对手要练得更多、更努力、更专注。这让我不禁思考所谓天赋是否就是刻苦（更好）练习的结果。

迈克尔·乔丹比队友早到场地练习投球。2001 年有一小段时间里，泰格·伍兹没有赢得任何比赛，他说这是因为他正在针对后半年的大师赛练习击球。有人对伍兹的话表示怀疑，直到他再次赢得了大师赛。网球运动员玛蒂娜·纳芙拉蒂洛娃赢得过 167 项冠军头衔，其中包括创纪录的九次温布尔登大满贯，她说："每次伟大的击球，都要经过无数次的练习。"

关于迈克尔·舒马赫努力训练的故事已经成为他传奇职业生涯的一部分了。在法拉利的测试赛道做了一天的测试练习，此过程中跑完了等同于两场 F1 大奖赛的长度，之后他仍然要到健身房进行两个小时的身体锻炼。

如果没有足够的练习，无论是赛道上还是赛道外，任何人都不要指望成为最好的车手。练习的意义在于建立更好的思维程序。越是建立更好的思维程序，你的"天赋"就越会得到别人的认可。

关于练习的最后忠告：不要在练习时撞车。练习赛的作用是学习赛道并找出正确的赛车设置，以便在排位赛和正赛中开得更快，而不要把练习机会浪费在撞车上。

41 排位赛

排位赛本身就是一门艺术。车手只需要一圈发挥最快速度就行。显然，排位赛的成绩很重要。发车方阵中的位置越靠前，需要超越的车数就越少。此外，车手会对排在自己后面的对手形成心理优势。

排位赛中最好行驶在车少的位置。与多辆车一起比是没有意义的，它们只会降低你的速度。有时候，你会把更多精力放在与周围赛车的比试上，而不是专注于自己要做的事。

有些车手在有额外刺激的情况下——例如追逐另一辆车——会发挥到最好。此外，还可以从前面的车那里获得一些气流优势。不过，应该注意的是不要过多地被对手分散注意力，应该专注于自己的表现。

前面介绍过，针对排位赛的赛车设置可以有一些不同。将赛车设置得松一些（多一些转向过度）或者下压力少一些，这样有利于跑出一两圈的快速单圈成绩，但很难在整场比赛中控制赛车。

在排位赛中，有时候你会经历前世界冠军尼基·劳达（Niki Lauda）说的"混沌圈"。意思是把最快圈速最后再提高十分之一或百分之一秒，这有可能意味着再晚一点踩制动踏板，将入弯速度再提高一点，或者全速通过一个"准全速"弯。显然，这样的操作可能是最危险的，同时也是最刺激的，成功后也是最有满足感的操作。

椭圆赛道的排位赛很可能是车手感到压力最大的时候，每次只有一辆车比赛。不过，与其他赛道一样，你的经验越丰富，就会越简单。

针对排位赛进行训练时精力一定要集中，无论是在椭圆赛道上自己比赛还是在公路赛道上多辆车一起跑，都是如此。车手一定要排除周围一切杂念，想象自己在赛道上完美地做所有操作，榨取最后一点速度。然后，到了赛道上，让动作自然流出。不要"尝试"。如果你集中精力，并且已经在头脑中想象过要做的操作，一切就会自然发生。

排位赛里需要整圈保持高速度，这对一些速度很快的车手来说也很有挑战。难度在于车手要在每寸赛道上都保持极限驾驶。所有快速车手都能在大部分赛道极限驾驶，特别快速的车手则能整圈极限驾驶。

几年前，我教的一位车手参加大西洋方程式系列赛，该赛事为F1蒙特利尔大奖赛提供支持。幸运的是，那天我穿的车队T恤与赛道保安穿的衣服几乎一模一样。当我走到正面看台前面观看F1练习赛时才意识到这点。当时我站在那里，腰带上别着无线电，脖子上挂着通行证。然后，有三个人向我出示门票并询问他们的座位在哪。我礼貌地为他们指了方向，并且注意到栅栏上有个缝隙，有一位保安刚刚从那里通过。因此，我做了一件任何渴望近距离观看高速行驶中的F1赛车驾驶室的人都会做的事：从缝隙进入到栅栏里面，在非常近的距离观看赛车通过一个左-右连续弯。

我在里面站了大概30min，在这个有利位置尽可能多地收集信息，问自己为什么车手要这样做，是什么让他们速度这么快，并留意赛车经过时的动态特征。即使是F1水平的车手，我同样注意到，有些车手也仍可以在一些方面加以改进。在我观察的赛道部分，有些车手能在95%的时间里极限驾驶赛车；有的车手能在99%的时间里极限驾驶赛车；还有一位车手能够在100%的时间里让赛车持续处在极限状态，这个人就是迈克尔·舒马赫。舒马赫在驾驶室里的独特操作使他能够让赛车正好以极限状态通过连续弯的中间部分，这是其他车手无法做到的，甚至莱科宁和蒙托亚都做不到。这种驾驶水平下的差别非常细微。如果不是那天如此近距离地观看，我永远也不会注意到这种细微差别（图41-1）。

因此，如果在一部分赛道保持极限驾驶都这么有难度，那么在一整圈里一直保持极限将会难到什么程度？我猜到现在为止，你已经在头脑中想象过如何跑出完美一圈，以及如何在整圈里始终让赛车处在极限状态行驶。这就是心理意象的作用。然而，让赛车在整圈中一直刚好处在极限状态，对F1车手都实属不易，那么这对于你将会是多么大的挑战？

速度揭秘

极限驾驶意味着在每一寸赛道上都要极限驾驶。

我强烈建议在建立排位赛的心理意象时将赛道分解，让自己能看到、感觉和听到驶过每寸赛道的情景，甚至在头脑中以慢动作驾驶。如果有一小段赛道，让你无法想象如何使赛车处于极限状态，无论多小，排位赛中你都无法在这小块赛道上做到极限驾驶。有的车手甚至无法在头脑中想象出赛道的某个部分，就好像这部分赛道丢失了一样。如果你属于这种情况，那么能否开好这段赛道将是很大的未知数。尽一切努力在头脑中想象出这部分赛道，为此，当其他赛车在赛道上行驶时，你可以出来看看这部分赛道，想象自己就在其中一辆车里。或者，在测试结束后到赛道上走一走，停下来在头脑中留下不熟悉部分的快照，闭上眼睛在头脑中演练这个部分，然后再走到下一个部分。如果有车内视频，可以慢动作回放某个部分，反复回放直到在头脑中形成每一寸赛道的清晰画面。

图41-1 排位赛只需要在一圈里让自己和赛车发挥到最快圈速，此时精神状态的重要性不亚于技术。进入赛车之前就应该触发这种精神状态。甚至走向赛车时的姿势都会影响精神状态。迈克尔·舒马赫通过走路姿势向自己和其他人发出的信号是：我可是认真的

图片来源：Shutterstock 商业图库

这就是整合赛道的过程：建立清晰的心理意象，让自己能够在头脑中看到、感觉和听到极限状态下每寸赛道的情况；建立用来启动思维程序的心理触发器；在赛道上让思维程序接管。这里最难的就是最后一条：相信思维程序。很多车手对于"不要尝试，要依靠思维程序驾驶赛车"的这个理念似乎并不认可。他们已经习惯于与赛车对抗，让赛车做他或她想要的事情，思考在车中的每个动作，有意识地控制驾驶。

埃尔顿·塞纳是思维程序驾驶方面的大师。1988 年，塞纳在摩纳哥完成了一次传奇的排位赛。当时他赢得了杆位，比麦克拉伦车队队友、四次世界冠军阿兰·普罗斯特快了 1.4s！赛后，塞纳说："我突然意识到我不再有意识地驾驶赛车，而是凭直觉驾驶。我处在不同的维度，不断向前，越来越多。我早已超出极限，但仍可获得更多。然后，似乎突然有什么踢了我一下。我有种醒了的感觉，并意识到刚才处在与平时完全不同的氛围中。"

塞纳比大部分车手都能更好地达到这种层次，如果认真听塞纳描述他的驾驶情况，你会发现他明显是在通过思维程序来驾驶赛车，甚至他自己都有点被这种感觉吓到："我被吓到了，因为我意识到我已经完全超出了我的意识理解。"他可能还没有真正理解到底发生了什么，但是他比大部分人都能更多地达到这种状态。最重要的一点：允许自己达到这种状态，放开并相信思维程序，通过让思维程序驾驶赛车来达到更好的驾驶表现。

整合赛道并在每寸赛道上以极限状态驾驶，要做到这点，就需要建立清晰的思维程序，并触发它，然后相信思维程序。

速度揭秘

每寸赛道都要做到极限驾驶，并编入到思维程序中。

42 正 赛

比赛之前，思考一下自己的发车位置。考虑一下，谁在自己的周围发车，他们有可能采取什么策略？他们是否可信，能否与之齐头并进地角逐？他们起步是否快速？他们是否前几圈快，随后慢下来？

比赛开始之前要分析这些因素并制订计划。

第一个试车圈（或者练习赛或排位赛的第一圈），首要任务是让轮胎和制动升到工作温度。很多车手喜欢在赛道上来回走之字形使轮胎升温。这个方法不错，但要小心。你经常会压到赛道上的轮胎屑。很多车手走之字形时会打滑。发生过这样的情况：两位车手在暖胎过程中距离太近，以至于最后撞在了一起。留意周围的车手在做什么，避免被突然加速的赛车弄个措手不及而被迫紧急制动。

实际上，赛车轮胎在急加速和急制动时比之字行驶时升温更快。目标是让轮胎从内部升温，使制动片发热，热量会传到制动盘、制动毂和轮毂上，然后传到轮胎内的空气中。这样能提高胎体温度，而不仅仅是轮胎表面温度。

因此，走之字形的同时，用左脚踩制动踏板以使制动器升温。在直道上用力加速，使车轮产生一定空转，然后用力制动。如有可能，接近弯道时速度放缓，然后加速快速驶过弯道，甚至可以左右转动方向盘来摩擦前轮胎。同时，最后看一看赛道表面有没有前面比赛留下的油渍或其他杂物。如果是雨天，要好好感觉一下路面的湿滑程度。确保自己能够在前几圈适应赛车在雨天的驾驶感觉。

发车时要看得远一些，不要只看周围的车。你可以观看其他比赛的发车情况，观察发车员在哪里挥动绿旗。如果有双向无线电，可以让一位维修人员盯着发车员，只要一看到旗子落下就用无线电通知你。

有时候你可以处在距发车点稍稍拖后一点的位置，然后比绿旗预计落下的时间提前一点开始加速。如果时机算得准确，你会比周围的车手多一点优势。如果算得不准，就不得不松加速踏板。最不希望出现的情况是刚松加速踏板，绿旗就落下。

取决于你在方阵中的位置，一旦开始加速就不要抬起加速踏板。如果抬加速踏板，绿旗又恰好落下，就会丢掉位置。如果想在绿旗落下时开始加速，就应该保持踩在加速踏板上面。这样可能发生两种情况：

- 绿旗正好在加速开始后落下，获得发车优势。
- 发车员没有挥动绿旗，进行第二次试车圈（不要试图第二次抢跑）。

第一圈的第一个转弯处一定要小心，因为这里发生的撞车比任何地方都要多。好的发车很重要，如果发车时太保守，没有跟上领先的方阵，那么就有可能再也追不上了。

> **速度揭秘**
>
> **第一个弯道无法保证赢得比赛，但却能让你输掉比赛。**

通常，前几圈应该跑得越快越好，然后稳定在一个比较舒适、持续的节奏上，并伺机抓住任何一次超车机会。不要错过超车机会，因为错过就可能就再也得不到了。

> **速度揭秘**
>
> **往往是在最后 10% 的比赛中决出胜负。**

要保证在比赛的最后阶段保持强劲势头。有时候这意味着要为比赛的最后阶段节省赛车，对制动器和轮胎等部件的使用要节省一点。

无论落后多远，无论赶超对手的机会看似有多渺茫，都绝对不要放弃。持续施压，直到方格旗落下为止。你也不知道对手在努力捍卫自己的位置而竭力驾驶的过程中会不会因出现问题而终止比赛。有时候距离比赛还有几圈，领头车却偏偏出现机械故障，这种情况并不少见。如果这个时候你跟得不够紧，就无法利用对手的破绽。

> **速度揭秘**
>
> **跟得足够紧，才能利用幸运的机会。**

最成功的赛车手，例如 Jackie Stewart、迈克尔·舒马赫、Rick Mears、达里奥·弗朗奇蒂、Richard Petty 和 Jimmie Johnson，他们都有一个共同点：完成比赛。他们都有惊人的完成比赛率。不要忘了：想要第一个冲过终点，首先要完成比赛。

成功车手大多同意"以最慢的速度赢得比赛"这个观点。有些车手则不满足于赢得比赛。他们觉得还应该每圈都创造最快纪录。这些车手中的大部分的完成比赛率都不高。他们的获胜纪录也比较低。但人们只在乎谁赢得了比赛，而不在乎赢了多少。

维修区

经验、练习、想法以及准备充分的维修人员，这些都是成功进维修区的关键。简单来说，作为车手，你的工作是把车刚好停在维修人员指定的停车标记上。停车后要保持冷静，执行维修人员要求的操作（重置油量表，脚踩或离开制动踏板等），并准备在维修结束后立即回到赛道上。在维修区时，一定要确切知道车队需要你做什么。

找到自己的维修区，在维修道上减速，并确定具体应该停在哪里，这在有些赛道上还是很有难度的。你要知道车队给你发什么样的信号，还要找一些维修区的其他参照点（经过维修道入口或距维修道末尾的第几个维修站，或者与起点和终点的位置关系等）。

关于维修区，经常被忽略的一个方面是进入维修区之前和之后的那圈。很多车手在进维修区前的一整圈都处在维修区模式（心理上停车），出维修区后很长时间才能恢复到竞赛速度。相反，你应该保持全速行驶直到驶入维修道前的最后一秒，然后尽可能快速地回到赛道上（记住，这时候可能是凉胎）。观看一场印地赛，注意获胜者在维修区前后所用的时间与其他车手比起来是多么短，以及在这段时间里获得的优势。

耐力赛

耐力赛是指持续至少三个小时并需要更换驾驶员的赛车比赛。通常，耐力赛分为6、12和24小时耐力赛，既可以是业余赛又可以是职业赛。

无论是什么类型的赛车，尽可能多地参加耐力赛对任何车手来说都有好处。在驾驶时间方面，没有任何赛事能与耐力赛比肩。车手至少要驾驶一个半小时，或许能达到三小时。耐力赛是非常好的训练，能很好地训练车手长时间地集中注意力。这对参加短程赛事特别有帮助。

另外，车手可以学会如何"节省"赛车，以避免在机械方面损坏赛车。这也会影响你的短程比赛驾驶技术。

大多数耐力赛都是很多不同级别的赛车一起比赛。这意味着你会在相对短的时间里多次练习超越和被超越的技巧，或许一场比赛的次数就相当于单一级别赛事整个赛季的次数。

参加耐力赛时，一定要尽早进入并保持自己和车队已经确定好的比赛节奏。避免卷入与其他赛车的激烈角逐中。当然，你肯定希望击败对手，但要保持节奏。如果无法超越或摆脱对手，那最好跟随他们一会儿。这样经常能使对手注意力不集中，导致他们犯错误。

显然，维修区在耐力赛中起着很关键的作用。确保车队练习好相关操作。练习如何进行车手更替。维修区加油和更换车手所花的时间经常可以决定比赛结果。

更换车手会有一定难度。最大问题在于车手体格的大小差异，有时候必须对坐姿和舒适度进行让步。不过，坐姿会影响车手的表现，因此应该尽可能地减小影响。

耐力赛的一般原则是在维修区花的时间越短，获胜概率越大。我知道这听起来很显然，但有不少车队似乎真的就忽略了这一点，他们更愿意依靠赛道上的速度。最为沮丧的事情莫过于能在赛道上打败对手，却因为维修区工作和维修策略的不利而被对手反超。此外，提高车队维修区工作速度的花费要比提高赛车速度的花费低得多。

车手

完美的赛车驾驶员应该有很快的速度，这是肯定的。此外，他们的另一个特征是善于车轮对车轮地近距离角逐。赛车技能是指能够使赛车处在恰当位置上，以尽可能地减小超车和被超车时的不利因素，以策略击败对手。换句话说，赛车技能就是能够在与其他车手的近距离角逐中胜出，即使赛车在性能上不如对手的赛车。完美车手应该具有赛车技能。

通过经验和观察可以发现，速度快的车手要比优秀的竞赛车手数量多。卡罗尔·史密斯（Carroll Smith）曾把赛车运动员分为车手和竞赛者。车手是可以快速驾驶赛车的人，竞赛者则是即使驾驶慢车也能赢得比赛的人。

加拿大的法拉利 F1 车手吉尔·维伦纽夫在 1982 年死于撞车事故，他是一位最高水平的竞赛者。他多次赢得了不可能获胜的比赛。1981 年，他赢得西班牙大奖赛，他当时驾驶的法拉利赛车基本无力击败对手的赛车。这辆车在直道上就像子弹，然而却是操控最差的 F1 赛车之一。那天，当吉尔冲过终点线时，后面有四辆车首尾相接地紧紧跟在他后面（从第一到第五只相差 1.24s），都试图超越他——如果这四位车手能超过吉尔，就都会跑出更快的圈速。不过吉尔是一位斗士，很可能是最伟大的赛车斗士。吉尔绝对不会放弃，他驾驶那辆法拉利如此激烈地通过弯道，完全凭借意志弥补了赛车的不足。吉尔拥有传奇般的竞赛技能。

例如，1979 年法国大奖赛的最后两圈，吉尔与雷诺车队的 Rene Arnoux 争夺第二名，这两圈被誉为赛车史上最精彩、最令人激动的两圈角逐（在网上搜索 Gilles Villeneuve/Rene Arnoux，就能找到这段著名角逐的视频）。

> **速度揭秘**
>
> 具备竞赛者的精神状态；有意识，善于进攻，并让车流对自己有利。

近距离角逐和出色的赛车技能主要取决于精神状态。当然，伟大的竞赛者会使用一些技术；不过，在真正的角逐中，胜利的天平往往会向最渴望获胜的车手倾斜。伟大的竞赛者似乎比其他人更想赢，并且能够找到胜利的方法。他们知道应该什么时候对另一位车手施压。他们知道紧挨着另一辆车（而不是靠近弯道内侧）可以让其他车手感到威胁，而且如果两车接触，碰撞会轻得多。另外，这样还能获得更好的过弯线路。他们知道如果远离内侧，就会给其他车手留下反超的机会，也就意味着没有控制住弯道。

　　伟大的竞赛者知道，要想比对手延迟制动，就要在对手的旁边行驶。如果离得比较远，就会打开线路，为对手在过弯后留下反超机会。

　　伟大的竞赛者知道何时应该落后一点，以便为在直道另一头实施超越做好准备。他们知道，如果紧跟着前车，就无法比前车提前加速，甚至会比前车晚加速。关键是能够判断应该距离前车有多远；距离太远无法赶上前车，距离太近则会失去动量。

　　伟大的竞赛者始终能够意识到其他车在哪。他们知道如何"睁大眼睛"开车，他们比其他车手看得更远，向两侧看得更多。除了可在日常驾驶中练习如何看得更多（对提高比赛时的意识度十分关键）以外，也可以通过心理意象来发展这种能力。你可以预演如何驾驶；始终意识到周围的情况；看到后视镜中瞬间闪过的动作，并知道如何做出反应；对何时以及在哪超车进行精确预判；为超车做好准备，然后果断超车。你应该建立起用于保持高意识度的思维程序。

　　伟大的竞赛者似乎在车流中总是有好运气。当他们与另一位车手角逐时，会遇到另一辆车，而慢车似乎总会与他们合作。伟大的竞赛者能够在慢车拐入并阻挡其他车手时一掠而过。他们似乎能够判断其他车手的超车，这样慢车就不会像阻挡其他车手那样阻挡他们。对于旁观者来说，伟大的竞赛者似乎只是在车流中更加幸运。然而，他们知道这是精神状态的功劳。他们相信其他车手会帮助他们。没错，这是信念系统的一部分。他们知道事情会按他们希望的方式发展，通常也确实如此。即使没有如愿，他们也不会感到烦扰，因为这种情况很少。他们会继续进攻，争取下次超车成功。

　　你是否注意过，仅凭观察就能判断一位车手何时处在进攻模式？车手和赛车似乎有一种可以看到的态度。如果你没有注意，那么再近一点观察就能看到。如果你能注意到，其他车手便也能感觉得到。如果你有这种态度、这种精神状态、这种进攻模式，其他车手就会注意到。你会惊异于他们的反应。当车手具有这种态度时，就好像在对其他所有人说："别挡道，我要过去了。"猜猜会发生什么？超车变得容易了一些。

　　可通过心理意象建立这种态度或精神状态，例如在头脑中预演比赛情景，让自己处在攻击模式中从而看到、感觉到和听到自己作为"车流主宰者"的情形。

　　优秀的竞赛者要远高于快速车手这个层面。伟大的竞赛车手即使驾驶比对手慢的赛车也可以获胜，因为他们是更好的竞赛者。

速度揭秘

想要赢得赛车角逐？求胜欲是关键。

全面的赛车手

车手要想在赛车运动中登顶，仅仅具备开快车的能力是远远不够的。这个观点早已得到了人们的认可，而且在当今的赛车运动中更是如此。如今，要想成为冠军车手，需要更多快速驾驶之外的能力。现在，全面的赛车手要具备多项素质，如图43-1所示。

图43-1中列出了已经或即将成为冠军和超级明星的全面赛车手的技能描述。

本书意在帮助读者发展各方面的技能，但并非所有读者都想成为职业赛车手。很多车手只是把赛车当作爱好，并从中获得乐趣。如果这是你参与这项运动的原因，可能会觉得无法从本章介绍的部分技能中有所收获。然而，我认为如果能更好地理解这些技能，无论参与什么级别的比赛，你都会变得更加成功。

全面的车手应该具备以下能力：

- 竞赛技能
- 测试技能
- 身体技能
- 心理技能
- 营销技能
- 事业技能

选择任意一位处在队伍中下游

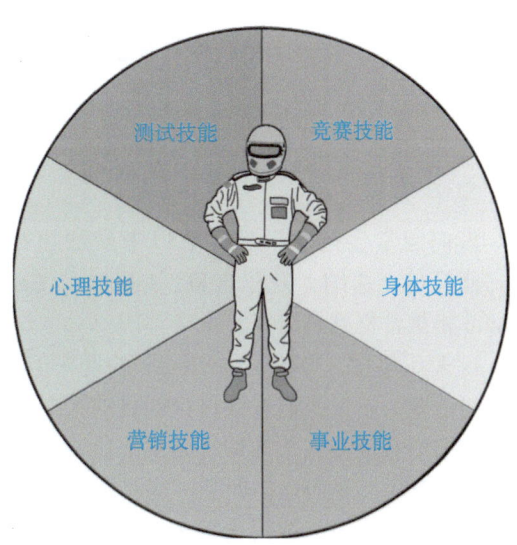

图43-1　如今的冠军车手要具备图中所示的技能。这些技能很少是均等的，有些技能比另一些更重要，这要取决于比赛类型和级别、特定状况或者具体车队

的 F1、NASCAR 或印第赛车手。考虑一下，他或她处在这样的位置是因为缺乏驾驶技术吗？

在列出的全面车手应该具备的六项技能中，哪个是这位车手的弱项？哪个是这位车手的强项？现在考虑另外一位车手，选择他或她的弱项和强项。这位车手是不是竞赛技能强，但是在测试技能和营销技能方面较弱；或者营销技能和事业技能强，但速度不是特别快？

迈克尔·舒马赫的弱项和强项是什么？考虑一下，就会发现很难找到舒马赫的弱项。他是一位伟大的车手。他在近距离角逐中既快速又出色，他在测试和调试赛车方面是最好的车手之一，他在身体技能方面或许是最强壮的车手，他的心理技能同样是最好的，他是营销人员的宠儿，他知道如何在正确时间出现在正确地点，他具备事业技能。

再考虑 Jimmie Johnson。他的弱点是什么？

这个练习的目的是为了说明技能越全面，就越有可能获得成功。迈克尔·舒马赫和 Jimmie Johnson 很成功，因为他们很全面。

注意，当评价处在队伍中游的车手时，要知道他们至少还处在队伍中。如果评价那些没有名次的车手，你就会更容易发现他们的弱项。事实上，他们之所以没有名次，就是因为具有多个明显的弱项。

速度揭秘

作为车手的你越是全面，就越有可能取得事业成功。

车手类型

人们经常会讨论谁是有史以来最好的赛车手。你自己可能也参与过这样的讨论。舒马赫、塞纳、安德雷蒂、Johnson、Earnhardt、Petty、Foyt、Stewart、Clark 和 Fangio 是最常提到的名字。

过去几年里，"Speed Secrets" 的赛车教练也组织过这样的讨论。这是一个很有乐趣的话题，不过我们开展讨论的目的大多是看看能从这些伟大的车手身上学到点什么。我们中有很多人都参加过高水平比赛，甚至与这些车手较量过，这让我们的讨论视角更有意思。我们还培训了一些成绩出色的年轻车手，赢得过印地 500 车赛。

在讨论过程中，我提出了全面车手的概念。为了更好地解释要想成为最伟大的赛车冠军车手需要关注什么，我们还划分出了六种类型的冠军车手。如下所示：

- 努力型
- 天才型

- 勇猛型
- 品格型
- 谋略型
- 全面型

下面就定义这几个类型，并举例说明。

努力型

努力型是指车手通过大量努力达到顶峰并获得冠军。这些车手通过大量练习来磨炼技能，凭借努力和决心发展自己的赛车事业。

说到 Bobby Rahal、Jimmy Vasser、Nigel Mansell、David Coulthard（大卫·库特哈德）、Terry Labonte 和 Ricky Rudd，人们会联想到他们是通过努力获得成功的车手。有人说这些车手的天赋没有别人高（这个观点存在疑问），主要是通过决心和练习取得的成功。

天才型

拥有与生俱来的技能和天赋，这种天资让他们的速度来得如此轻而易举。

埃尔顿·塞纳是天才型车手的代表。不过，胡安·巴布罗·蒙托亚、Scott Dixon 和 Kasey Kahne 也表现出了过人的天赋。

勇猛型

勇猛型是要么获胜，要么撞车。勇气是勇猛型车手得到的最多赞誉。

吉尔·维伦纽夫是终极的勇猛型车手。Paul Tracy 似乎也跟随了吉尔·维伦纽夫的足迹，另外还有 Sam Hornish 和 Tony Stewart。

品格型

有些车手成功凭借的是营销能力、性格、为人处世能力，或者凭借"第二代车手"的身份。当然，冠军必须要具备驾驶才能，不过有些车手能够利用自身性格和与生俱来的好运为自己多打开几扇门，创造更多的机会。

如果没有出身因素和营销能力，Danny Sullivan、雅克·维伦纽夫和 Michael Waltrip 是否有机会展示自己的才华？Alex Zanardi 和达蒙·希尔是不是因为品格和出身才在赛车事业中走得更远？他们都具备非凡的驾驶才能，这点毫无疑问，不过其他因素对品格型车手成功所起到的作用也不可小视。

谋略型

谋略型属于思考型车手。他们经常深谋远虑地以"最慢的速度"获胜。他们的赛车经常因为他们的出色分析而被调整得更好。

Jackie Stewart 的策略是以最慢的节奏获胜以节省赛车。阿兰·普罗斯特是获胜第二多的 F1 车手，外号"教授"。Rick Mears 凭借获胜方略而成为最好的印地赛车椭圆赛道车手。即使在乱世般的 NASCAR 赛场上，Alan Kulwicki 也因为比其他人"聪明"一点点而赢得冠军。

全面型

很少有车手能够将以上这些特点完美融合，但这是每位车手的终极目标。

迈克尔·舒马赫可能是有史以来最全面的车手，马里奥·安德雷蒂在他所处的年代也是如此，还有 Jimmie Johnson。

舒马赫是不是努力型？是的，他比任何车手都更努力。他是否有天赋？当然。他是不是勇猛型？看看他与蒙托亚、哈基宁以及维伦纽夫的近距离角逐就知道了。他是否有市场，是否有品格？不管喜不喜欢舒马赫，他在哪里都是大人物，而且他对周围人的激励能力传奇般地强。他是不是谋略型？他对细节的关注和分析能力是成功的关键。舒马赫可能是赛车史上最全面的车手。

全面型车手的定义会随着时间而变化，马里奥·安德雷蒂是赛车历史上唯一能在全面性方面与迈克尔·舒马赫竞争的车手。他努力、有天赋、勇猛、有市场（世界上有谁不知道安德雷蒂），而且是位聪明的车手。

我并不是说某一种类型的车手好于另一种类型的车手，也没有说某种类型的车手就一定不擅长其他方面。例如，天才型车手并不因为多一点天赋就一定会强于努力型车手。实际上，努力型车手更加善于充分发挥自身条件，以使自己与天才型车手一样优秀。

勇猛型车手不一定不如谋略型聪明，谋略型也不一定不如勇猛型果敢和好胜。只是说每个人都在利用自己的主导特征来让驾驶表现达到最佳。

如果必须选择一种类型，全面型车手显然最有优势，能增大职业赛车手的成功概率。如果不是全面型车手，能成功吗？很多冠军都说可以，他们虽不是全面型车手，但他们成功了。不过，我介绍每种车手类型时所列举的冠军车手都与全面车手非常接近。对于他们中的任何一位，你都很难找到哪个类型或哪种特点是他们所不擅长的。

当你试图将某个成功车手归类时，会发现很难将他们划归为某一类型。这是因为他们各方面很均衡，或者接近全面型车手。车手越全面，成功概率越大。我这里所列的每位车手都很接近全面型车手，而且都是冠军。

看一看那些没有赢得过大赛冠军的车手，你会发现分类变得容易了许多。原因是他们不是很全面。这是巧合吗？我想不是。

所有想把赛车作为职业的年轻车手都需要审视自己的优势和弱点。人们很自然地会想到改进弱点，把弱点变为优势，然而，这并非总能做得到或总是有必要这样做。没错，你可以改善自己的弱点，而且这很重要。但是，车手也需要专注于自己的优势，把优势变得更强。

有个很好的营销建议："要么不同，要么死。"专注于自己的与众不同之处，有助于在公众、赛车界、媒体和赞助商中建立自己的"品牌"。有了具有高识别度的品牌，你会更容易推销自己，同时别人也更容易记住你。专注和强调自己的优势有利于建立自己的品牌，为销售自己作为车手提供的服务敞开大门。例如，你是一位善于思考（谋略型）的车手，你便可以强调这个优势，向同样具有这种特质的车队推销自己。

应该如何定义自己？你是否在某一方面特别强，而在其他方面较一般？你是不是一位均衡的、全面的车手？也许你也不太确定。如果这样，你可以询问周围熟悉你的人。你把自己与哪位成功的职业车手做比较？研究这位车手的事业，看看他从事业起步到成功的这个过程中采用过什么方法，看看其中有没有哪种方法适合自己。作为车手，你越全面，就越有可能成为伟大的冠军。怎样做才能成为更全面的车手？老实说，无论你的天赋有多高，如果不善于分析，不够勇猛，没有优秀的品格，不努力获得这些优点，你也会被天赋一般但其他方面出色的人击败。考虑一下，再问问自己应该如何做。

关于全面型车手的补充

赛车比赛中唯一不变的事就是不断变化。这意味着今天对于全面型车手的定义在一年后可能就不完全正确了，更不要说五年后了。但是，如果你具备适应能力和求知欲，你就能随着定义的改变来改变自己。

所有车手都有优势和弱点。我们从两个方面看待这个问题。首先，如果你在某个方面弱，如果你真想获得成功，那么你需要在这方面有所提高。

另一方面，如果你在某个方面有弱点，则可以利用其他方面的优势在一定程度上加以弥补。例如，如果营销能力不是很强，但其他方面都很强，这样就能弥补营销能力的不足。如果特别善于团队建设，就可以激励某位团队成员来分担你的一些营销责任。

> **速度揭秘**
>
> 越全面，越成功。

我并不是说你不需要快速驾驶的能力，也没有说其他技能可以弥补速度的不足，毕竟赛车是速度的运动，若没有速度，谁也不可能在赛车运动中取得成功。如果速度不重要，我也不会用一生来学习如何快速驾驶以及如何传授这些知识。在这个时代的赛车运动中，如果不把所有其他因素与速度结合起来，就不可能走得远。

44 工程反馈

无论你开车有多快,如果赛车不如对手的赛车表现好,你就会处于劣势。在赛车历史中,有很多车手本可以成为冠军,但却没有。尽管他们具有成为冠军的速度,但却缺乏其他一些东西。这样的车手包括:过去的 Ronnie Peterson、Danny Ongais 和 Roberto Guerrero,以及现在的 Dale Earnhardt Jr、Marco Andretti 和 Filipe Massa。

显然,车手没能成为冠军的原因有很多。很多人认为,这些车手没成功是因为在错误时间加入了错误的车队。确实是这样。然而,是什么让他们在错误的时间加入了错误的车队?是不是这些车手尽管速度很快,但是协助调整赛车的能力不如其他车手强?是不是在起点和赛车相同的情况下,这些车手在调整赛车方面没有冠军车手那么好?事实上,有些车手不具备足够强的能力来感觉和沟通赛车到底需要怎样才能具备冠军级的性能。

为什么有些车手能准确地感觉出赛车在做什么,然后以工程师听得懂的方式来描述这种感觉,让工程师甚至自己都能知道怎样调整可以让赛车变得更好?如果车手缺乏这种能力,是否能学会?从实际经验来看,我认为答案是肯定的。我见到过并且帮助过一些车手发展他们感知赛车的能力,然后将这些感觉变成语言描述。

不善于调整赛车操控的车手存在两个问题:

- 车手对赛车的运行状况不够敏感。
- 车手不能将自己的感受很好地告诉别人。

很多人把第一个问题归结于天赋。然而,车手可以通过提高感官输入来改善这个问题。如果一个人失明了,经过一定时间后,这个人就会提高自己的感觉能力,并能借助盲文阅读。同样,如果车手提高自己对于赛车运行状况的感觉,就能提高驾驶水平。最好的方法是使用感官输入训练。

能感觉出赛车需要什么还不够，还要能转变成语言，让别人知道需要怎么做才能改善赛车。在这里，知识很重要。对汽车动力学、底盘调整以及如何进行底盘调整了解得越多，沟通得就会越好。你的技术知识越丰富，所用的语言就会越准确，沟通效果就会越好。你可以通过阅读书籍来获取相关知识，例如卡罗尔·史密斯（Carroll Smith）的 *Prepare to Win*、*Tune to Win* 和 *Engineer to Win* 都是必读书籍。

一些车手存在一种误区，认为应该告诉工程师怎样调整赛车。如果你自己就是工程师，那就可以这样做；如果有人专门负责调整赛车，那么你的工作仅仅是汇报自己的感觉。不要说，"把前减振器调硬三个点"。如果这样说，工程师就只能假设你的感觉，而在调整过程中得不到任何信息。有些工程师会感觉受到了冒犯，他们会认为你正试图做他们的工作。正确的说法是，"我刚释放制动踏板，赛车就出现转向不足，当释放制动踏板时感觉赛车前部的负载减小得过快，如果你能控制一下车前部的负载降低速度，我认为转向不足会减小一些"。这样，工程师就能决定需要做什么。你也可以补充一句，"如果前减振能再硬一点，感觉应该会好一些"。这样可以为工程师提供更多信息。

另一种极端是，有些车手会说，"车子转向不足"，或更糟的"车子糟透了"。第二句话丝毫没有帮助。对于第一句话，好的工程师会追问更多问题，深入了解你的意思。否则，你就需要问自己一些问题。我推荐使用以下步骤：

快速询问

- 操控：更好还是变差？
- 如果让赛车的某一方面更好，可以是哪个方面？

详细询问

- 赛车在做什么？转向不足，转向过度，还是中性转向？
- 赛车在哪里出现的这个情况？哪个弯道？
- 在弯道的什么位置？入弯，弯中，还是出弯？
- 赛车出现这个情况时我在做什么？
  - —制动？
  - —循迹制动？
  - —释放制动踏板？
  - —滑行？
  - —维持加速踏板？
  - —踩加速踏板？
  - —慢慢地转方向盘？
  - —干脆地转方向盘？
  - —平稳地转方向盘？

一回打方向盘？
- 赛车还是我？是我造成的操控问题，还是赛车的？

> **速度揭秘**
> 问自己，如果让赛车的某一方面更好，可以是哪个方面？
> 然后问自己更多问题，直到答案显而易见。

通过问自己这些问题，可以深挖到问题核心，解决方法就变得很简单。问的问题越多，反馈的质量就越高。

善于设置赛车的车手并非在这方面有过人的天赋，他们仅仅是问自己更多问题。这样，他们就能够自己挖掘答案，再从自身找到反馈。或许，正是他们的好奇心使他们似乎天生对赛车的状态就更加敏感。有了这种能力，再加上汽车动力学和底盘设置方面的丰富知识，你就能变得更加善于设置赛车。

通过眼睛、身体和耳朵获取更多的感官信息，这样就能对赛车状况更加敏感，与赛车更加协调一致。也就是说，需要进行感官输入训练。向别人讲述赛车状况其实很简单，只需要在头脑中回放弯道情况：想想发生了什么，在哪里发生的，当发生这种情况时你在做什么，如果你做另一种不同操作又会发生什么。

> **速度揭秘**
> 感官提供给大脑的信息质量越高，越能更好地了解赛车的状况和赛车需要什么。

赛后总结

无论参加什么类型和级别的比赛，每次比赛或练习之后都要进行总结（图44-1）。这可能只需要一两分钟，也可能需要几个小时。这样做的主要目的是确定下场比赛的目标是什么，以实现进一步的提高。

首先要找一份赛道地图，依照地图进行总结。在赛道地图上做记号，记录制动区域，以及在每个弯道的入弯阶段、弯中阶段、出弯阶段中，赛车处在哪个档位以及赛车的行驶状况。然后，从1到10对赛道每个部分的驾驶情况打分，10表示赛车处在极限状

图44-1　赛后总结

态，1表示距离极限最远。

  针对赛道每个部分评价的、体现"距极限有多远"的具体分值并不重要。由于每位车手对极限的理解都有不同，因此无法在不同车手之间比较这个分值。打分的目的是帮助自己充分意识到是否在每段赛道上都是以极限状态驾驶的。

  随着水平提高，大多数车手都需要重新校准他们的分值。在一段时间里，你可能认为自己的极限驾驶分值为9分或10分。随后，你的经验有所增加，对牵引力极限的感觉和感知能力也有所提高，你会认为之前的过弯速度只能算是6分或7分。随着时间推移，以前的10分可能需要调整为7分。因此，分值并不重要。

  一定要经历这个过程之后再将自己的圈速与别人的进行比较。一旦开始拿自己与对手做比较，意识和反馈的准确度就会受影响。

  经历了这个过程之后，你就能更好地意识到赛车的状态。将意识到的信息写下来，则能进一步提高意识度。如果没有这种意识度，你就无法获得改善赛车所需的信息，也无法意识到需要进行怎样的改变才能提高驾驶水平。

  通过对赛道每个位置上驾驶赛车时距极限的远近程度进行打分，你就可以完全意识到哪里有提升空间。

45 团队动力

赛车是一项团体运动还是个人运动？我知道有些车手假装这完全是个人运动，但实际上，赛车肯定是一项团体运动。没错，车手一旦离开维修区进入比赛之中，就要凭个人能力，即靠车手自己。不过，团队动力、团队士气、沟通以及成员间的协作能力也是车手在比赛中表现好坏的决定因素之一。

纵览赛车历史，有不少车手与工程师和车队经理的经典组合，他们在一起赢得了更多比赛和冠军。Colin Chapman 与 Jim Clark，Colin Chapman 与马里奥·安德雷蒂，Roger Penske 与 Mark Donahue，Roger Penske 与 Rick Mears，Ross Brawn 与迈克尔·舒马赫，Steve Challis 与 Greg Moore，Mo Nunn 与 Alex Zanardi，Mo Nunn 与胡安·蒙托亚，Ray Evernham 与 Jeff Gordon，这些都是最优秀的"团队"。其中 Colin Chapman、Roger Penske 和 Mo Nunn 都被提到了两次，我想这并不是巧合。这些传奇式的车队老板、经理和工程师都知道如何与车手沟通，这正是他们成为传奇的关键原因。

沟通

沟通是车手与工程师关系中最重要的因素。工程师与车手之间不可能有读心术（图 45-1）。车手必须知道工程师的学习风格，工程师也要知道车手的学习风格，这是良好沟通的基础。你需要说出如何做到最佳沟通。更重要的是，需要倾听。这样，你与工程师之间就会变得仿佛能够读出对方的心理一样。

图45-1　沟通

有些工程师存在的问题是只听自己想听的。他们只想听赛车在做什么，这是不够的。最好的工程师还会倾听车手。同时，你需要指导工程师如何听你讲述以及如何与你沟通。既然工程师不会读心术，那么你就必须告诉他如何与你沟通。

如果你善于通过听觉获取信息，就用语言告诉工程师赛车在做什么；如果你善于通过视觉获取信息，可以画出或写出赛车在做什么；如果你善于通过动觉获取信息，可以向工程师展示赛车在做什么，甚至开着普通汽车在赛道上演示，或使用模型演示赛车的姿态。

有一件事特别不利于车手与工程师之间的有效合作，那就是车手不确定需要工程师怎样做以及工程师不确定需要车手怎样做。换句话说，车手或工程师的角色和责任不确定。如果你希望出赛车之后只是提供关于赛车的反馈，然后就不再管其他事情，那么你要告诉工程师。如果你希望再多待一会，以帮助提升车队士气或者提供更多描述，也要让工程师知道。例如，本来可以成为很好的合作关系，最后却被误解断送，最大的原因就是对车手期望存在误解。

有一种交流方式特别容易毁掉车手与工程师的工作关系，那就是在下车后说一句"车子糟透了"，然后径直离开！这绝对不是改善赛车的有效方法。你应该告诉工程师赛车的状态如何，而不是你对车的看法。此外，还要与工程师沟通，了解他需要哪类信息。有些工程师只希望车手说明赛车在做什么，然后由工程师来决定怎样改善赛车。有些工程师则希望车手能提供一些赛车改装方面的建议。还有一件事特别容易让车手与工程师间的关系变紧张，那就是告诉工程师如何做他的工作。如果是这样，还需要工程师做什么？

车手与工程师的交谈是解决问题的关键。作为工程师，越是能与车手交谈，越是能倾听车手，相互之间的理解就会越好（图45-2）。

图45-2　工程师与车手应多交流

性格特性

回顾一下介绍性格特性的那章，并分析自己的行为特性，你就能看出问题出在哪里。

例如，你是一个特别强势的人，性格很外向，不是很有耐性，不太关注细节。同时，你的工程师则更内向一些，更有耐性，特别注重细节。能看到潜在的冲突在哪吗？工程师想在排位赛开始之前把赛车调整完美，但是感觉从你口中得到细节就像拔牙一样难。而你更愿意出去与朋友、对手或任何人聊天。强势的个性决定了你希望掌握有关赛车设置的决策，掌控车队，决定车队住在哪个酒店，决定晚上在哪吃饭等。

这还只是你和工程师两个人的行为特点，如果再加上车队其他成员呢。

这个问题有多严重？如果任其发展，问题就会无限放大。你可以改变性格特性吗？是的，可以通过思维程序来改变。而且，这有可能是你不得不做的改变。

不过，在团队环境中最重要的不是改变人的性格特性，而是理解人的性格特性。例如，你知道工程师的耐心程度，工程师也了解你的耐心程度，这样合作起来就会容易得多，而且能够互补。

可以由专业公司或使用软件对车队的每个成员进行性格分析。不过，也大可不必这样做。简单的方法就是让车队的每个成员进行自我评测，使用类似于第 27 章中的图表，也能获得所需的结果。应保证每位做自我评测的成员都能完全理解每种性格的含义。让每位成员针对每种性格类别——强势、外向、耐性、服从——为自己打分，在测评条中做标记以反映自己在相应类别上的程度。

所有人都完成图表测评后，坐下来分析每个人的测评结果。这样做的目的有两个。第一，成员在听过其他人的反馈后，或许能够略微调整自己在测评条中所处的位置。第二，让每个人都了解其他人的性格特性，这点同样重要，或许更加重要。

该测评可以让每位参与者理解为什么每个人会有各自的行为表现，以及如何以最有效的方式进行相互管理。

团队能量

你肯定有过这样的经验：一个人加入团队之后，这个人的能量会提升或降低每名团队成员的士气。让人惊异的是，一个人会对一组人产生如此大的影响。更重要的是一个人会对车手的表现产生多么大的影响。这个人可能是你，也可能不是你。

如果车手周围有一个人对车手的士气产生负面影响，进而影响到车手的表现，那就应该将这个人与车手隔离。如果这个人恰巧是家人或好友，事情就会变得很微妙。如果这个人是车队成员，为了车队的利益，也应该把他从车队中剔除。

几乎在任何紧密的工作关系中，一个人都会对另一个人在一定程度上产生影响。作为车手的工程师也不例外。如果工程师对车手的表现感到失望，车手也会有受挫感。如果对车手的能力有信心，车手也会自信。

与团队工作

建立自己的团队。我的意思是成为团队领袖，激励整个团队，成为站在团队最前面的人。我称此为"舒马赫效应"，因为就这个特性和技能而言，舒马赫是最好的。

这里我们具体讨论如何与队友一起工作。到了职业生涯的一定阶段，很可能会有一位或多位车手与你一起为同一个车队效力。让我们看看在这种情况下需要应对哪些问题。

第一个问题：是否要与队友合作，并分享信息？如果是，应该如何做？有些车手认为第一个需要击败的车手就是队友，因此不会给队友任何信息。有些车手则认为应该接纳队友，与队友分享所有的信息，这样能够从中受益。有些车队坚决要求车手分享信息息，有些车队则不鼓励分享。

如果是否与队友分享信息的决定权在你手里而不是车队那里，我想这会是一个道德层面的决定，而且只有你自己能决定。你必须感到舒服。如果你决定尽可能地扰乱队友以求获得优势，那么就要对此感到坦然。相反，如果你与队友分享所有信息，而他最终击败了你，你会有什么感觉？

你可以采取这种方法：只与队友分享他要求得到的信息，同时也从队友那里获得信息。确保从队友那里得到的信息多于队友从你这里获得的信息。尽可能深入地了解队友，要求队友与你分享数据，询问驾驶技术方面的问题，聆听队友在车队汇报中所说的一切。以完全公平的方式寻求优势，让准备最充分的车手获胜。

> **速度揭秘**
>
> 将每名队友所出的状况转化成优势。

简单说一些关于车手忠诚度的内容，这里有一些对立面需要平衡。车手要成为忠诚、诚实和值得信赖的人，这样能大大增加你的赛车事业成功概率。如果你对待成员和车队的态度就像他们的人生目标就是作为你向上爬的垫脚石，那么你将无法得到车队的长期支持。另一方面，你应该始终谨记，有可能存在更好的机会或人能帮助你实现目标。有些车手过于忠诚，他们的事业因此而受损，因为他们没有抓住机会投向更好的车队或人。他们总是过于友好，或对车队的人过于感情用事。

已经说过，车手要对一些明显的对立面或想法进行平衡。无论在哪个方向上走极端，你的事业都无法达到应有的高度。

最理想状态和最佳平衡点是，你已经与现在的车队建立起了如此相互敬重的合作关系，以至于车队都会在你面对更好的机会时鼓励你离开。如果你已经做好了团队关系的建设，他们肯定不愿意看到你离开，但又会鼓励你走出下一步并祝你好运。

> **速度揭秘**
>
> 建设好的团队关系，以至于他们会鼓励你寻找最佳机会，甚至是帮你寻找。

选择车队

有人会说车手能够选择车队就说明境况已经很不错了，但这仍可能是个问题。

首先考虑车队的名声如何。当然，这涉及很多方面，例如成绩、工作关系的难易度、财务处理以及可信度。

车队成绩很容易看出来，但还要考虑他们如何以及在哪获得的成绩。有的车队只在某个赛事中获胜，而参加另一个赛事时就会比较吃力。某个赛事的成功并不能保证在另一个赛事中也能成功。有些车队则似乎在所参加的每个层次和每项赛事中都能获胜。这些是你希望加入的车队。

另外，考虑车队是处在上升期还是下降期。大部分车队，即使是法拉利、威廉姆斯、麦克拉伦、Penske、Ganassi、Hendrick 和 Roush，也有峰值和谷底。这是个周期问题。有时候是因为人员变动，或是找到了合适的人员组合；有时候是技术原因；还有时候在于车队积极性的高低。有的车队正在走上坡路，有的车队则正在走下坡路。应该怎样选择不言自明。

当然，车队处在上升期还是下降期并不容易确定，又不好直接问车队老板。不过，可以查查车队过去的成绩、现在的成绩，问问赛车界的其他人士（尤其是赛事工作人员），这样有助于确定这个因素。

还有一些其他因素需要考虑，例如车队的财务实力、管理车手酬劳的能力以及与车手的合作能力，这些往往更难以知晓。你需要做一些功课，与了解车队情况的人聊一聊，尤其是以前曾效力过这个车队的车手。多问一些问题，关于其他人和车队的问题。如果你是自掏腰包，就更要深入挖掘。你很可能要花不少钱，因此不要着急，把事情做在前面，否则你将会后悔。

要确定车队的动机是什么。是获得冠军、帮助年轻车手、赚钱、让车队老板有面子，还是其他什么原因？这些原因并不是互斥的，经常会出现一些重叠。不过，车队从事这个项目往往会基于一个主要原因或动机，并不是说某个动机比其他动机更好，而是要与你的目标契合。

例如，车队的存在是为了让车队老板出名，而你的目标是凭借出色的表现尽可能地增加自己的媒体曝光率，那么这个车队就可能不适合你。

车队参加比赛是为了赚钱吗？希望如此，至少在一定程度上应该是这样。如果车队不是为了盈利，那么在赛季中车队会出现一定程度的财务困境，你的成绩也会因此受到影响。如果车队老板告诉你，他做这行不是为了赚钱，赚不赚钱都无所谓，那么就要小心了，即使他富可敌国，也要注意。他拥有这么多钱是有原因的，不会在花钱方面做傻事。如果车队赔钱太多，他会削减成本。如果你一直依靠他的支持，然后突然没了，你就会受到影响。

我并不是说没有车队会愿意支持你的计划。赚钱对有些车队来说不是首要目标，他们的真正动力在于帮助车手。有的车队老板把培养车手作为动力。如果你能找到这样的车队，那么祝贺你。但是，不要想当然地认为车队老板有这样的初衷，实际上却并非如此。这就是为什么要做足功课，找出车队背后的真正动力是什么。然后，再看看是否适合你，以及是否适合你的计划。

一旦知道了车队的动力是什么，下一步就要弄清楚他们实现目标的积极性有多高。如果你的目标是非得冠军不可，而车队仅满足于能够参加比赛，这就不是很好的目标匹配。是否能提高车队的积极性？尽管出现过这种情况（看看迈克尔·舒马赫最开始在贝纳通车队以及后来的法拉利车队都做了什么），但在初级方程式中却很少见。如果车队不是冠军车队，要把它变成冠军就是很难做到的事。我并不是说不能这样做，而是说这件事不太容易，在选择车队时候要把这个因素考虑进去。

现在，最大的问题变成了：车队都愿意做什么来帮助你获胜？

这时仍要考虑自己适不适合车队。车队把乐趣看得有多重？他们的职业素养有多高？他们的商业化程度如何？他们有多投入？他们的特点与你有多大契合度？这些问题都没有绝对的对与错，只是适不适合的问题。

车队的人员配备是否充足，以及人员的资质如何？我就见过有的初级方程式车队的人员比一些印地赛车联盟车队的人还多，但却因为人员能力不足而无法获胜。我也见过另一种极端：人员少得可怜但却实力非凡。有些车队的人员数量合适，人员水平也高，但仍然赢不了。就像其他运动项目一样，有时候最好的人未必能组成最好的团队。

车队的资源如何？也就是说他们有没有足够的财力来迅速应对意想不到的问题，或者会不会因削减车手预算而影响成绩？如果车队在财务困境中挣扎，你还想冒这个险吗？我教过一位车手，他在赛季最后两场比赛中非常危险（车队由于缺钱，砍掉了很多弯道练习机会）。他的车队在那个赛季也没有针对意外状况做任何财务准备。赛车比赛会有一些意想不到的成本，要考虑车队是否有财力应对。

车队中是否有其他车手？这可能是好事也可能是坏事，但必须加以考虑。队友可能分散车队的精力，也可能帮助你变得更好。如果车队有多名车手，是否有书面或不成文的"规则"来指定谁将获得优先对待？即使在赛季之初没有书面的车手优先权规定，但是最后必然会有一位车手获得优待。当然，这更多的是人性使然。如果某个车手对车队更投入，不断获得好成绩，或者对车队其他成员更好，那么无论车队成员是否意识到，这位车手最终都会得到车队的优待，这就是人性（图45-3）。

图45-3　队友应该是一种优势，他们会推高你的驾驶表现，提供基准。你也可以从他们身上学习一些东西。但是，如果不能处理好如何与队友合作，就会变成劣势

图片来源：Shutterstock 商业图库

如果考虑加入有队友的车队，你能"掌控"车队吗？你是否会被看作是领袖？是否能获得优待？如果不能，就最好去找别的车队。这个问题比看上去要严重，应该认真考虑。如果你只想当第二，那就不用担心车队领袖的事了；如果你想获胜，就必须成为领袖。如果不确定，除非你认为在职业生涯的这个阶段从经验更丰富的队友身上学习一些东西更有帮助，否则你就应该找找别的车队。

如果车队老板或家人也在车队比赛，就会直接引出一个不得不考虑的敏感问题。尽管不总是这样，但这种情况会被视为一种利益冲突。如果车队老板或家庭成员为车队比赛，那么无论你受到怎样的公平对待，都会在一定程度上有所质疑。当事情不尽如人

意时，人们总会把问题归咎于某个因素，这是人的天性。如果车队中有老板的家人，则很容易联想到不公平。以我们的经验看，大部分车队老板在这种情况下都处理得很公平。事实上，他们经常会把优势留给客人（你），但是感觉和事实总会存在差异。

为了避免这种状况，合同中要涵盖任何有可能出现的问题。不过，最重要的是完全信任将要打交道的这些人。如果你不是完全相信车队老板，那么任何合同也掩盖不了问题的存在。如果车队老板或家人是车队的车手，那就要谨慎，保护好自己的利益。

显然，选择车队的过程中一定要考虑设备。如果你要参加的比赛有多种底盘或发动机可选，那么要确保自己驾驶最好的赛车。这个决定比看上去要难，因为有一些经验非常丰富的车队最后却采用竞争力并不强的底盘和发动机，他们在进行选择时做了错误决定。你需要评估这些决定，并完全确信自己驾驶的是最好的赛车。

赛车显然是最重要的设备，但设备因素并不仅限于赛车。尤其是如果有赞助商，车队的运输和接待能力也是比较重要的考虑因素。另外还有车队的车间情况。

最后，在确定车队能提供必要的"硬件"（设备、成绩和人员等）之后，就要考虑车队是否符合你的价值观、目标和热情（软件）。你需要感到舒适。

选好车队后，下一步是确定目标和职责，并在协议中写出来。职责似乎应该很明确，但并非如此。谁负责为你的客人安排通行证？谁负责发布新闻？谁负责清理你的赛车服？谁负责提交报名表？

一定要知道自己的每一分钱都花在了哪里。有的车队把一切费用都算在自己账上，有的则会跟你斤斤计较到最后一分钱。一定要明确谁来承担参赛费用（系列赛事费用和单次赛事费用）、通行证和工作证费用、工资、轮胎、发动机维修、易损件（变速器、制动片、油液等）、运输费用、车队差旅费、车手差旅费、车手执照费用、车手安全装备，以及撞车损坏费（大头费用）。

建立和经营自己的车队

除了从车队租车，你还可以组建一支自己的车队，自己经营。这样，除了之前介绍的因素以外，还有一些别的因素需要考虑。

问一问自己经营车队的目标是什么。是为了赚钱，还是为了让自己有更多控制权，抑或是希望自己的名字出现在车队设备上？这样做是为了让自己受益还是让别人受益？有没有一些原因决定了这种方法有助于你获得更多胜利？如果有，它们是什么？

问一问自己想要成为车队所有者、经理还是车手？哪种角色更重要？即使驾驶处在首要位置，其重要性是多了一点还是多了很多？

在决定是从车队租车还是组建和经营自己的车队时，重要考虑因素之一是决定当需要升到更高级别的比赛时应该如何处理现有的赛车和设备。有不少车手的事业受阻就是因为无法卖掉现有的赛车，因而无法向更高水平的赛事升级。如果你已经为某个赛事投入了很多设备（拖车、牵引车、维修站设备、工具和赛车），并想升级到下一级赛事，你是否需要先卖掉现有的设备才能升级？如果是，难度有多大？这样是否会耽误你向上升级或者至少是限制了你抓住机会的能力?

资产都投在设备中而且又无法及时卖掉,这种情况让很多车手错失了本来会对事业产生重大影响的绝佳机会。因此,要预先规划。

说到投资,你需要投资什么设备?是否需要购买赛车、拖车、牵引车、工具以及其他设备?是否需要投资购买工作车间?这笔钱还可以用来做什么?是否可以雇一位市场人员来拉赞助?你真正想要投资什么,是贴有自己名字的车队还是自己的赛车事业?

我获得过一条重要的商业建议:企业中10个问题中有7个都是人的问题。

换句话说,组建和经营成功的公司,最大挑战在于人。你可能会想还有什么其他挑战,如果选择和管理好员工,那么所有事情都会简单得多。

经营车队也是一样。人是车队获胜的关键。组建和经营车队的过程中要面对的最大挑战是选择、吸引、雇佣和管理正确的人员。如果你认为把圈速最后再提高0.1s很难,那么等到选择和管理车队人员时再感受一下到底哪个更难!

做预算显然是成功经营车队的又一个关键因素。如果这不是你的强项,那或许经营车队这件事并不适合你。本书中,我无法详细介绍如何制定和维持车队预算,但有一个很好的经验法则可以借鉴,即估计出整个赛季的最低总成本,然后再加50%。除非你对所参加赛事的预算有很多经验,而且善于管理预算,否则外加的这50%还只是最小值。

我遇到过的车队老板都曾低估过成功组建和经营车队的难度。显然,这件事可以办到,但是难度巨大,没能取得成功的车队老板有数百位。而且,每位成功的车队经营者所付出的努力、金钱、人员等都要远远高出最初的计划。

速度揭秘

大胆高估组建和经营车队的难度,最终可能会发现自己的估计是正确的。

我似乎是在组建车队这个问题上给你泼冷水,这并非是我的全部意图,我只是想尽可能地现实一些。本书的重点是车手、驾驶技术以及赛车事业,主要介绍有利于提高车手驾驶表现的内容。经营车队会使车手分心,无法专注于提高驾驶技术和发展赛车事业。

组建或经营自己的车队有不少好处,大部分车手都能看到这些优势:例如控制自己的资源,设备投入有可能在未来得以收回等。然而,对大部分车手来说,这种方法存在很大的难度和缺点,这就是为什么我建议你要仔细考虑我的这些观点。这部分给出的建议与本书其他内容一样,都来自我们自己以及很多其他车手的经验。

46 数据采集

大多数车队都使用数据采集设备。一旦学会如何获取和解读信息，数据采集设备就能发挥巨大价值。很多人花大价钱购买了数据采集设备，却没有学会如何发挥它的最大价值。

数据采集设备的最大优势是可以起到驾驶教练的作用。大多数系统都能显示在哪里开始制动、油门位置、转弯时产生的G-力、车速、转速以及发动机功能。这些能帮助你确定在哪里能提高一点速度，如果能够与驾驶相同赛车的队友或另一位车手进行比较，效果就会更加明显。

数据采集系统是非常好的工具。它能告诉你关于赛车和驾驶方面你没有注意到的事情，也可用来证实自己的想法。数据采集系统可以成为车手的"教练"，帮你确定如何开得更快。更重要的是，它们从不撒谎。例如，你经常以为自己全速通过了某个快速弯道，但计算机却显示你确实稍稍松了加速踏板。每次练习赛、排位赛或正赛之后，我都会坐在计算机旁边研究每个细节，我知道这样有助于提高速度，如果不这样做，我就会被研究计算机数据的对手甩在后面（图46-1）。

这里我不打算介绍计算机采集系统技

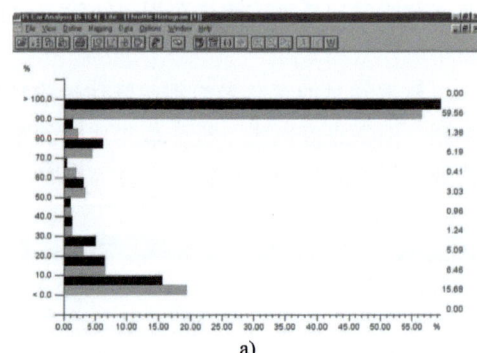

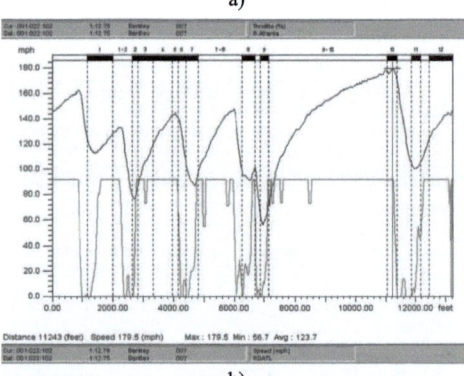

图46-1　理解数据采集系统是车手的一项必会技能。a图中的柱状图比较两圈的油门开度百分比。b图显示一圈当中的速度和油门位置

术方面的内容。我要介绍的是作为车手应该如何使用它。最重要的一点是，任何数据采集系统无论有多先进，都无法取代车手的反馈。成功的汽车工程师都知道这点，他们知道车手的反馈更加重要。

我并没有说车手的反馈比数据采集更精确。我的意思是无论数据怎样，如果你感觉赛车的运行状况与数据所体现的不同，那么就应该是你理解的那样。有句老话是："认知即现实。"这句话也适用于车手。

当然，并非所有工程师都会同意车手的感觉。很多工程师觉得数据最重要，很多情况下，他们这样想完全正确。不过，提高车手感知极限的能力以及自信度，与提高赛车的总体性能，这二者之间相比较，前者往往能实现最大改善。换言之，如果你对赛车有信心并能感知赛车的反馈，那么相比于有一辆速度很快但很难解读的赛车而言，你更有可能把车开得更快。

数据采集系统是车手最有用的工具之一。我在培训车手时，会要求为赛车安装数据采集系统。成功的赛车工程师都知道数据采集是极为宝贵的工具，不仅能用来开发赛车，还有助于提高车手水平。

使自己与数据采集系统同步

使用数据采集系统的第一步是让自己与系统"同步"，否则，车手与数据采集系统（图46-2）会经常意见不统一，并导致问题的发生。

在这里，同步的意思是指车手对赛道和赛车的理解要与数据采集系统的说法相一致；另外，车手对数据的解读要与车手报告的内容相一致。做到这点，能极大地提高驾驶表现和赛车性能。

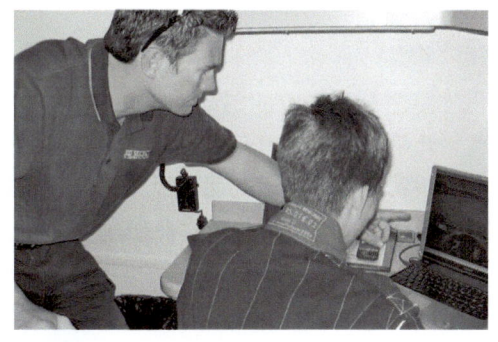

图46-2　数据采集系统

我并没有说车手与数据采集系统必须总是一致。车手的感觉和理解，以及数据采集系统的报告内容，这二者之间存在差异并没有什么不妥。车手可以从两个不同源头来获取必要信息，以使赛车的性能更佳。

之前介绍过，现在需要再次提起。很多时候或许可以让赛车更快，但会使车手觉得不如以前舒适自如，车手感觉不够舒适也就无法开得更快。有时候，数据告诉你进行某项改动能让赛车更快，而车手希望做一项改动能够使赛车驾驶起来更加自如、更有信心。十有八九，选择车手自己想要的改变往往最能提高车手和赛车的驾驶表现。

永远不要忽视这样一个事实，那就是车手与赛车是赛车运动缺一不可的两个因素。这是一个组合，其整体表现并非只由一个方面决定。这个组合的表现受到较弱的那一方制约。这个组合里面只有一半是人，而人的因素往往是最难以提高的那个因素。

解读数据

我并不打算从汽车工程师的角度介绍如何解读数据,而是触及与车手相关的几个方面。目的是帮助你认识到几个需要注意的趋向,因为它们特别有助于了解自己的驾驶表现。

加速—制动—加速过渡

最容易利用数据采集系统观察的驾驶特征之一,是从直道结束到弯道出口这个期间车手对加速踏板和制动踏板的操作情况。以下是最需要注意的几个问题:

> - 松开加速踏板之后和踩制动踏板之前的滑行状态。
> - 释放制动踏板太突然。
> - 完全释放制动踏板与踩加速踏板之间的间隔过长。
> - 踩加速踏板时太突然。

无论是从加速到制动,还是从制动到加速,制动与加速之间都要实现平顺重叠。如果二者之间存在空隙,就会浪费时间。如果施加或释放制动踏板或加速踏板太过突然,就无法做到足够平顺,从而无法真正做到快速驾驶;如果动作太缓慢,速度就会过慢。

制动力

要注意不一致的制动力。通常,制动力应该快速提升(直至不能再升高的那个点,几乎瞬时达到峰值制动压力),持续保持最大制动力,然后平顺减小。有的车手一开始就完全踩下了制动踏板,然后开始放松。有的车手则正好相反,他们用较长时间完全踩下制动踏板,最后在拐入弯道之前达到最大制动极限(图46-3)。

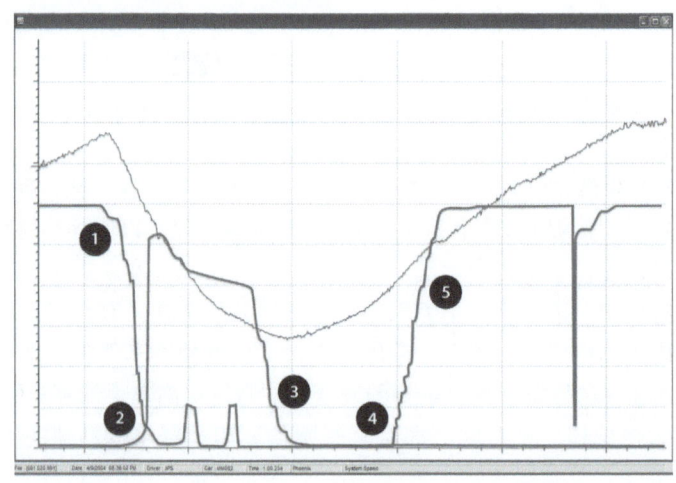

图46-3　数据曲线体现出几个问题:①车手松加速踏板太慢、太缓和;②松开加速踏板与开始制动之间的间隔太长;③车手减缓制动时不够轻缓;④制动结束与开始加速之间的间隔太长;⑤踩加速踏板太突然

需要考虑赛车的类型和性能。如果赛车具有很强的空气下压力，那么一开始就应该用力、快速地踩制动踏板。随着速度降低，空气下压力减小，赛车的牵引力减小，因此需要逐渐减小制动压力（图46-4）。

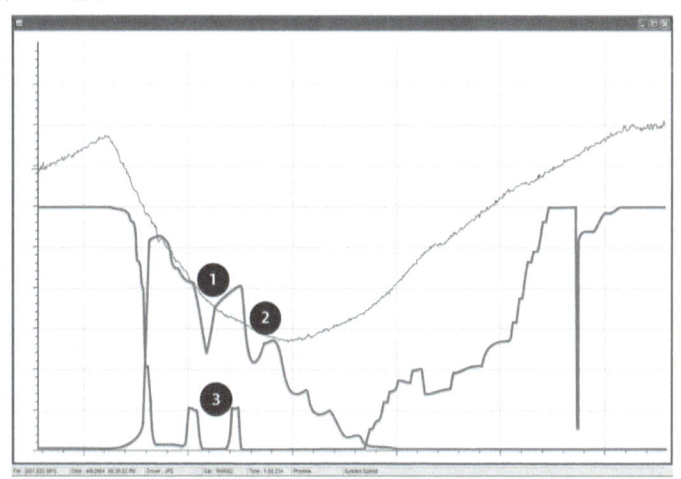

图46-4 图中的制动曲线（曲线①）显示车手施加了不一致的制动力（1和2位置）。每次降档补油时，制动力减小

如果赛车几乎没有空气下压力，那么在整个制动区域内，制动力应该相对一致。只有当赛道表面发生变化，影响到抓地力时，才需要在制动区域内改变制动压力。如果制动区域比较平顺，那么数据采集系统的制动压力曲线也应该如此。

转向输入

通过研究转向输入曲线就可以判断车手是否缺乏信心。例如，当拐入弯道时如果对赛车没有信心，担心出现转向过度或转向不足，车手就会过于缓慢地转动方向盘，而不是采取准确、干脆的转向。车手会在到达理想拐入点之前就开始转动方向盘，速度过慢地逐渐转向。

如果将自己的感觉与数据曲线进行比较，时间长了就会知道如何鉴别对赛车的信心不足。你可以通过查看数据曲线来发现自己对赛车是否缺乏信心。显然，这个信息非常宝贵，毕竟只有发现了问题，才能找到问题的原因和解决办法。有时候只有在看到了数据曲线之后，才能真正意识到自己对赛车的信心不足。

油门柱状图

很多车手和工程师都利用油门柱状图（图46-5）来确定赛车或驾驶技术的改变是否起到了正面或负面效果。这种理念是如果能在更多的时间里采取全油门，也就是将加速踏板踩到底，那么这就是提高。

当把车手的圈速与自己之前的圈速进行比较时，大多数情况下我都认同这个观点。不过，我要提醒读者不要过度解读该信息。即使一圈之内全油门的占比有所增加,也仍有可能使圈速减慢。为什么?因为在全油门增加的同时,空油门(一点加速踏板都不踩)的时间也有可能增加,甚至是制动时间有所增加。

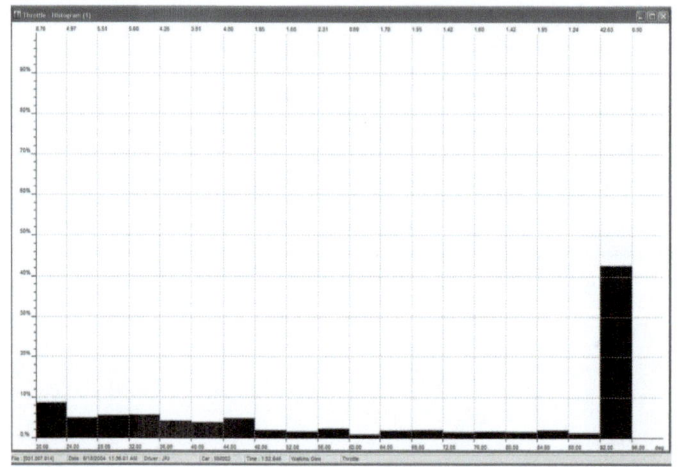

图46-5　油门柱状图是一种很有用的工具,用来确定赛车设置或驾驶技术的变化是否会使全力踩加速踏板的时间增加。但是,注意不要对信息进行过度解读,因为全力踩加速踏板时间的增加以及部分踩加速踏板时间的减少实际可能会导致圈速减慢

当比较一圈内全油门所占比例的同时,也要比较空油门在一圈之内的占比。全油门的时间占比提高1%,同时空油门的占比提高5%,这样也无法提高圈速。

另外,如果利用油门柱状图来比较多位车手,还要考虑驾驶风格这个重要因素。有些车手要么全油门,要么空油门;有的车手尽管全油门的总时间比较少,但是依然更快,因为他们会在更多时间里将加速踏板踩到中段。

我曾经把我的油门柱状图与另一位车手的进行比较——我们在亚特兰大赛道驾驶类似的赛车。他一圈内的全油门比例比我高出10%,但我们的圈速却相同。区别在于我花更多时间利用部分油门来平衡赛车,而他则更接近于开启/关闭式的驾驶风格。

油门柱状图的最佳使用方式是比较平均油门的比例。这种情况是比较车手踩油门的总时间,因此越多越好。

理论最快圈速

大部分比较好的数据采集系统都能在赛后生成一份理论最快圈速的预测报告,系统将整个比赛过程中每段赛道的最快用时加在一起得到这份报告。

尽管系统预测的单圈用时有时候会有一点不实际,但由于具有足够多的样本圈来选择,因此这是一种很好的评估驾驶持续性的方法。如果你这场比赛的最快圈速与理论最快圈速相差不到1%,则说明你可以持续地发挥赛车的最高性能(除非你的速度本身就比较慢,没有使用赛车的全部极限)。如果差距大于1%,则肯定存在某种原因,例如试验某个驾驶技术;对赛车的表现和反馈没有信心;或者在一圈或几圈里出现失误,导致与数据相偏离。

47 通信和记录

车手在赛道上比赛的过程中，无论是练习赛、排位赛还是正赛，都有必要知道一些信息：圈速、正赛或排位赛中的位置、领先或落后最近的对手有多远、排位赛的剩余时间、正赛的剩余圈数。通常，这些信息是通过无线电或指示牌来传达。

车手和负责指示牌的车队成员要知道每个信号是什么意思，举牌人需要知道车手在不同时间需要知道什么信息。这些都要事先商定好。

正式比赛中，我不在乎圈速，只想知道我的位置、后面和前面赛车的情况、何时进入维修区以及当前处在哪一圈。当然，在排位赛中，我只关心圈速以及排位赛还剩多少时间。我个人喜欢每圈都有指示牌举起或者无线电通信，无论我有没有时间应答。知道发生了什么能够让我更有掌控感。比赛之前我会花很长时间确保负责指示牌或无线电的车队成员确切知道我想要什么。

有时候在排位赛中，我故意让车队不向我提供圈速信息，以避免将过多精力放在时间上。对我来说，圈速信息会导致我尝试开得更快或认为某个圈速是难以超越的屏障。你也可以试试不看自己的圈速进行排位赛，看这种方法是否适合自己。

双向无线电是最好的通信方法，因为车手也可以应答。由于经常存在无线电干扰，因此不能总是依靠无线电。出于这个原因，很多车队主要依靠指示牌，将无线电作为传达基本信息的备用工具。无线电最大的用处是传达详细信息，例如赛车出现问题时，何时进维修区，或者绿旗何时落下。

另一种方法是指定几个手势信号，让车队成员理解信号的意思，例如轮胎亏气、发动机故障、油量低以及无线电失灵。

记录

车手应该在笔记本上把每场正赛、练习赛、测试或排位赛的详细情况记录下来。这些记录便于车手从中学习，有助于在重返相同赛道之前进行回顾，或者在某方面的驾驶技术有问题时用以参考。

每场比赛之前,我喜欢把比赛的目标以及实现目标所需使用的驾驶技术或计划写下来。比赛之后,我对赛道和条件进行注释,记录对赛车做了哪些改动以及需要做哪些改动,并记录比赛的结果。

如果赛车工程师不做任何记录,不记录对赛车所做的改动,效果会好吗?肯定不会。车手也是如此。车手的重要目标之一就是确保不要两次犯同样的错误。

因此,应该在日志中做大量笔记。我建议对于每条要参加的赛道,都要自己画出一张赛道图。这样比只使用打印的赛道地图——无论是举办方提供的还是数据采集系统生成的地图——效果更好。因为,你需要画出自己看到的赛道,这点很重要。为了对画出的地图进行补充,还需要一张打印的赛道地图作为额外的参考和比较。

你需要在地图上记录与驾驶有关的笔记,例如每个转弯的档位、具体参照点("在裂纹处拐入""以路缘末端作为顶点"等)、坡度和表面变化以及有利的超车位置等。你应该记录赛道上难度比较大的部分,以及为什么难度大;还应该记录日期、赛车、自己的最快圈速、最快的赛车的圈速以及天气条件。下次在这条赛道比赛时,无论是否驾驶同样的赛车,这些信息都非常宝贵(图47-1)。

图47-1 增强意识以及加强对赛车反馈的最重要方法之一就是在赛道地图上做笔记。笔记应该包括你看到、感觉到和听到的每个细节,参照点,赛车的操控情况,以及对赛车的操作情况

你应该把每天在赛道上学到的所有东西都写下来。如果记录的东西不够多,那说明你没有做好这项工作。无论你的经验有多丰富,只要留意,就总能学到新东西。显然,把学到的东西写下来,这样能减小遗忘的可能性,避免从头再学一遍以及由此产生的高昂费用。

最后,应该对自己在周末赛事(或测试日)的每场比赛中的表现从1到10进行打分，并记录下自己的感觉以及自己的什么举动造成了这种感觉。这样，经过一段时间后就会形成一种模式，这种模式可以作为能实现持续出色表现的惯例。例如，如果你注意到比赛前所做的某项热身运动或者自己或另一位队员所用的一个词语能使自己获得 9 分表现，那么以后应该将这种模式作为惯例延续下来。

如果记录下自己的心理状态、精力和强度级别、赛前一两天的饮食、自己周围是谁以及他们说了什么、自信程度和紧张程度，这样就更容易建立一种可引导出色驾驶表现的赛前惯例。如果不把它们写下来，就很容易错失这种模式。

安　全

赛车无疑是一项危险的运动。但是，危险可以而且也应当得到控制。大多数车手，包括我自己在内，对受伤都抱有"别人可能受伤，但我不会"的态度。我认为应该在一定程度上抱有这种态度，否则车手会对快速驾驶产生过大的恐惧感。

然而，这并不意味着可以不把安全当回事。车手在赛车生涯中至少会经历一两次撞车。对撞车的应对情况取决于车手对各种安全装备和安全系统的重视程度。

重视安全不代表懦弱，反而说明你是一位聪明、专业的赛车手。你越是重视安全性，你的赛车生涯就会越长、越成功。

仔细看看印地赛和 F1 车手是多么重视安全性。驾驶比较慢的赛车并不意味更安全。事实上正好相反。印地赛车和 F1 赛车的安全性以及这个级别的安全人员都是非常出色的。因此，在职业生涯初期的车手最应该重视安全性。

安全装备

刚刚说过，在赛车事业经过一定阶段之后，车手很有可能会卷入撞车事故，并在事故中受轻伤甚至受重伤。因此，必须对各种安全装备——无论是车手的还是赛车的——都给予足够的重视。

> **速度揭秘**
>
> 尽可能购买最好的安全装备。

当严重烧伤躺在医院里时，廉价赛车服就不那么划算了。头盔也是一样，绝对不要购买廉价头盔。有一句话我很赞同，"如果你的头不值钱，就买一个廉价头盔"。

速度揭秘

如果买不起好的安全装备，也就负担不起赛车比赛。

购买了最好的装备之后，就应该保护好它们：不要把头盔摔了，或者颠倒着放在地上；保持赛车服清洁，如果赛车服沾满油渍，就无法起到防火的作用。

购买最好的装备并且好好保护装备，这不仅能保命，还能反映出车手的态度。如果你看上去以及表现得很专业，就更有可能得到赞助或被专业车队注意到。此外，为了家人和朋友，你有责任把危险降到最低。

驾驶之前摘掉所有饰物。想象一下，假如你身上起火了，而脖子上戴着金属项链，手腕上戴着金属表带，或者手指上戴着戒指，会有什么后果。金属加热更快，会加重烧伤程度，并给医务人员的工作带来麻烦。

查看当前的规则，以确保装备符合标准。我这里不引用具体的标准，因为它们变化得比较频繁。

确保每样安全装备都有备品。既然已经在赛车比赛上花了很多钱，就不要因为安全装备出了问题而无法参加比赛。假如你在比赛计划上面花了几万元，最后却因为丢了一只手套或头盔面罩坏了而不能比赛，那就糟透了。

头盔

头盔只能用一次，如果头盔掉在地上或者撞到什么东西，也算是用过。头盔通过变形来吸收碰撞能量，同时损坏其结构强度，因此，即使碰撞后看不出有损坏，也应该让制造商检查，或者在碰撞后更换头盔。

很多车手出于感情或迷信的原因，对自己的头盔有依赖性，不愿意更换。这并不是什么好主意。无论头盔是否"用过"，每隔一两年就要更换一次头盔。头盔会随时间发生疲劳损伤，尤其是内衬层。

头盔由玻璃纤维、凯夫拉尔纤维、碳纤维或混合材料制成。凯夫拉尔纤维和碳纤维头盔重量更轻，但也比较贵。在头盔上多花钱是值得的，因为不仅能减轻长时间比赛过程中脖子的负担，而且在撞车时对脖子的压力也会更小。

很多车手告诉我说，他们驾驶的赛车速度比较慢，是普通车改装的赛车，因此不需要买凯夫拉尔或碳纤维头盔。无论你的车速度有多慢，撞车时候的 G-力都非常高。头盔越重，脖子的受力越大，这很可能会决定你是受伤还是安然无恙。

要确保头盔大小合适。戴上后要感觉牢固，但不能太紧。在不系带子的情况下，头盔应该不能在头上左右或前后旋转，也不能有任何造成头部不适的压力点。

不要随意在头盔上喷涂，要咨询头盔厂商，因为很酷的涂料有时会减弱头盔的性能。

我认为车手应该只佩戴面部全护的头盔，即使是驾驶封闭式赛车。全护头盔能比开面式头盔提供更多保护。如果非要选择开面式头盔，就必须戴上护目镜。

头盔都要依照相应的标准（Snell 或 S.F.I.）进行测试和评级，这些标准每隔几年就会升级。只有通过测试的头盔才能在比赛中使用。选购头盔之前先查看规则手册，看看头盔必须满足哪些最新标准。只满足过期标准要求的头盔价格很实惠，但买来后什么也干不了，只能用来种花。

头部与颈部支撑

头颈支撑装备是我最信赖的保命工具。即使你所参加的赛事没有强制要求车手佩戴头颈支撑设备，你自己也应该主动使用这种能救命的最新装备。

我就认识好几位车手，如果他们没佩戴头颈支撑装备，我都怀疑他们是否能活到现在。别犯傻，去买一套头颈支撑。

赛车服

首先，赛车服无法防火，只能延缓燃烧。赛车服的作用是在足够长的时间内防止车手被火的热量烧伤，以便有时间从火中逃离或者将火扑灭。以我的经验，好的赛车服能做到这点，但我不确定廉价赛车服是否也能做到。

购买之前要确保赛车服合身。定做的赛车服最好。使用制造商提供的表格仔细测量尺寸。如果赛车服不合身，就送回去修改。不合身的赛车服不但不舒服，还会有危险。

关于检查赛车服的等级，S.F.I. 和 F.I.A. 都负责对赛车服进行认证和评级。SFI 3.2A-1 理论上能为车手提供 2s 的保护；SFI 3.2A-5 提供大约 10s 保护；SFI 3.2A-10 大约提供 20s 的保护（将规格等级中最后的数字乘以 2 就是烧伤前的保护秒数）。记住，这些数字仅供参考。如果赛车服没有 S.F.I. 或 F.I.A. 的认证评级，你还想买吗？如何知道它好不好？没有认证的赛车服也许价格很便宜，但自己的身体却是无价的。

一旦买到了合身的高质量赛车服，就要好好保护它。养成修车之前换衣服的习惯。赛车服不是工作服。没有比让防火赛车服沾上机油或汽油更糟糕的事情了。

1993 年印第安纳波利斯 500 大赛的练习赛上，我以 200mile/h 的速度驶过 4 号弯道时，燃油调节器突然爆裂。燃油喷到驾驶室内并起火。我瞬间被 2200°F（1℃ =33.8°F）的甲醇火焰所包围。幸运的是，我及时把车停在直道上并离开了赛车，几名工作人员同时把火扑灭。我在火中待了近 40s，不过赛车服对我的保护非常好。

我的脸被进入面罩的热量灼伤，当时我正试图打开面罩 1s 以呼吸一些空气。另外，火焰进入了将头罩塞到内衣的位置，造成我的脖子被烧伤。我的手烧伤得很严重，原因有两个：首先，我的手套里有很多汗，使手被蒸汽灼伤；第二，我戴的手套在手掌位置没有诺梅克斯材料层，只有皮革层。

如果当时没有这么好的装备，我可能就没机会写这本书了。我的赛车服大部分内层都被烧焦了，甚至诺梅克斯材料的内衣也有一部分被烧焦，但并没有伤到我的皮肤。

这次经历让我吸取不少教训。现在,我总是戴含有诺梅克斯内层的干燥手套;戴双层的头罩,并确保它被正确塞到了赛车服里。

其他装备

除了头盔和赛车服之外,车手还需要其他装备:赛车鞋、阻燃手套、头罩、内衣和袜子。原则不变:买最好的,精心保养,如图 48-1 所示。

在赛车服里面穿阻燃内衣非常重要。双层赛车服加阻燃内衣的保护效果好于只穿一件三层赛车服(不穿阻燃内衣)的保护效果。有人认为在炎热天气比赛时不穿内衣会凉快一些,但是一旦坐在赛车里比赛,你其实无法知道天气是否更热。另外,身体与赛车服之间有一层内衣会更舒服,因为有助于更好地吸汗。大多数规则手册都要求戴双层头罩(而不是单层头罩)。

只戴手掌与皮革之间有防火衬里的手套。很多手套没有防火衬里,手掌处只有皮革,应将手套翻过来确认。有些赛车组织要求手套有衬里,有的则不要求,可查看规则手册进行确认。或者,更好的做法是只购买带防火衬里的好手套。

赛车鞋也是同样的道理。购买带防火衬里的真正的赛车鞋。赛车鞋比有些车手穿的保龄鞋或跑步鞋要舒服得多,保护效果也要强得多。如果你驾驶方程式赛车,不穿真正的赛车鞋可能根本无法在狭小的脚部空间里正确地操作控制踏板。

我认为还有一件装备是必备的,那就是耳塞。耳塞不仅能保护听力,而且能让车手更好地听清楚赛车的声音,更好地集中精力,使车手不会很快疲劳。听觉输入是驾驶时的重要反馈。如果听力受损,车手对赛车的反馈就不会像以前那么敏感。最好的耳塞是按照车手的耳朵结构定做的耳塞,不过大多数情况下,小型的泡沫耳塞就足够好了。

图48-1 车手装备

安全带

安全带是赛车中最重要的安全装置。选择最好的安全带,并仔细保养,毕竟这是能救命的设备。安全带还有助于支撑车手的身体，使车手更高效地驾驶。

每两年就要更换或重装安全带。暴露在天气和紫外线中，时间长了都会使安全带严重变差，失去80%的效果。每次撞车之后，安全带会被拉伸或变弱，因此应该立即更换或重装安全带。另外，定期检查和清理锁扣，必要时应添加润滑油。

比赛前要把安全带绑紧，确保在驾驶过程中至少能紧固肩带。通常，安全带在比赛过程中会变松。你可能会惊叹于发生撞车时安全带的拉伸幅度，这有可能让你的身体撞到意想不到的东西。

多点式安全带不仅能在撞车时防止身体向前滑，还有助于在大力制动时支撑身体。因此，一定要将安全带调整好、绑紧，而且要舒适。

练习快速解开安全带，快速从车里出来。这个练习非常有用。就很多赛车而言，车手很难从车里快速出来。

确保安全带安装牢固，安装位置也要正确。有时，肩带的安装位置离得太远，大力撞击时有可能从肩上滑落。正确的安装方法应该是，安全带能将车手向下压，并在撞车时防止车手被向前扔。

49 车手是运动员

车手是运动员吗？这个问题已被争论了很多年。我只知道开好赛车需要很强的身体技能和耐力，以及极强的脑力要求。

如果想在赛车方面取得哪怕一点成功，都需要具备很好的身体状况。如果想获胜，想把赛车作为自己的职业，就更需要有很好的身体。

驾驶赛车需要具备有氧能力、肌肉力量和柔韧性、正确的营养习惯，否则会缺乏所需的力量和耐力，不仅无法取得成功，还无法安全比赛。车手要操作控制装置（方向盘、制动踏板、加速踏板、离合踏板、变速杆），并要应对身体所承受的巨大G-力，这里面的难度要远超出大多数人的想象，尤其是驾驶时承受的高热量。

要想取得赛车执照，必须由医生进行全面的体检，而且以后每年或每两年（取决于赛车执照的级别）都要做体检。即便从医生的角度看你是健康的，但是你的体能、强壮程度、柔韧性又如何？

身体在比赛过程中的疲劳不仅会影响身体能力，还会影响心理能力。身体在疲劳时，车手会注意到疼痛，这样会分散注意力，使思维无法专注于高速驾驶。

车手的体能越好，思维就会越警觉，也就越能有效地控制压力和注意力。体力下降的主要问题在于车手必须持续维持高强度的注意力。注意力稍有不集中就有可能导致灾难性的后果。

比赛临近结束时，车手的圈速开始逐渐变慢。车手通常会把这种情况归咎于轮胎磨损、制动不灵或者发动机动力减弱。事实上，这往往是由车手的体力下降造成的。

如果车手说他只通过赛车就能保持身体状态，那他是在自欺欺人。即使每周都参加比赛，从比赛中得的锻炼强度也是不够的，必须有定期的体能锻炼计划加以补充。

身体训练

训练能让身体变得更强健。通过跑步、举重等方法以可控的方式给身体施加压力，逐渐破坏肌肉纤维。然后，经过足够的休息，肌肉会愈合并变得更强壮。因此，每次锻炼后如果休息好，身体就会变得更强。

制订健身计划以加强协调性、力量、柔韧性和耐力。跑步、网球、壁球这些运动非常适用于提高心血管健康和协调性。另外，可专门制订一套重量和拉伸训练计划，这些有可能会决定成败。而且，这些运动还能提高反应能力。

力量是很重要的因素，尤其对于地面效应赛车更是如此。因此，举重训练就显得特别关键。记住，如果是驾驶方程式赛车，就不要练得太壮，因为方程式赛车的驾驶室比较小。在加强肌肉力量的同时，也要注重提高肌肉耐力。

车手对赛车的反馈要灵敏，对控制装置的操作要精准，这两点的重要性我们已经知道了。下面做一个测试。使用铅笔精确、详细地描一张图片，然后做 50 个俯卧撑。再试着描这张图片。会发生什么情况？手臂肌肉疲劳时，控制精度会降低。驾驶赛车时同样需要这种精确控制。

赛车过程中，心血管系统得到充分锻炼。普通人在休息时的心率是 50~80 次/min，不足最高心率的一半。大多数运动员在从事他们的项目时，心率可达到最大心率的 60%~70%，通常一次只持续几分钟。研究显示，任何级别的赛车手在整场比赛中经常会接近最大心率的 80%。

有氧健身可以决定比赛的成败。确保心血管系统健康的唯一方法是进行跑步、骑自行车（图 49-1）、阶梯运动等有氧训练，让心率达到最大心率的 60%~70%，并且至少持续 20min。

图49-1　有氧运动

人的反应能力可以提高，壁球和乒乓球等运动就非常适合用来加强手眼协调能力和反应，电脑游戏也有助于提高大脑的处理和反应能力。

这几年我才真正认识到柔韧性的好处。我把柔韧训练作为日常训练计划的一部分。现在，我会用较长时间做拉伸训练，以加强我的柔韧性。从此之后，我在驾驶时肌肉疼痛减少了，抽筋情况也少得多，而且比赛后的第二天也感觉好很多。

身体越柔韧，受伤概率越小。身体比较灵活，肌肉就会更善于吸收撞击产生的力。

你的体重是多少？如果体重超重，那么减肥不仅是为了自己，也是为了车队。车队为了尽可能地减轻赛车重量而努力，作为车手则应该减掉多余的体重。更重要的是，多余的脂肪不利于身体在高温的赛车驾驶室环境中排热。降低脂肪含量（如果脂肪含量已经很低了，则是维持当前的脂肪含量）应该成为训练计划的一部分。

事实上，热量是车手最大的敌人之一。防火服、持续的身体活动以及赛车产生的热量，这些因素加在一起使得车手的工作环境并不理想。车手的体温甚至可以达到 38℃以上。

热量经常导致脱水。有些车手在比赛过程中因出汗会损失多达 5% 的体重，这会导致肌肉变弱和痉挛，思维效率降低。研究表明，出汗损失 2% 的体重就会使工作能力降低多达 15%。解决脱水的唯一方法就是喝水。在赛事周末里，尤其是热天，应该尽可能多地喝水，每天至少喝 4 升水。

众所周知，运动员的饮食对于运动表现来说极为重要。马拉松运动员在比赛前会吃大量碳水化合物丰富的食物，赛车手也是如此。如果你想获胜，就要选择正确的饮食。可以咨询医生或者营养师。至少应该在赛事周末避免食用脂肪含量高的食物，要选择碳水化合物与蛋白质含量比较均衡的食物。

最后说一说饮酒和吸烟的问题。我们都知道酒精和香烟会影响健康，有可能会影响你的反应速度，影响你的视力，或降低你的心血管机能，即使这只有百万分之一的可能，你也愿意冒这个险吗？考虑一下你对获得成功有多大的投入？

酒精对身体和头脑的影响可以持续较长时间。酒精会减慢反应速度，使感觉变迟钝，减慢做决定的速度。靠药物提高驾驶表现的做法是大错特错的，不仅不会有任何帮助，还会非常危险。

速度揭秘

具备同样的赛车和驾驶技术，更健壮的车手获胜。

天赋和赛车都不太出众的车手经常能凭借健壮的身体获胜。如果你想赛车，想获胜，你的身体就必须尽可能地健壮。

旗帜和裁判

很多车手不愿与裁判打交道，也似乎很少注意旗帜，他们其实是在错失机会。应该严格注意举旗裁判发出的旗语，他们是来协助你的，帮助你尽可能地开得更快，以及确保你的安全。

几乎每条赛道上都有举旗裁判和裁判作为志愿者，他们从事这项工作的原因与你相同，都是出于对赛车的热爱，区别在于他们是以不同的方式来参与这项运动——无论是出于什么原因。做举旗裁判这个工作经常是因为他们还无法支付比赛费用，而且这比当观众要好很多。事实上，做举旗裁判的经历经常会对以后的赛车事业有好处，因为从这个角度观看比赛是非常好的体验。

若没有举旗裁判和裁判，比赛就无法进行。不要把他们视作障碍，而是要把他们视为获得优势的方式。

作为车手，在初次进入赛道比赛之前，一定要知道和理解每种旗子的含义以及如何使用它。花时间阅读和领会比赛的规则手册，因为旗子的用法或解读会有变化，要熟悉最新规则（图 50-1）。

不仅要注意和服从所有旗语，还要能够"读懂"举旗裁判，真的可以从中获得优势。随着经验增加，你可以注意到举旗裁判挥舞旗帜方式的不同。例如，举旗裁判镇定地挥舞黄旗（意思是要小心、减速、附近有事故），很可能不是严重事故。这时候

图50-1 每种旗帜都是潜在的工具。要学会看、识别和理解旗子的含义，甚至能解读挥动方式上的微妙差异，这种能力可以成就车手
图片来源：Shutterstock 商业图库

对手把速度降低很多,而你则可以降得少一点,从而获得速度上的优势。不过,也要做好降速的准备。如果举旗裁判疯狂地挥动黄旗,你就需要把速度降低很多。

举旗裁判冒着生命危险让比赛能够更加安全。因此,不要再做任何会给他们增加危险的事情。要知道,当从比赛速度降低 20mile/h 或 30mile/h 时,对你来说就像快要停车了一样。但是,你很可能仍然在以非常快的速度驶过赛道,而此时赛道上或赛道附近的举旗裁判正在协助另一位车手。

无论裁判或举旗裁判的裁决或行为看上去对自己有多么不利,都要试着接受它并继续比赛。如果你确定受到了不公正对待,要以正确的方式维护自己的利益(阅读规则手册了解方法)。不要针对个人,这样只会让事情变得更糟。

裁判只是在做他们自己的工作。你与裁判相处得越融洽,你的赛车事业就会越成功、越有乐趣。如果你尊重裁判,时间长了甚至有可能会使裁决对自己有利。

51 赛车生意

如今的赛车比赛与30年前，甚至10年前都有很大的不同。以前在专业水平赛事中，车队选择车手时只看才华。现在完全不是这样，如今有很多车手都具备赢得比赛的实力。因此，当车队寻找车手时，为什么不选择既有推广价值和市场价值，能为车队带来赞助，同时又具备出色才华的车手呢？

这似乎很不公平，但这正是你在整个赛车生涯中必须要面对的事实。你要么选择重视它，将这视为额外的挑战；要么就得因为没能获得"好运气"而痛苦万分。

你不能等着车队来找你，认为自己技术好就理应得到车队的垂青。车队老板登门找车手的概率已经很小了。现在的情况是，如果想赛车，就必须自己去争取机会，或许还要为车队带来点什么。

我并不是说在整个职业生涯中都要自己支付比赛费用。即使是现在，也有一些车手完全凭借才华被顶级车队选中。不过，他们也要付出代价——他们可能也必须花自己的钱或者为车队带来赞助资金。

千万不要小看这个事情。如果你不相信赞助、专业精神和公共关系对你的事业有重要作用，那么你可能只有坐在电视机前观看比赛的份了。

职业规划

之前已经说过，要想在赛车上取得成功，需要的不仅仅是驾驶技术，还有很多其他因素。你必须具备所有条件才能持续获胜。这些条件包括：正确的设备（赛车、备件等）、好的成员（机械师、工程师、车队经理，或者小车队中由一个人处理多种工作）、充足的预算（"充足"是一个相对概念）、合适的测试计划等。然后，所有这些条件必须结合在一起。尤其重要的一点是，所有人要拧成一个团队。否则，无论你多优秀，都无法经常获胜。

很多车手对爬到职业车赛的顶端并不感兴趣。他们只想在业余赛中体验比赛乐趣。这没有问题。我认识很多人参加业余比赛已有很多年了，他们只喜欢比赛带来的刺激、自我满足感、友情、放松等。

就我个人而言，我认为赛车是世界上最放松的事。当我在比赛时，其他一切事情都不再重要。我不会去想生活中发生的事，只是专注于比赛。比赛让我忘掉所有其他事情，我可以放松下来并享受驾驶。正是因为这个原因，你所参加的比赛级别也就显得并不那么重要了。

然而，无论参加什么水平的比赛，都需要付出很大的努力。就我而言，每次坐到赛车里都会充分利用每一秒钟。有一点需要明确，在职业赛车中取得成功所需的努力，要比在业余比赛中多得多。如果你参加业余比赛时感觉在时间管理和训练量方面比较吃力，那么当参加职业赛车时就不要指望事情会变得更容易。

如果志在达到职业赛车的最高水平，那么所走的路会有很大的不同。每个车手与每个车手都不同，但这里面通常也有一些共同点。其中，决定因素经常是：你住在哪里（以及是否愿意搬家），你的财务状况如何，筹钱能力有多强（赞助、捐赠等），你的职业方案（是否有职业车队想邀请你加入），以及你的终极目标是什么（F1、印地车赛、NASCAR、超级跑车锦标赛、短程赛车等）。找有经验的车手聊聊，或者阅读优秀车手的传记，学习别人的成功经验。

曾经，公路赛车手就是公路赛车手，椭圆赛道车手就是椭圆赛道车手，他们之间没有交集。不过，印地赛车既跑公路赛道又跑椭圆赛道，而且很多其他赛事也开始采取这种方式。越来越多的NASCAR车手有公路赛车背景。现在，如果你不同时具备这两类赛道经验，那么在顶级赛事中取得成功的机会就会减少。

寻找在所有赛道类型上比赛的机会，当决定参加哪个赛事时就要考虑这个问题。如果某个赛事包含椭圆赛道和公路赛道，而且你的目标是提高自己的职业赛车水平，那就应该选择这个赛事，放弃只包括一种赛道的赛事。这从长远来看肯定会有很好的效果。

如果你够幸运的话，还要选择是自己购买赛车还是从专业赛车租赁公司或赛车学校租一辆车。之所以说幸运，是因为很多车手负担不起第二种方式，不得不自己购买、管理和维护自己的赛车。两种方式都各有优缺点。

首先，最好在职业生涯的一部分时期驾驶自己的赛车，这样有助于学会基本技术知识，使自己从机械角度讲更懂车；另外还能学会更爱惜赛车。缺点是需要在车上面花很多的时间和精力，以至于减少在驾驶方面的时间。

如果从专业赛车租赁公司租用赛车，你就能把所有精力都放在驾驶上，将机械方面的问题留给更擅长的人来处理。记住，租赁公司有好有差，选择之前要做好功课。最好找到以前租过的人了解一下。

如果找到好的租车计划，确实能够将所有精力都放在开车上。这样很好，不过也不要忽视机械知识。应该在机械方面懂车，能解读赛车在做什么，并把获得的信息传达给工程师或机械师，这样能增大加入顶级职业车队的机会。

参加驾驶学校的赛事从驾驶角度讲很可能是最佳选择。他们通常会安排教员在比赛中担任教练,这非常有助于加快学习过程。而且,这种比赛通常是"标准"赛事,所有人都驾驶相同类型的赛车,这样就能把自己的表现和进步情况与别人进行比较。

同样,驾驶学校的比赛也良莠不齐,要谨慎选择,例如有的驾驶学校只对你的钱包感兴趣。要做好准备功课,同以前参加过这个比赛的人聊聊。

选择开轮式赛车(方程式赛车)还是闭轮式赛车(量产改装车或超级跑车),取决于你在赛车运动中的发展方向。如果你确定在整个职业生涯中只参加闭轮式赛车比赛,那么可以只驾驶闭轮式赛车;如果你尚不确定职业的发展方向,就应该花些时间驾驶开轮式赛车。如果只具备闭轮式赛车的经验,当机会到来时再向开轮式赛车转换就会比较困难。相反,如果有了开轮式赛车的经验,向任何类型赛车的过渡都会比较容易。

如果想成为职业车手,我的建议是驾驶尽可能多的赛车类型。从最慢的改装赛车到最复杂的方程式赛车,每辆车都能教会你一些不同的东西。你学习的东西越多,适应能力就会越强,就会越成功。

具备良好的教育程度对车手的事业也很重要。尽管工科学位有助于理解赛车的技术问题,但我认为业务和营销知识现在更为重要。你只需要一点点努力就能学到足够用的工程知识。而如今,赛车手要取得事业成功,更多是依赖于业务和营销知识。

要想在赛车比赛中达到最高水平,必须做出很大牺牲。问问自己:"为了获得冠军是否愿意放弃一切?"是否愿意把家用车和高级音响卖了?是否愿意放弃女朋友或妻子(我并不是说必须这样做,但是为了赛车,这样的事情确实发生过)?否则,就要认真考虑一下。要认清自己能做多大牺牲,认清自己在这条路上能走多远?为了兴趣参加业余比赛并没有问题,但不要不切实际地认为不做任何牺牲就能成为下个世界冠军。

要想达到最高水平,必须完全投入。在相当长的一段时间里,必须全天候地投入所有时间,并投入自己的所有钱。

我认为任何人只要有足够的付出和投入,都能在赛车方面取得成功,或许成不了超级明星,但是可以很成功。这需要巨大的毅力。Bobby Rahal 曾经说过:"在赛车上取得成功需要 10% 的天赋和 90% 的毅力。"他并没有否定天赋的作用,而是强调毅力非常重要。

以我自己为例。诚然,有很多更成功、更有天赋的车手。然而,我已经证明过,凭借努力、毅力、决心、牺牲精神以及知识,外加一些天赋,你也可以达到最高水平。

无论你处在什么水平,都要享受赛车的乐趣。不必将成为下一个世界冠军作为目标,你只需要尽最大的努力,如果事情顺利,就会成功。如果事与愿违,还可以回到业余赛中享受比赛的乐趣。

商业赞助

商业赞助是赛车运动的运转基础。这个话题可以写一整本书,也已经有不少这方面的专著,其中,我看过最好的一本是盖伊·爱德华兹(Guy Edwards)写的 *Sponsorship and the World of Motor Racing*。因此,这里我只是根据自己的经验介绍几个关键点。

寻找赞助的第一条原则是:找到正确的人。获得赞助90%的情况都是找到了做决定的人。重点是见到正确的人。赞助公司中至少有一位关键人物能够看到优势,并愿意向前推进。你需要找到这个人。问问自己的熟人,看看他们有没有认识的人。

如果以上是原则1,那么接下来就是原则1.5——自己想要什么不重要,重要的是所接触的公司想要什么。很多人会找到一家潜在赞助商,告诉这家公司如果出钱他们会做什么。然后,他们会奇怪为什么这家公司会拒绝。应该站在赞助商的角度想问题,考虑他们想要什么,以及如何给予他们想要的东西。

少说,多听,了解赞助商想要什么,了解他们如何能够通过赛车比赛受益。有时候,你认为他们需要的并不是他们想要的。帮助他们发现想要或需要什么。如有可能,让他们描述在他们的眼中,赛车赞助计划能够如何为他们所用。如果他们愿意告诉你,就一定要仔细听,因为他们正在推销自己。如果你可以为他们提供他们期望从赞助计划中得到的东西,那他们几乎不可能拒绝你。

将赞助商的名字印在赛车(移动广告牌)上只是赞助计划中的一小部分。通常,赞助计划的意义还在于公司娱乐、与其他赞助商的业务合作机会、员工斗志激励、公共关系、媒体曝光等。赞助式广告必须是整体营销计划,与印有公司徽标的赛车主题挂钩,这样有助于销售产品和服务,也有助于树立企业形象。

以前,公司赞助车手或赛车仅仅看重曝光度、形象树立或者公关价值。现在,这种情况已经很少了。如果不能直接促进销售,公司就不会提供赞助。

为了证明你是最好的车手,证明你的方案是世界上最好的营销方案,你可以花费数千美元来制作华丽的演示文稿、宣传册以及其他宣传资料。但是,决策者十有八九会根据方案的核心——也就是你这个人本身——来做决定。赞助公司需要的是能提出优秀方案的优秀车手,而不仅仅是漂亮的演示。

我并没有说不应该花钱制作专业的演示;我的意思是,如果你只有这些,就很难将自己推销出去。你需要花时间制定出能为潜在赞助商提供价值的优秀方案。

通常,这意味着可以使用一家赞助商的资源让另一家赞助商受益。例如,让当地报社以广告版面的形式为车队提供赞助。在这种方式下,报社在金钱方面的付出很少,但却能让赛车上的标识出现在报纸上,并且通过营销方案为赞助商提供其他好处。然后,再向另一家公司提供完整的赞助方案以及报纸广告机会,以此换取所需要的赞助资金。这是双赢局面。

最好的做法是主攻希望比较大的公司,而不是发出几百份建议函。花时间对目标公司进行研究,给他们打电话,然后面谈。不要采取"撒网"策略,这样会浪费时间和金钱。

与赛车的其他方面一样，拉赞助也必须有毅力才行。无论被拒绝多少次都不要放弃。但是，也不能盲目重复失败。应该从每次销售尝试中学到点什么，搞清楚对方为什么拒绝，然后想想以后如何避免。

事实上，拉赞助的过程是一种非常好的学习体验。从中学到的东西能够在以后从事的任何工作中派上用场。

可以找赞助商猎头做这件事。但要留神，有不少所谓的专业赞助商猎头会浪费你的时间和金钱，甚至毁坏你的名誉。因此，一定要调查清楚，或者通过介绍人寻找，找以前用过他们的人了解情况。

在事业初期，你可能没有太多好的人选，这时就要严格依照约定办事。记住，他们是在推销你和你的声誉。因此要确保对他们如何做事、如何描述你的声誉以及代表你所做的承诺感到满意才行。

签订了赞助商后，不要拿了他们的钱之后只知道自顾自地比赛。获得赞助商还只是刚刚开始，你应该与赞助商合作，以充分利用赞助计划。否则，就得和赞助商说拜拜了。如果赞助项目不能让他们提高业务，他们就不会继续参与下去。他们需要的不仅仅是将公司名字印在赛车上，你要努力为他们提供他们想要的东西。

获得赞助后要与赞助商沟通。如果想保持赞助计划的长期性，关键是同参与决策制定的个人保持往来。要培养这种关系，但不要弄虚作假，成功的生意人很容易就能看出来。

试着慢慢挖掘赞助商的潜力。没错，价值百万美元的赞助很难立刻成形，但经过一段时间之后，通过一定机会你会知道应该怎样做，这样就有可能拿到大的赞助。

事实上，引导赞助商很重要。你必须向赞助商展示出你和赛车能够为他们做什么。

你和你的代理在向赞助商承诺时一定要谨慎，尤其是比赛成绩方面的承诺。如果你承诺每场比赛都获胜，但无法做到，就会失去信誉，甚至丢掉赞助支持。如果你保证每场比赛都跑在最后，那么赞助商就不会参与进来。要确保所做的承诺是现实的，这同样适用于赞助计划能达到的曝光率和营销效果。

最后，赞助计划必须在赛道之外就发挥作用，在赛车上赛道之前就对赞助商有价值，你在赛道上的表现则是额外的奖励，尤其是赛车跑在最前面时所产生的额外曝光率。

寻找赞助商的过程中要遵循职业道德，我的建议是不要抢夺其他车手或车队的赞助商，这样做会伤害所有人，也会伤害这项运动。如果你试图争夺别人的赞助商，只会向别人展示赛车圈的人是多么不专业，有时候还会导致公司不愿意与这项运动再有任何瓜葛。结果就是每个人都输了。

如果另一个车队的现有赞助商与你接触，表示他们对现状并不满意，希望能听听你的方案，这种情况才是公平竞争。否则，你就需要放弃。还有很多潜在赞助商可以发掘。其实与开车是一回事：专注于自己的表现，不要总盯着对手，你终将获得胜利。

专业精神和个人形象

外界（商业界和媒体等）和赛车圈对你的看法能够对事业产生很大的影响。如果想成为职业赛车手，你的形象和行为都要很专业，这包括得体的衣着（各种场合）、个人形象、说话方式以及在公司中的行为等。

任何与你有关的信函或赞助建议都必须是一流水平，因为这往往是你留给潜在赞助商、车队或媒体人的第一印象。我想你肯定知道第一印象的重要性。

车手在赛车外做的事情与在赛车内做的事情同等重要。记住，作为赛车手，工作中的很大一部分是起到激励者和车队领导者的作用。你可能具有最好的天赋，但如果无法让身边所有人都全力帮助你，就也无法在这项运动中获得成功。有不少天才型车手都是因为自己在驾驶室之外的行为而早早结束职业生涯，这样的例子有很多。

车手在赛车之外如何"呈现"自己对于将来能获得什么样的座驾起到最重要的作用。车手与身边人的行为、反应和互动可以决定获胜的频次。如果车手的行为不能鼓舞机械师、工程师、车队老板、赞助商和媒体人，就无法获得有竞争力的座驾，就会失去好的座驾，失去获得胜利所需的优势。记住，如果你不想尽一切办法获胜，你的竞争对手就会这样做，这也许就会成为别人击败你的原因，纵使你有更好的天赋也无济于事。如果你在赛车之外缺乏运动员精神，赞助商就会远离你，车队老板、机械师、媒体以及所有本应站在你这边的人也会离你而去。

公共关系

公共关系是现代赛车活动必不可少的一部分。即使你有超凡的天赋，如果没人知道，赛车事业也无法长久。即使你足够优秀，我敢保证肯定还有人与你同样优秀或者很接近，而且具备出色的公关团队和公关方案让全世界都知道他们。如果你想在赛道上竞争，首先必须在赛道外竞争。

如果想让赞助商为你的赛车计划提供支持，就必须学会所有关于媒体和公关的事情。绝对不要认为推广不是自己的事情，也不要认为因为自己很出色媒体就会主动过来报道。这样的日子已经一去不复返了。如今，车手不仅要具有驾驶天赋，还必须善于推广自己。

如果资金充裕，雇用专业的公关公司肯定对你的事业有帮助。然而，就像赞助商猎头一样，同样也要寻找好的公关公司。

强烈建议参加公共讲演课程。如果你在赛车方面很成功，并希望事业继续前进，就势必要在公共场合讲话，要充分利用好这些机会。

另外，车手还会接受很多采访，有可能是电台或电视台的直播采访，也可能是记者采访。同样要充分利用这种机会。有相关课程可以教你如何有效地在采访中说清楚自己想说的话，而不仅仅是采访需要的内容。

接受采访、讲话以及公开露面时要表现自己。如今，有太多车手都在使用经过过分"打磨和排练"的话，听起来分明就是设计好的"灌装"内容。你应该让自己对赛车运动的热情和自己的人格魅力闪耀出来，这样你才会发现媒体和赞助商对你讲的话更有兴趣。

 完美的车手

有谁看到过 Helio Castroneves 表现得不高兴？或许有那么一两次——遇到较大的个人挑战，或裁判有争议的判罚。无论是否夺得杆位，每圈都领先并站在最高领奖台上，还是中途退赛，他几乎都能看到积极的方面。他总是不停提高，没有极限。

Castroneves 的成功秘诀之一是无论多么成功或者多么不成功，他的态度或心态似乎都不会发生改变。如果状况不佳，他会欣然地专注于让事情好转；如果夺得杆位，他会欣然地专注于让事情更好；如果撞车退赛，他会欣然地专注于在下次比赛中取得好成绩。如果赢得比赛，他会欣然地爬上栅栏，并思考如何才能开得更快（图52-1）。

完美的车手从不停止让自己变得更优秀。为成为更好的车手而做的努力越多，获得的乐趣就越多。

回忆一下 Castroneves 接受过的采访就不难发现，他极少找借口。再想想比 Castroneves 更早的 Penske 车队的车手 Gil de Ferran、Emerson Fittipaldi 和 Rick Mears，他们同样也极少找借口。

Penske 车队多年来取得的成功有没有可能与态度的关系更大一些，与车队预算和专业技术的关系更小一些？有没有可能该车队的每个成员都能为发生的事情——无论好坏——负起全责，不找借口？对于他们来说，最重要的是达到最佳表现，学习如何变得更出色，而不是把过失归咎于其他人。

图52-1 你的赛车态度对自己的表现以及身边人的表现会产生很大影响。Helio Castroneves 几乎对身边的每个人都会产生积极影响，而且这种心态也对他自己的表现有帮助

图片来源：Shutterstock 商业图库

无疑，Penske车队经常获胜的另一个原因是出色的赛前准备，以至于"Penske"和"准备"这两个词会自然而然地联系在一起。Castroneves、de Ferran、Fittipaldi和Mears去赛道之前都会早早地进行心理意象练习。

几年前，我培训过一位有三年赛车经验的俱乐部车手。赛车对他来说是爱好，是排解工作压力的手段。在三个月的课程中，我们对他进行了特定技术和思维程序方面的训练，使这位车手将单圈用时缩短了4s多。另外，他还提高了赛车技能，学会了如何与经验更丰富的车手近距离角逐。最重要的是，他享受到了比以前更大的乐趣。其实，这位车手说他找到我们的教练之前对自己无法取得进步这件事感到非常困扰，以至于开始质疑自己还要不要继续比赛。现在，他对赛车则是欲罢不能。

另一位车手是一个在卡丁车比赛中获得成功的年轻人，他让我帮他从卡丁车过渡到赛车比赛。前几场比赛中，他的速度、赛车技能以及整个态度都让人眼前一亮。然而，接下来发生了一些变化。要么是预算用完了，无法再支付教练费用；要么就是与很多年轻的成功车手一样，态度发生了转变。他认为他的成功是因为自己有天赋。猜猜接下来发生了什么？他不再让人刮目相看，也不再取得任何成绩，以至于他改变了成为职业车手的想法，转而计划去读大学，只把赛车当成爱好。我并不是说这个计划不好，因为上学对赛车手来说也是很重要的，但他改变主意的原因并不是因为觉得这是个好想法。相反，他改变主意的原因是他不想或无法继续前期的成功了。如果他继续持有这种态度，无论选择做什么，都难以取得成就。他本可以从赛车中学到很有用的一课，这不仅让他在赛场上获胜，还有助于在很多其他方面取得成功。

也是几年前我教过的一位车手，他事业非常成功，处于半退休状态，40多岁才开始赛车。他之前跟着一位他认为是教练，但其实只能算是指导员的这样一个人学习赛车，但是收获甚微。这位指导员只告诉他需要做什么，而没有给他提供任何长期的学习策略。而我则给这位车手提供这些策略，再由他去实施，并且每天进行一两次心理意象训练。他的进步神速，同时享受的驾驶乐趣也水涨船高。

必须指出，最后一个例子中的这位车手不仅享受学习，而且渴求学习，就像上瘾了一样。他的学习欲望是成功的关键因素，能激励自己尽全力做准备。有意思的是，他的准备时间每天总共不超过30min。你可能会说："我没有这么长的时间用在赛车上。"然而你要认识到，如果不花时间准备就不可能有很大提高。别的车手很可能会花足够多时间进行准备，会取得更大的进步或进步得更快速，这时候只要不感到痛苦或沮丧就行。

几年前我教过的一位车手极为看重成绩。然而，优秀的车手会用更多精力来确保达到最佳表现，相信这样比任何方法都更加有助于取得好成绩。他们知道自己无法控制结果，但可以掌控自己的表现，而且最终是由表现来决定成绩。当这位车手参加比赛时，头脑中会设定一个圈速和成绩。他会想，"如果我能跑到28.5s左右，就能进入前三"。他在比赛周末里头脑中一直有这个期望值。

我们所做的第一件事就是将他的关注点从比赛成绩转移到驾驶表现上（借助心

理意象）。进行心理意象训练时我们让他不要总想着将单圈用时缩短到 28.5s，而是想象自己以极限驾驶赛车。我们让他放下期望，专注于潜能和可能；要求他不要把注意力放在圈速和名次上，而是无论条件和竞争度如何，都要看到、感觉和听到自己达到最佳表现。如果达到最佳表现并持续以极限驾驶赛车，那么无论发生什么事他都会以开放的态度应对。他不再依据圈速或比赛成绩来评判自己和自己的能力，因此他比以前更多地享受到赛车的乐趣，而且他的表现也比以前更出色。他的驾驶表现是如此之好，并开始赢得比赛。如果他还像以前那样关注比赛成绩，很可能无法取得这么好的表现，也不会享受到如此大的赛车乐趣，只会苦苦追逐为自己设定的期望。

速度揭秘

不要设定期望，应专注于可能和潜能。

我之前提到过，任何体育项目的超级明星都具备，但一般明星可能不具备的主要特质是快速学习能力。并不是说超级明星的学习能力天生就比别人强，而是在于他们如何利用自己的这种天赋。他们与生俱来的天赋可能与别人一样多，但他们能够更努力、更聪明地发展这种天赋。

我始终坚信这一点。我教过很多车手：有初学者，也有经验丰富的车手；有不太努力但天赋很高的车手，也有学起来比较吃力的车手；有只想在当地俱乐部赛道上享受赛车乐趣的大龄车手，也有一心想参加 F1 的年轻车手。事实是，我教过的车手越多，我越坚信这个观点。起决定性作用的并不是与生俱来的天赋有多高，而在于如何发挥自己的天赋。

要想发挥自己的天赋，首先要具备乐于提高的开放心态，不断寻找方法提高自己。这种心态下，人们愿意更加努力地使自己变得比别人更优秀。持有这种心态的人知道，只要通过努力，现有的天赋无论高低，都能转化成与众不同的才能；还要知道，到目前为止，无论成功有多容易，都要比别人更加努力才能达到顶峰。

这是每位伟大冠军和超级明星都具备的态度。赛车界有很多在事业初期取得成功但是逐渐走下坡路的车手，他们形成了这样一种态度，即"我很优秀，很有天赋，我只依靠天赋就能达到顶峰"。我有机会与各种水平的车手一起共事，我发现这样的车手有很多，但真正愿意为了达到目标而全身心投入的车手却不多。有的车手认为不需要努力就能达到自己想要的位置，对于他们我只能表示遗憾，因为要想在赛车上取得成功，就必须付出巨大的努力，必须对学习和提高抱有开放和渴求的态度，而且还需要得到别人的协助。

速度揭秘

对不断提高持开放态度。

　　你可能会想,"这个观点只适用于想成为下个迈克尔·舒马赫或 Jimmie Johnson 的年轻车手。我只想在我的水平上享受驾驶乐趣"。请在否定我之前再思考一下。有很多车手虽然只是为了乐趣而赛车,但是他们仍然像那些有前途的年轻车手一样,努力让自己不断提高。事实上,我每天都看到不少业余赛车手、大龄车手以及并不打算成为世界冠军的车手,他们仍然保持着让自己不断提高的心态,并希望为此付出努力。为什么?原因就在于这样做更有乐趣!

　　最后,为了更好地享受赛车乐趣,你应该付出为取得成功所需的一切努力。

53 真正的胜者

本书提到了不少伟大的车手并以他们的事迹为例，提到迈克尔·舒马赫的次数最多。难道我是迈克尔·舒马赫车迷俱乐部的创始人兼主席吗？并不是。尽管退役三年后重返 F1 成绩不佳，但舒马赫仍被誉为历史上最好的车手之一，因此，还有谁比舒马赫更适合作为榜样或比较对象呢？我是否认为舒马赫很特别呢？也是，也不是。

我相信所有人，包括你、我和迈克尔·舒马赫，我们与生俱来的驾驶天赋都是同等的。我们都有成为超级明星的能力。当然了，如果基因组成让你长成了身高 2m 的大个子，那么要成为 F1 车手就很难了。假设你具有常规体型，那就完全有可能成为超级赛车手。换句话说，舒马赫并非天生就有特别之处。

如果非要说舒马赫与今天的你有什么区别，那就在于你们如何利用自己的天赋。是的，这点足以使舒马赫变得特别。

归根结底：舒马赫的生活中有一些事情使他能够将自己天生的基本才能转化为今天所展现出来的超级明星能力。

我们已经知道了大脑整合对实现最佳表现所具有的价值。然而，很多儿童在幼年时期并没有进行足够多的促进大脑整合的身体运动。我想舒马赫肯定做过。当一个小孩实现了大脑整合，他或她从感觉和行为上都会更加协调。这样就会形成信念系统，使他们相信自己很协调，同时会鼓励他们做更多的身体运动。这种信念系统又会得到外界评论（父母、朋友等）的加强。所有这些都会鼓励儿童做更多的身体运动，进一步加强大脑整合。这就成为一种能自我实现的预言（图 53-1）。

当然，反过来也是如此。例如，如果幼儿没有进行足够的交叉爬行，未能在早期达到大脑整合，就会影响儿童的信念系统，导致他们认为自己不擅长运动，从而远离体育运动。

舒马赫在进入儿童期时就已经达到了整合和协调。我相信这肯定鼓舞了他参与很多运动，有助于发展他的感官输入技能。他家有自己的卡丁车赛道，这点无疑很有帮助。就我对他童年的了解来看，他并非单纯地花很多时间开卡丁车，而是进行很多有计划、有策略、有意图的卡丁车训练。也就是说，他驾驶卡丁车是为了通过具体策略来提高驾驶水平。

舒马赫的很多天赋发展是由他的成长环境所造就的。

我没有说舒马赫一定是在有意识的层面发展这些能力。实际上，他很有可能是"碰巧"学会了很多技能，就像有人无意识中变得对某项运动特别擅长一样。另外，我估计他的有些技术并不是以具体方式传授给他的。

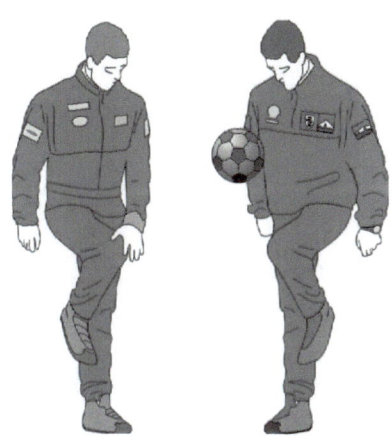

图53-1 很多车手问我，舒马赫做不做大脑整合训练。我不知道他是否做交叉爬行这样的练习，但他确实通过练习足球来热身，这与大脑整合训练很接近，能起到相同的效果

舒马赫以及其他超级明星与一般车手的区别在于，他们能够非常快速地学习，比其他人都要快。假设舒马赫刚开始赛车时，天赋程度与别人相同，但他能更快地发展和加强自己的天赋，那这就会使他获得优势。

当然，这不通过努力也是无法实现的。人们都知道舒马赫花大量时间进行身体训练，也会用同等的努力进行心理准备。埃尔顿·塞纳也是如此。当看到他们为提高能力所做的大量努力时，我们不禁要问，"他们的成功到底是天赋使然还是勤奋努力的结果？"

我的主要观点是：你认为自己有多少天赋并不重要，重要的是如何利用它。如果你学会了如何比具有相同天赋的人更快速地提高水平，你就会遥遥领先。

速度揭秘

学会如何学习，就永远不会停止前进。

当然，这也是我的目标：不断学习更多关于赛车的艺术、学问、特点和技术，帮助车手成为冠军。

赛车其实与商业和人生没有区别。参与赛车的过程中有起有落，既有胜利的兴奋，又有失败的痛苦；这些经历和感受，有好有坏，是我们每个人在现实生活中都会遇到的。不过，在一个赛季中经常能够体会到很多人一生才能感受到的东西。

多看多听，保持开放的心态，你就能学到很多对生活其他方面也很有帮助的宝贵课程。当你的赛车计划没有预期的那样顺利时，要记住这点。赛车不仅仅让人学会如何在赛道上比赛，如何在日常生活中利用在赛道上学到的东西才决定了你是否能成为真正的胜者。

通过赛车，我结识了很多世界上最真诚、最风趣和最优秀的人。我访问过很多如果不赛车我根本没机会去的地方，我经历了最有收获和最令人难忘的人生体验。

最后，赛车帮助我变得更加全面。赛车鼓励我成为善于团队协作的人；教会我如何与人合作，如何鼓舞别人；让我学会了商业、工程、广告和营销方面的知识；还使我成了很好的资金管理者，提高了我的演讲水平，希望也能使我成为一名好教练和好作家。

速度揭秘

享受驾驶的乐趣！

附录 A 资源

DirtFish 拉力赛培训学校　www.dirtfish.com
Driver Coach　www.apps.gedg.com.au/drivercoach
Performance Rules　www.performance-rules.com
PitFit 培训　www.pitfit.com
Speed Secrets 车手培训　www.speedsecrets.com
Virtual GT　www.virtualgt.com

参考书目

Alexander, Don. *Performance Handling*. Wisconsin: Motorbooks International, 1991.

Colvin, Geoff. *Talent Is Overrated*. New York: Penguin Books, 2008.

Csikszentmihalyi, Mihaly. *Flow*. New York: Harper & Row, 1990.

Dennison, Paul E., and Gail E. Dennison. *Brain Gym, Teacher's Edition*. California: Edu Kinesthetics, 2010.

Donahue, Mark with Paul Van Valkenburgh. *Unfair Advantage*. Massachusetts: Bentley Publishers, 2nd edition, 2000.

Dweck, Carol. *Mindset*. New York: Random House, 2006.

Edwards, Guy. *Sponsorship and the World of Motor Racing*. Surrey, UK: Hazelton Publishing, 1992.

Fey, Buddy. *Data Power: Using Race car Data Acquisition*. Tennessee: Towery Publishing, 1993.

Gallwey, Timothy. *Inner Tennis*. New York: Random House, 1974.

Gelb, Michael J., and Tony Buzan. *Lessons from the Art of Juggling*, New York, New York: Harmony Books, 1994.

Haney, Paul, and Jeff Braun. *Inside Racing Technology*. Wisconsin: Motorbooks International, 1995.

Hannaford, Carla. *Smart Moves*. Utah: Great River Books, Revised & Expanded edition, 2007.

Hannaford, Carla. *The Dominance Factor*. Virginia: Great Ocean Publishers, 1997.

Huang, Al Chungliang, and Jerry Lynch. *Thinking Body, Dancing Mind*. New York, New York: Bantam Books, 1992.

Hunter, Dr. Harlen, and Rick Stoff. *Motorsports Medicine*. Lake Hill Press, 1992.

Jackson, Susan A., and Mihaly Csikszentmihalyi. *Flow In Sports*. Illinois: Human Kinetics, 1999.

Kaplan, Robert-Michael. *The Power Behind Your Eyes*. Vermont: Healing Arts Press, 1995.

Markova, Dawna. *The Open Mind*. California: Red Wheel / Weiser, 1996.

Martin, Mark, and John Comereski. *Strength Training for Performance Driving*.

Wisconsin: Motorbooks International, 1994.

Smith, Carroll. *Drive to Win*. Pennsylvania: SAE International, 1996.

Smith, Carroll. *Engineer to Win*. Wisconsin: Motorbooks International, 1985.

Smith, Carroll. *Prepare to Win*. California: Aero Publishers, 1975.

Smith, Carroll. *Tune to Win*. California: Aero Publishers, 1978.

Turner, Stuart, and John Taylor. *How to Reach the Top as a Competition Driver*. Wisconsin: Motorbooks International, 1991.

Valkenburgh, Paul Van. *Race Car Engineering and Mechanics*. California: Published by author, 1992.

Wise, Anna. *The High Performance Mind*. New York: G.P. Putnam's Sons, 1997.

附录 B　自我教学问题

在公路上驾车时向前看得有多远？在城市街道上呢？在赛道上呢？是否能看得再远一些？

我的入弯速度的持续性如何？在拐入点的车速是否每圈都有变化，是相差 1mile/h、3mile/h、5mile/h 还是更多？

最后一次练习牵引力感知能力是在什么时候？最后一次练习让赛车侧滑是在什么时候（试车场或赛道上都算）？

在街道上开车时握方向盘有多紧？在赛道上比赛时握得有多紧？我能否放松一点抓握方向盘的力度？

我处在学习过程中的哪个阶段？是否找到了完美线路？出弯阶段如何？我的入弯如何？弯中速度如何？

怎样做才能改善线路？如何改善出弯？如何改善入弯？如何改善弯中？拐入晚一点还是早一点？拐入时更轻柔些还是更干脆些？早一点加速，还是在相同位置猛一点加速？将入弯速度提高一点，还是将入弯速度降低 1mile/h 以使赛车拐入得更好一点？是否让制动到加速之间的过渡更平顺一些？是使方向盘转动幅度小一些，还是在出弯时早一点回打方向盘？

如果拐入晚 1ft 或 2ft 会发生什么情况？提前 1ft 或 2ft 呢？为此，我是否需要改变入弯速度？我的拐入参照点具体应该在哪里？

顶点是不是太早了？还是太晚了？经过顶点时，赛车是否处在正确的角度，指向我需要的方向？

是否从顶点回打方向出弯？是否从转弯处"释放"赛车，让它在出弯时"自由行驶"？

从单圈用时和速度的角度看，赛道上哪个弯道最重要？哪个是第二重要？哪个是第三重要？等等。

哪个弯道是大多数车手觉得最困难的弯道？我在哪个弯道能获得最大的优势？

调整赛车设置时，首先应该考虑哪个弯道？

加速出弯时，是否使用了轮胎的所有牵引力？

如果提早加速会出现什么情况？如果快一点挤压加速踏板会怎样？是否因为加速过于突然或过于用力而导致赛车转向不足或转向过度？是否能更平顺地挤压加速踏板？

我是否将赛车约束在弯道中的时间过长？是否能提早回打方向？

在到达顶点之前，我是否找到了出弯点，并且看到了直道？

是否可将入弯速度提高 1mile/h、2mile/h 或 3mile/h？如果提高入弯速度，会发生什么？我是否还能让赛车拐入并朝着顶点"旋转"？这是否会延迟开始加速的时间？

我是否能在我的赛车里进行左脚制动？我的左脚是否具有足够的敏感度来进行左脚制动？左脚是否有必要的思维程序来支持制动操作？

　　脚离开制动踏板的速度是不是太快了？我能否更轻缓地松制动踏板？轻缓松踏板是什么感觉？松制动踏板时能做到多轻缓？

　　松制动踏板是不是太慢了，循迹制动是不是太长了？这是否导致赛车在入弯时旋转过快或转向过度。

　　转动方向盘的速度是否太快或太慢？赛车是否响应了最初的方向盘转动？方向盘转动得更快一点或更慢一点会怎样？转方向盘能否再平顺一些？方向盘转得更平顺一些、更慢一些、更快一些分别会是什么感觉？我的手上动作是快还是慢？

　　入弯时是否把车速降得过低了？这样是否会致使我过于用力地踩加速踏板，导致"速度变化"转向过度？我需要怎样做才能让赛车拐入时速度更高？是否需要使循迹制动多一点或少一点？是否需要稍稍改变线路，以及早一点或晚一点拐入？是否需要转方向盘转得更干脆一些，或者更慢、更渐进一些？

　　补油时，加速踏板踩得是否足够深以确保平顺降档？补油时机是否合适？是否补油过多，导致赛车向前倾？

　　赛车在入弯阶段的平衡性如何？在弯中阶段如何？怎样提高赛车的平衡性？松制动踏板时是否应更轻缓一些？使转向输入更渐进一些？更平顺地挤压加速踏板？更平顺地从制动向加速过渡？

作者简介

罗斯·本特利在 5 岁时就知道自己想开赛车。他在 20 来岁时开始参加短程赛车比赛，随后参加福特方程式、大西洋方程式、泛美系列赛事、泛美房车锦标赛，最后实现了他的印地赛车梦想。自此，他又将赛车事业转向超级跑车和原型跑车。他利用自己的知识和经验培训各类赛事的车手，包括公路赛、椭圆赛道比赛、摩托车赛、漂移赛以及北美和世界各地的直线加速赛。

本特利致力于学习运动心理学、教育肌动学、神经科学、人类学习策略以及驾驶表现培训。在测试这些技术和策略的过程中，他代表宝马厂商车队赢得了 1998 年的美国公路冠军赛（United States Road Racing Championship），以及 Daytona 2003 Rolex 24 小时耐力赛。作为教练，他培养的车手在几乎所有级别和各种形式的赛车比赛中都取得过胜利。本特利是赛车俱乐部活动中受欢迎的演讲者，并与车队、车手以及指导员一起工作。

无论是作为车手还是作为教练，本特利都具备丰富的理论和实操经验，因此被誉为赛车界一流的技术和心理教练。他将这种基于驾驶表现的方案成功地应用于商业领域（为高管、经理人、销售人员和团队等提供培训）和各种专业的车手培训计划中。

本特利与妻子和女儿目前居住在美国华盛顿州西雅图。

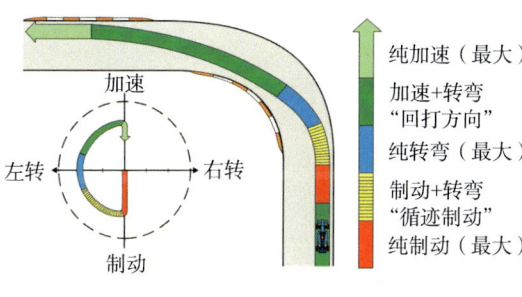

图5-16

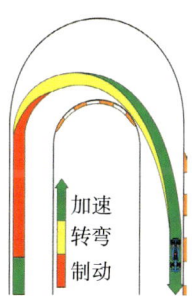

图6-1

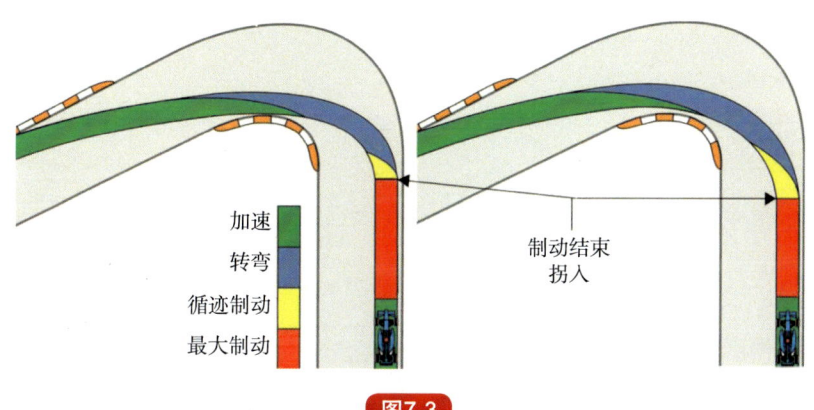

图7-3

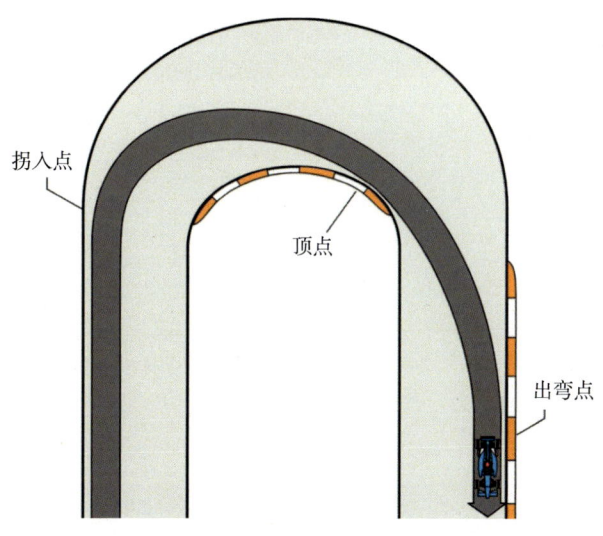

图8-2

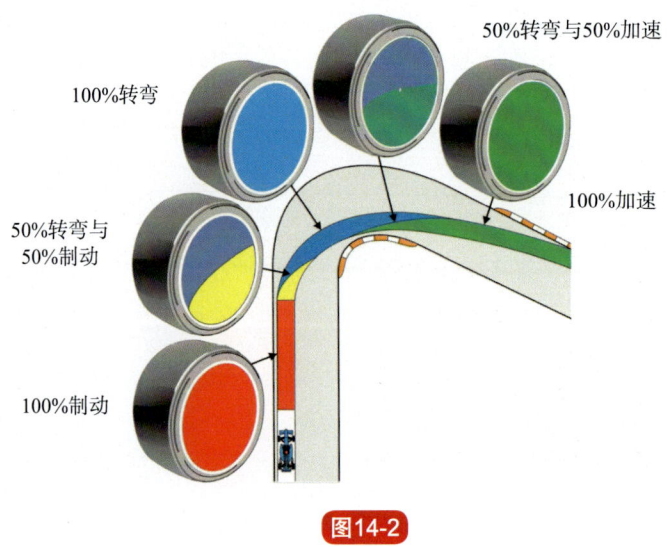

图14-2

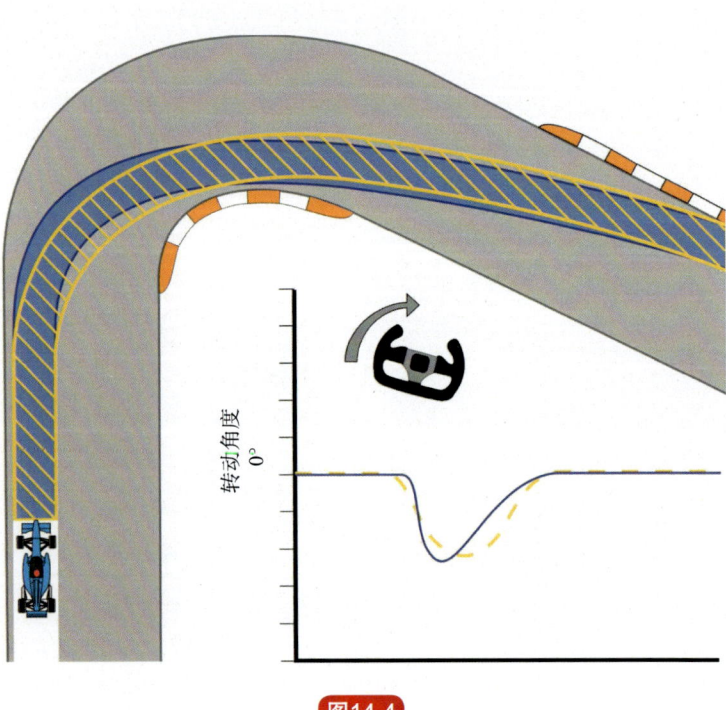

图14-4

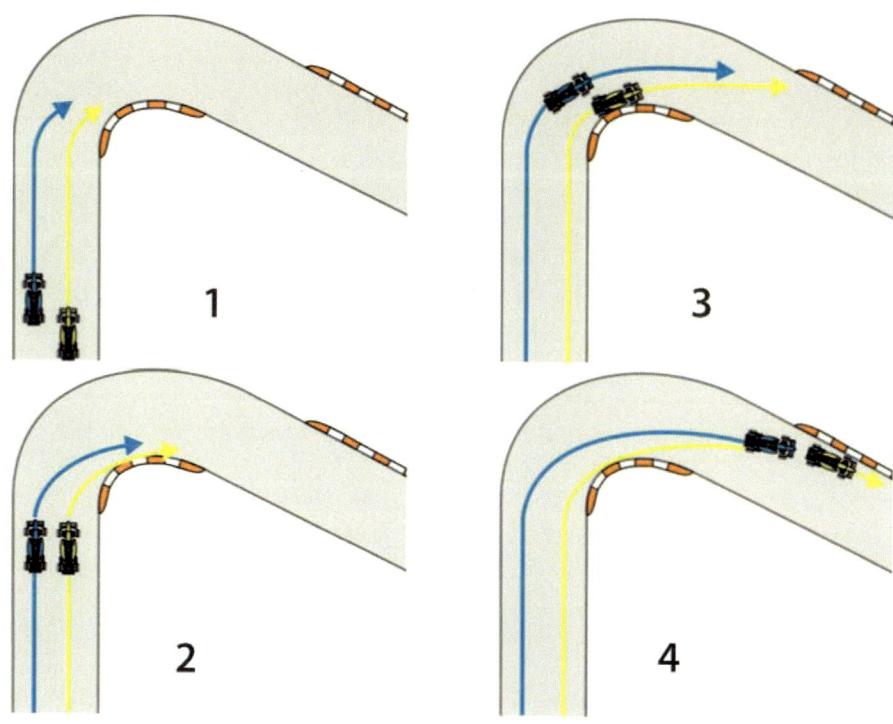

图18-2

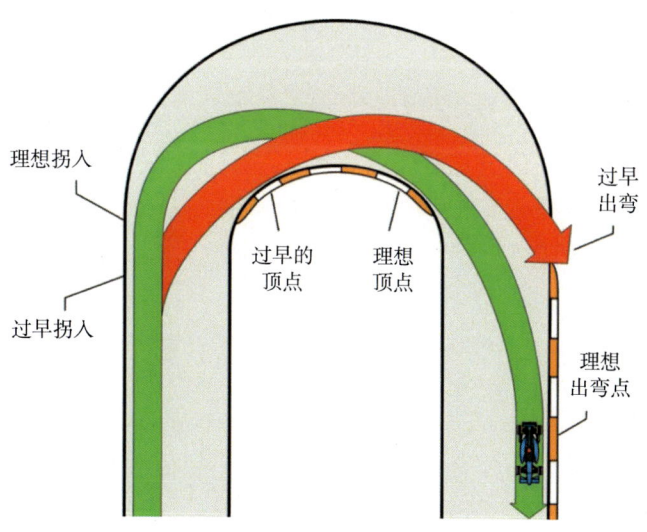

图30-1

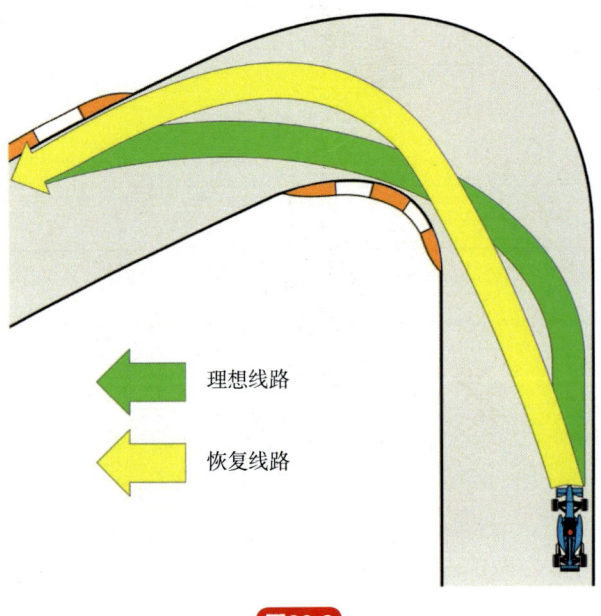

图30-2

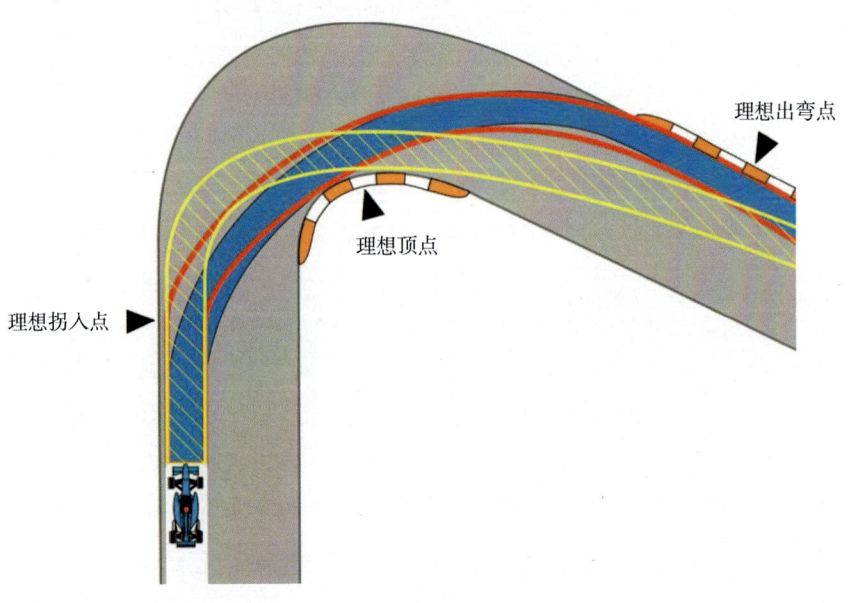

图30-4